水库大坝病险成因
与除险加固效果案例分析

胡 江 编著

南京水利科学研究院出版基金资助

科学出版社

北 京

内 容 简 介

截至 2021 年 6 月，我国尚有 8699 座存量病险水库未实施除险加固，已实施除险加固的水库中仍有部分存在遗留问题，且每年还会新增一定数量的病险水库。进入 21 世纪以来，发生了多起病险水库除险加固完成后蓄水运行或仍在施工过程中的溃坝案例，因此，亟须建立病险水库除险加固长效机制。本书对常见的病险土石坝、混凝土坝和砌石坝进行案例研究，通过理论研究、安全监测资料分析和数值模拟等方法，探究水库大坝病险成因，分析除险加固方案的适宜性和合理性，跟踪评价除险加固效果。

本书可供设计单位、水库大坝运行管理单位和从事水库大坝安全评价的技术人员参考，也可作为高等学校水利类专业的本科生、研究生的参考书。

图书在版编目(CIP)数据

水库大坝病险成因与除险加固效果案例分析/胡江编著. —北京：科学出版社，2022.6
　ISBN 978-7-03-072364-2

Ⅰ. ①水… Ⅱ. ①胡… Ⅲ. ①水库-大坝-安全评价-中国　②水库-大坝-加固-中国　Ⅳ. ①TV698.2

中国版本图书馆 CIP 数据核字(2022)第 089193 号

责任编辑：惠　雪　沈　旭　石宏杰/责任校对：彭珍珍
责任印制：张　伟/封面设计：许　瑞

科 学 出 版 社 出版
北京东黄城根北街 16 号
邮政编码：100717
http://www.sciencep.com
北京建宏印刷有限公司 印刷
科学出版社发行　各地新华书店经销
*
2022 年 6 月第 一 版　开本：720×1000　1/16
2022 年 6 月第一次印刷　印张：18 1/4
字数：365 000
定价：169.00 元
(如有印装质量问题，我社负责调换)

前　言

　　水库是调控水资源时空分布、优化水资源配置、保障江河防洪安全的重要工程措施，是经济社会发展、生态环境改善不可替代的重要基础设施。中华人民共和国成立以后，筑坝事业快速发展。截至 2019 年底，全国共建有各类水库 98 112 座(不含港、澳、台地区)，总库容 8983 亿 m³，其中大型水库 744 座、中型水库 3978 座、小型水库 93 390 座。但由于经济技术条件限制，建于 20 世纪 50～70 年代的水库大坝普遍遗留了较多工程安全隐患，同时，20 世纪 80、90 年代修建的大坝运行已超过 20 年，随着使用年限的增加，也逐渐出现一些老化病害。病险水库对下游广大人民群众的生命和财产安全构成重要威胁，成为国家防洪安全体系中的短板和薄弱环节。

　　我国历来十分重视水库大坝安全与病险水库除险加固工作。早在"75·8"大洪水后，就对 65 座大型水库进行了以提高防洪标准为主要目的的除险加固。1986 年和 1992 年全国又分别确定了第一批 43 座、第二批 38 座需要除险加固的重点病险水库。1998 年特大洪水后，更是加快了病险水库除险加固工作的实施步伐，确定按轻重缓急的原则分期分批实施病险水库除险加固工作。2000 年以来，先后启动实施了多批次规划，开展了大规模的病险水库除险加固工作，累计投入 2400 多亿元。然而，由于我国病险水库大坝数量众多，截至 2021 年 6 月，尚有 8699 座存量病险水库未实施除险加固，已实施除险加固的小型水库中有 16 472 座存在遗留问题，且每年还会新增一定数量的病险水库。因此，亟须深入分析水库大坝病险成因，采用科学合理的除险加固方案，及时消除安全隐患，以建立病险水库除险加固长效机制。

　　"十三五"时期，我国平均溃坝率为 0.03‰，远低于世界公认低溃坝率国家水平的 0.1‰，标志着我国进入了低溃坝率国家行列，水库大坝安全状况明显改善，综合效益得到进一步发挥。但是，近年来，溃坝事件仍有发生，如 2018 年新疆哈密射月沟水库[小(1)型]、2018 年内蒙古增隆昌水库(中型)、2021 年内蒙古永安水库[小(1)型]、新发水库(中型)等大坝溃决。此外，一些病险水库大坝除险加固后未彻底解决病险问题，甚至发生如 2004 年新疆八一水库(中型)、2005 年青海英德尔水库[小(1)型]和 2013 年山西曲亭水库(中型)等除险加固刚完成或正在实施就溃坝的案例。水库大坝除险加固失事案例警示人们必须准确分析病险成因，科学合理地选择除险加固方案。

　　病险水库安全诊断和病险成因分析是科学合理除险加固的前提与基础。大坝安全监测资料分析与性态评价、隐患探测与病害诊断是水库大坝安全鉴定、除险加固设计依据的重要手段。同时，总结典型土石坝、混凝土坝和砌石坝等常见坝型的典型除险加固方案及其效果，可为未来水库大坝建设和病险水库除险加固工作提供重要的指导和借鉴。

本书包含 7 章，即绪论、水库大坝病害特征及成因分析、水库大坝除险加固技术及其发展、土石坝病险成因与除险加固效果案例分析、混凝土坝和砌石坝病险成因与除险加固效果案例分析、病险水库除险加固后溃坝原因分析与对策、病险水库大坝除险加固效果评价模型。本书是作者及国内外学者在病险水库安全诊断、病险成因分析和除险加固效果评价领域的成果总结，书中引用了国内外多位专家学者的研究成果，已在其中标注，书中列举的案例包括琵琶寺水库均质土坝、鲇鱼山水库黏土心墙砂壳坝、铁佛寺水库黏土心墙砂壳坝和澎河水库黏土斜墙砂壳坝及西溪水库碾压混凝土重力坝、石漫滩水库碾压混凝土重力坝、南江水库混凝土砌块石重力坝，上述水库的除险加固建设和运行管理单位及设计、施工和监理单位为本书的编写提供了大量原始数据和相关资料；列举的英德尔水库和小海子水库溃坝案例参考了水利部大坝安全管理中心的病险水库除险加固项目溃坝警示与对策研究成果，在此一并向他们表示衷心的感谢。

本书得到国家自然科学基金面上项目"变化环境荷载作用下高拱坝空间变形监控模型与性态诊断方法研究"（51879169）、"土石坝巡检信息智能感知与安全动态诊断方法"（51779155）及南京水利科学研究院中央级公益性科研院所基本科研业务费专项资金和出版基金的支持与资助，特表示感谢。

作者希望本书的出版可以促进病险水库除险加固技术的交流。由于作者学识水平和工程实践经验有限，书中不当之处，恳请读者批评指正。

作　者

2021 年 11 月于南京

目　　录

第1章 绪　论

1.1 背景及意义

水库是调控水资源时空分布、优化水资源配置、保障江河防洪安全的重要工程措施，是经济社会发展、生态环境改善不可替代的重要基础设施。中华人民共和国成立以来，逐步建成了较完善的防洪保安、水资源调配和水生态保护工程体系，为经济社会高质量发展提供了有力支撑和保障。截至 2019 年底，全国共建有各类水库 98 112 座(不含港、澳、台地区)，总库容 8983 亿 m^3，其中大型水库 744 座、中型水库 3978 座，小型水库 93 390 座。已建和在建百米以上大坝 220 座，其中 200～300m 级的超高坝 32 座[1]。水库大坝全寿命周期管理涉及规划、设计、建设、运行和退役等不同阶段，任何一个阶段存在薄弱环节，都会给水库大坝安全造成影响。

我国历来十分重视水库大坝安全与病险水库除险加固工作。早在"75·8"大洪水后，就对 65 座大型水库进行了以提高防洪能力为目的的除险加固。1986 年和 1992 年又分别确定了第一批 43 座、第二批 38 座需要除险加固的全国重点病险水库，其中大型水库 69 座、中型水库 12 座。1998 年特大洪水后，更是加快了病险水库除险加固工作的实施步伐，按轻重缓急的原则分期分批实施病险水库除险加固。2000 年以来先后实施了多批次专项规划，开展了大规模的病险水库除险加固，累计投入 2400 多亿元。这些专项规划(表 1.1-1)包括全国病险水库除险加固专项规划、东部地区重点小型病险水库除险加固规划、全国重点小型病险水库除险加固规划、全国中小河流治理和病险水库除险加固、山洪地质灾害防御和综合治理总体规划等。同时，各地也在中央投资基础上，积极开展病险水库除险加固工作，以自筹资金为主完成近万座病险水库除险加固，广东、浙江、安徽、山东和湖北等省自筹资金除险加固数量均在 1000 座以上，山西省 2013 年以来投资 2.84 亿元对 72 座水库实施应急专项除险加固工程。截至 2019 年 6 月，全国共完成 6.98 万座病险水库除险加固任务，其中，大中型 2690 座、小型 6.70 万余座，当时正在组织实施的剩余 1.3 万余座灾后薄弱环节小型病险水库除险加固，于 2020 年全部完成。截至 2021 年 6 月，尚有 8699 座存量病险水库未实施除险加固，已实施除险加固的小型水库中有 16 472 座存在遗留问题，31 779 座水库到规定期限未开展安全鉴定，且每年还会新增一定数量的病险水库[2-6]。

表 1.1-1　病险水库除险加固规划汇总表

规划批次	规划名称	备注
1	第一批病险水库除险加固规划	—
2	第二批病险水库除险加固规划	—
3	全国病险水库除险加固专项规划	—
4	东部地区重点小型病险水库除险加固规划	—
5	全国重点小型病险水库除险加固规划	在三位一体规划中有涉及
6	全国中小河流治理和病险水库除险加固、山洪地质灾害防御和综合治理总体规划	简称三位一体规划[重点小(2)型规划、一般小(2)型规划、增补大中型]
7	新出险小型病险水库除险加固规划	—
8	规划外大中型	

　　"十三五"时期，我国水库大坝安全状况得到明显改善，综合效益进一步发挥。主要表现为一是全面落实了安全和防汛责任制；二是高度重视病险水库除险加固，有效消除了水库大坝安全隐患，提高了水库防洪调控能力，保障了大坝和下游生命财产安全；三是健全了运行管理制度和标准体系，建立了涵盖水库大坝运行管理全过程的制度体系；四是不断增强科技支撑能力，监测预警、隐患探测、安全诊断、缺陷修补和除险加固等技术明显提升，应对突发事件能力显著提高。"十三五"时期我国平均溃坝率 0.03‰，远低于低溃坝率国家水平的 0.1‰，标志着我国进入了低溃坝率国家行列。

　　然而，我国水库大坝运行状况和管理能力区域不平衡问题仍然突出，与高质量发展要求存在一定差距。国家提出"十四五"时期要完善流域防洪减灾体系，全面提升水安全保障能力。《中华人民共和国国民经济和社会发展第十四个五年规划和 2035 年远景目标纲要》明确提出要加快病险水库除险加固，2022 年底前完成已实施小型病险水库除险加固项目遗留问题处理，2025 年底前完成现有病险水库除险加固和新增病险水库除险加固。病险水库安全诊断和病险成因分析是科学合理除险加固的前提。大坝安全监测资料分析与性态评价、隐患探测与病害诊断是水库大坝安全鉴定、除险加固设计依据的重要手段。因此，通过水库大坝病险诊断、成因判断及效果分析案例的研究，以提高病险水库除险加固方案的针对性，以及除险加固项目的设计和综合管理水平，为"十四五"时期及今后水库大坝安全鉴定和除险加固提供参考。

1.2　水库大坝病险成因分析研究现状

1.2.1　水库大坝安全监测资料分析和性态评价模型

　　安全监测资料分析方法有比较法、作图法、特征值统计法和数学模型法等[7-12]。

比较法包括监测值与技术警戒值相比较、监测物理量之间的对比、监测成果与理论的或试验的成果相对照等三种。作图法包括各环境量(如库水位和气温等)下的效应量(如变形量、渗流量等)过程线图,各效应量的平面或剖面图,以及各效应量与环境量的相关图等。特征值统计法对各监测量的历年极值、变幅、均值等特征值及年变化趋势等进行统计分析。数学模型法建立效应量与环境量之间的定量关系,可分为统计模型、确定性模型及混合模型。使用数学模型法做定量分析时,应同时用其他方法进行定性分析,加以验证。

安全监测资料分析主要关注各阶段中坝体、坝基在变形(如裂缝、沉降或隆起、滑坡等)和渗流(如渗漏、涌水翻砂、水质浑浊和浸润线异常等)两大方面的表现;效应量随时间的变化规律,尤其是相同环境和荷载条件(如特定库水位)下的变化趋势和稳定性,以判断工程有无异常和向不利安全方向发展的时效作用;效应量在空间分布上的情况和特点,以判断工程有无异常区和不安全部位;效应量的主要影响因素及其定量关系和变化规律,以寻求效应量异常的主要原因,考察效应量与环境量相关关系的稳定性,预报效应量的发展趋势,并判断其是否影响工程的安全运行;各效应监测量的特征值和异常值,并与相同条件下的设计值、试验值、模型预报值,以及历年变化范围相比较。当监测效应量超出技术警戒值时,应及时对工程进行相应的安全复核或专题论证。通过上述分析成果,对大坝当前的工作状态(包括整体安全性和局部存在问题)做出评估。当大坝出现异常或险情状况时,根据巡视和监测资料的分析,判断大坝出现异常或险情的可能原因和发展趋势,提出处理大坝异常或险情意见和建议。

1.2.1.1 安全监测数据异常的成因分析方法

水库大坝是一个复杂的系统,渗流、变形等效应量受气候条件、库水位、结构性态变化及设备性能与状况、测读误差等多种内外因素影响。大坝正常运行时,受库水位、温度等因素影响,效应量常具有相对稳定的变化规律。然而,当大坝受到热浪、寒潮和地震等随机不确定因素影响时,或坝基、岸坡及周边环境突变对坝体作用时,或坝体结构受损时,坝体都有可能出现异常渗流和变形。这种异常有可能是瞬时的,也有可能持续一段时间或是长期的。总体看,异常通常表明大坝结构性态受到了某种非常规荷载作用,可能存在安全隐患或风险,必须加以重视。因此,大坝效应量的异常数据检测及分析尤为重要。目前,对异常数据检测主要分为对异常值和异常过程的检测。

1. 异常值检测

异常值是指监测数据中少数与整体变化趋势或附近测值相差较大的数据,通常由热浪、寒潮和地震这类短期荷载作用、仪器故障或坝体结构受损引起。异常值检测方法主要有过程线法、统计概率法、小波分析和离群点检测等[13-16]。

过程线法是通过监测数据与历史或相邻测值的比较分析，寻找过程线中的异常点。变形和渗流等效应量数据在时空上有内在的关联性，在相同环境和工作条件下，测点会表现出相似变化规律。过程线法简易直观，但是在实际工作中效率较低，且过多依赖于经验水平，适用于监测数据较少的情况。

统计概率法主要有拉依达(PauTa)准则(又称 3σ 准则)、肖维勒(Chauvenet)准则、格拉布斯(Grubbs)准则和狄克松(Dixon)准则。拉依达准则以实测值与统计值的差值是否大于 3σ(σ 为标准差)来判断实测值是否为异常值，适用于数据样本个数大于 185 的情况。肖维勒准则与拉依达准则类似，但其判别标准为 $w_n\sigma$，w_n是与样本个数 n 相关的变量，可根据样本数量确定，但该准则仅在样本个数为 25～185 有较高准确度。格拉布斯准则通过平均值 u 和标准差 σ 计算最大值和最小值的统计量 G_n 和 G'_n。狄克松准则通过最大值与次大值(或第 3 大值)、最小值与次小值(或第 3 小值)计算极差统计量 r_{ij}，再通过检验水平 α(一般取 0.05 或 0.01)和样本数量 n 查询相关概率统计表确定各自临界值 $G(\alpha, n)$ 和 $r(\alpha, n)$，以此检验异常值。格拉布斯准则适用于样本数量为 3～185 的数据，对于数据序列中仅有一个异常值的检测效率较高，当存在 2 个或 2 个以上异常值时，有效性显著降低。狄克松准则适用于样本数量为 3～25 的样本数据，当数据量增大时检测效率逐渐降低。

小波分析可以对原始监测数据序列进行多尺度分析。具有异常值的监测数据序列分解后的系数具有模极大值特征，通过检测模极大值点确定异常点。小波分析可直接对实测数据序列进行检验，适合检测单个和多个异常值。由于小波分析可进行数据的多尺度分解，在大坝变形、渗流异常值检测方面具有一定优势。但该方法根据数据本身内在联系进行检验，未联系水位和温度等影响因素，不能很好地解释异常成因。

离群点检测是数据挖掘中的一个重要研究方向，目的是从大量的、有噪声的数据中检测出与正常数据特征差异较大的异常数据。大坝安全监测数据种类多、数据量大、内在关系密切且规律性明显，离群点检测算法对于获取安全监测数据中隐含的信息具有一定优势。例如，局部异常因子(local outlier factor, LOF)是一种基于密度的算法，它通过比较一定范围内的数据密度来检验异常值，若某个数据密度较小，则说明它远离大部分数据，反之亦然。考虑库水位、温度等与效应量的相关性，采用空间距离度量效应量和影响因素数据序列间的相似性，利用 LOF 对效应量数据进行挖掘和异常检测，可在不同时间尺度下识别异常值。

除上述方法外，其他算法也被提出，如将贝叶斯动力学线性模型与卡尔曼滤波理论相结合的异常检测方法，能可靠地对异常值进行检测且不受误报影响。

2. 异常过程检测

异常过程是指大坝监测效应量的变化过程不符合一般规律。例如，太平湾重力坝河床坝段冬季向下游变形、夏季向上游变形，且总体向下游变形，岸坡坝段相反[17]。江垭水库蓄水后，出现混凝土坝和山体抬升的异常现象，多认为是蓄水造成的孔隙水压力增高引起的，且变幅将逐渐减小[18]。上尖坡重力坝和大化重力坝溢流坝段与非溢流坝段水平位移变化规律相反[19]。铜街子水库24#坝段水平位移与其他坝段呈现反相过程，且不符合一般变化规律[20]。异常过程产生的原因一般较复杂，需根据工程实际综合分析。

新安江大坝运行30多年来基本正常，但个别坝段帷幕后局部观测孔扬压力偏高，如3#坝段3E1-1孔扬压力超设计值且呈上升趋势，1990年8月帷幕补强灌浆后，扬压力不降反升。考虑库水位、地下水等因素和防渗排水措施，结合工程地质和水文地质条件，综合采用多元回归法、流量衰减动态曲线和数值模拟分析方法，分析了3E1-1孔扬压力偏高的原因，结果表明，3E1-1孔地下水与库水有直接的水力联系，存在非常细小裂隙通道，且与该孔下游靠近页岩层的排水孔排水不畅有关[21]。水东大坝扬压力孔UP07位于河床部位F_1断层与JM_{13}裂隙密集带之间，距上游坝踵约5m，扬压力有增大趋势，综合采用统计模型定量分析、现场涌水试验、封孔试验和水质分析等，揭示异常成因，UP07孔存在一个相对孤立的"高水头柱"，与之相关的渗流路径较通畅，但影响范围很小[22]。李家峡大坝6#坝段Y6-1孔处坝基扬压力偏高，综合采用数值模拟、钻孔取样、水质分析等手段，分析其物理成因，扬压力升高原因在于帷幕前浅部岩层破碎存在强透水带，且此处防渗帷幕存在缺陷，渗漏通道未完全切断[23]。

1.2.1.2 大坝安全监控模型

大坝安全监控模型是以安全监测数据为基础，应用数学、力学和智能算法等，建立描述监测效应量变化规律和变化成因的数学模型。安全监控模型通过拟合分析、预测和评价大坝的安全性态，达到监控大坝安全的目的，按其发展历程可分为常规模型、新兴模型和智能计算模型[24-34]。

1. 常规模型

常规模型包括统计模型、确定性模型和混合模型，其研究主要包括：建立影响因子与效应量的数学关系，消除影响因素间的多重共线性并有效分离水压、温度、时效等分量，提高模型的精度和稳健性。

统计模型以统计学为基础，建立影响因子与效应量的数学关系，应用最多的是多元线性回归模型和逐步回归模型。近年来，国内外学者提出了多种改进模型，如考虑实测水温的统计模型，该模型将大坝沿高程离散为 n 层，分别计算温度的平均值和梯度以评价温度效应，降低了残差的离散度；又如采用遗传算法、混合蛙跳算法等对影响因子集优化，以降低多重共线性，提高模型精度和稳健性[35-38]。

数值分析可有效地估计物理力学参数，以此建立的安全监控模型更具物理意义，由此产生了确定性模型和混合模型。确定性模型采用数值分析方法计算水压和温度分量，对实测值优化拟合，求得结构物理力学参数，建立确定性模型。混合模型则是用数值分析方法计算水压分量，用统计模型计算其他分量，与实测值优化拟合建立模型。

2. 新兴模型

新兴模型是近30年来融合时间序列分析、灰色系统理论、混沌理论等理论方法建立的单一或组合模型[39-43]。时间序列分析方法以自回归模型或自回归移动平均模型为基础，分析时间序列的变化过程，构建安全监测数据模型，判断变化趋势和发展规律。此后，灰色系统理论和混沌理论也被引入大坝安全监控领域。此外，还有结合主成分分析、模糊数学、马尔可夫链等理论和方法而建立的大坝安全监控模型。

3. 智能计算模型

经过近60年的发展，常规模型的理论方法日趋成熟，被广泛应用于实际工程，但这些模型仍有不足之处，如难以针对小样本数据建立有效的模型；模型精度和稳健性有待进一步提高等。新兴模型融合了多种理论方法，在一定程度上解决了常规监控模型的部分问题，但仅适用于某些特定条件，难以普遍推广应用。

智能计算模型是以人工神经网络(artificial neural network，ANN)、支持向量机(support vector machine，SVM)、极限学习机(extreme learning machine，ELM)等智能算法为基础建立的监控模型。智能计算模型以监测数据为训练集，通过自学习、自组织、自适应的方式调整模型参数，具有非常强的学习能力和非线性映射能力，如基于误差逆传播算法的ANN模型和结合优化算法的ANN模型等。SVM适合于解决小样本、非线性及高维模式识别问题，具有较高建模效率和预测精度，已有最小二乘支持向量机(weighted least SVM，WLS-SVM)，以及与相空间重构、小波分析、粒子群优化(particle swarm optimization，PSO)等方法相结合的SVM模型。ELM是一种简单、有效的单隐含层前馈神经网络学习算法，在线极限学习机是能够成批次对数据进行训练的单隐含层前馈神经网络，可将新增监测数据进行训练从而更新模型参数，具有结构简单、学习速度快以及良好的全局寻优能力，在数据建模、实时在线拟合、预测分析等问题中具有显著优势。目前，智能计算模型虽在一定程度上提高了安全监控模型的智能化水平，但距离工程应用还有一定的差距，且存在过拟合、信息分析深度不足等欠缺。

　　然而，即使存在众多问题，智能计算模型在大坝安全监控领域的研究依然非常有价值。随着大数据挖掘、人工智能等新技术的迅速发展，以"数据清洗→特征提取→模式识别→动态评估→临界阈值"为主线，可进一步构建更为科学实用的智能计算模型，实现数据驱动的大坝安全性态的实时智能化预判和决策，适时地评估大坝的健康变化状况，为动态管理和控制提供理论和方法支持。

1.2.2　水库大坝安全检测、隐患探测和病害诊断技术

　　广义上的水库大坝安全检测包括坝基坝体钻探试验与隐患探测，混凝土与砌石结构安全检测，金属结构与机电设备安全检测等。当大坝存在质量缺陷或运行中出现重大险情，已有资料不能满足安全诊断需要时，应补充钻探试验和(或)隐患探测。

1.2.2.1　常规安全检测技术

　　水工混凝土结构常见病害缺陷包括裂缝、剥落、磨损、渗漏、析钙、钢筋锈蚀和结构变形等。部分病害通过人工巡查可诊断，但还有部分病害在结构内部，仅从表面无法做出诊断。常规安全检测分为有损检测和无损检测。有损检测包括钻芯法、拨出法、射击法等，结果准确、直观，但会损坏结构且难以全面反映结构的整体质量。无损检测是利用混凝土中弹性波或电磁波的波形、频率、相位和时间等特征获得结构内部缺陷的方法，适用于整体性检测和均匀性判断。

　　国外从 20 世纪 30 年代开始研究混凝土结构无损检测方法，回弹法、超声脉冲法和放射性同位素法检测混凝土密实度和强度获得了广泛认可；近年来涌现出微波吸收、红外热谱、脉冲回波等新方法。我国在水工混凝土结构检测方面的研究发展迅速，逐渐形成了成套技术体系。例如，对混凝土裂缝的检测有常规检测、瑞利波检测等方法；对局部不密实和架空的检测有钻孔检测、超声波探伤、孔内电视、孔内摄像等方法；对混凝土强度的检测有取样抽查和无损检测等方法；对渗漏的检测有直流电阻率法、探地雷达法、同位素示踪法、水质分析法等方法。现场检测手段通常作为安全监测的必要补充，通过定期检测，可充分了解大坝混凝土材料性能和结构内部的动态变化。

1.2.2.2　水库大坝的隐患探测技术

　　准确探测隐患是评价大坝安全现状和进行加固处理的重要依据，但水库大坝建筑物规模大，病害分布有较强的复杂性与隐蔽性，给隐患探测带来了困难。随着先进探测技术的发展，水库大坝渗漏隐患探测手段得到了快速发展，基于声、光、电、电磁等原理的探测方法得到了广泛应用，水下机器人检测技术也逐渐得

到应用。根据技术特点及原理，常用隐患探测技术分为五大类，即电磁法类、弹性波法类、示踪法类、视频法类与其他类。这些技术的综合应用，使水库大坝的隐患探测呈现出功能多、速度快和精度高的优点[44,45]。

1. 电磁法类

电磁法包括自然电场法、高密度电阻率法、瞬变电磁法、大地电磁法、探地雷达法和电磁波 CT 法等。电磁法类方法通过测量坝体和坝基岩土体材料电磁特性及其在天然或人工激发电磁信号作用下响应来探测内部缺陷情况。例如，当坝体内存在集中渗漏通道时会呈现明显电磁信号异常。

高密度电阻率法基于土石坝坝体与坝基介质间的导电性差异，对视电阻率剖面进行计算、处理和分析，获取土体电阻率分布。探测前完成电极一次性阵列布设，优点是采集数据点密度高、数据量大且采集速度快，可探测内部洞穴、裂隙、松散层、沙层和渗漏通道等隐患及其规模、位置与埋深等，已在诸多土石坝工程中得到广泛应用。图 1.2-1 为我国西南某水库渗漏通道高密度电阻率法检测成果，揭示了该土石坝两坝肩中存在的渗漏异常[44]。又如华北地区某水库虽经多次加固，但大坝仍未形成封闭防渗体系，采用高密度电阻率法探测表明，放水洞位置处视电阻率较高，两侧均存在低视电阻率分布区域，放水洞两侧透水性较强，存在渗漏区，探测结果与渗流监测资料成果一致[46]。

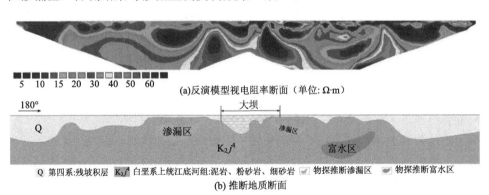

(a)反演模型视电阻率断面（单位：Ω·m）

(b) 推断地质断面

图 1.2-1　某水库大坝典型断面高密度电阻率法原始异常及反演结果

二维高密度电阻率法无法直观解释渗漏通道的空间形态，为此，在其基础上发展了三维高密度电阻率法。该方法探测的空间信息较二维增加数倍，探测范围和维度广，采集数据后可通过反演不同方向的视电阻率切片获取任意剖面的地质分布情况，在隐患探测领域得到快速发展[47]。运用三维高密度电阻率法对豫北某水库大坝进行渗漏探测，共布设 5 条测线(图 1.2-2)，探测发现该大坝存在 3 处渗漏通道(图 1.2-3)，都位于砾岩层。

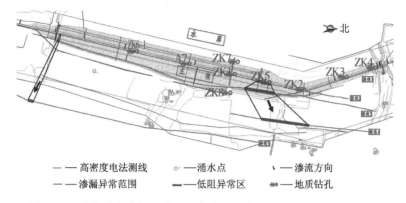

—— 高密度电法测线   ⌐ —— 涌水点   ﹨ —— 渗流方向
—— 渗漏异常范围   ▬ —— 低阻异常区   ↦ —— 地质钻孔

图 1.2-2   豫北某水库的三维高密度电阻率法测线位置及推测渗漏通道

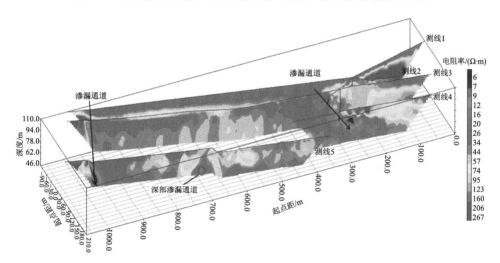

图 1.2-3   豫北某水库的高密度电阻率法的三维栅栏图

探地雷达利用天线发射和接收高频电磁波来探测介质内部物质特性和分布规律。华中地区某水库大坝存在面板脱空现象，通过 3 种不同频率的天线，得到不同深度范围内的探地雷达图像，进行钻芯取样和开挖验证，建立了面板脱空病害的典型图谱，进而进行全断面探测、绘制脱空病害分布图，取得了良好的效果[48]。

一般地，水库大坝病害隐患周围介质复杂，单一探测手段易造成误判和漏判。为此，综合探测方法逐渐得到应用。例如，为查明华东地区某水库渗漏通道，利用并行电法获得坝体不同高程下的二维视电阻率图，采用瞬变电磁法对两坝肩的并行电法盲区补充探测(图 1.2-4)[49]。结果表明，并行电法可有效探测坝体段渗流异常，综合多剖面异常信息追踪到渗漏路径(图 1.2-5)；瞬变电磁法揭示出坝肩段的渗漏通道，有效规避了硬化路面电极接触不良的难题。

图 1.2-4　华东某水库大坝远景(a)、近景(b)和测线布置平面图(c)

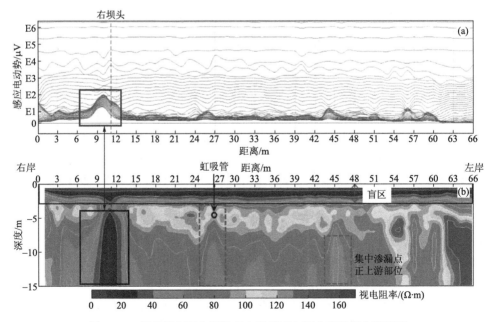

图 1.2-5　华东某水库大坝瞬变电磁感应电压曲线和视电阻率图

又如为分析中南地区某水库大坝混凝土防渗墙和帷幕灌浆缺陷,在防渗墙顶布置 80M 天线(1#测线)和 40M 天线(2#测线)探地雷达法测线(图 1.2-6),在坝顶背水侧、坝后一级平台、二级平台和坝脚布置高密度电阻率法测线[50]。结果如图 1.2-7 所示,坝体防渗墙基本连续,仅存在 1 处墙体不密实和 2 处墙底异常渗漏

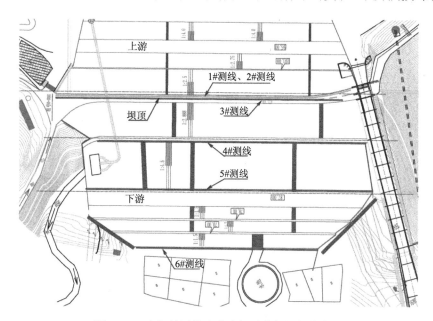

图 1.2-6 中部地区某水库大坝综合探测测线布置

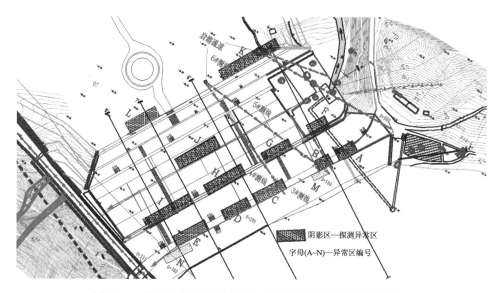

图 1.2-7 中部地区某水库大坝综合物探法探测坝体异常区分布

现象；坝体下游侧分布有间断性低阻区域，部分坝体含水量高；输水管道与坝体之间存在接触渗漏，桩号 0+200～0+300 段下游侧坝体填筑质量较差，存在松散体，含水量偏高；右岸坝脚与山体结合部位岩溶发育，含水量高。

由于电磁信号在岩土地质体中衰减速率较快，电磁法类有效探测距离较短，且电磁信号易受外界环境及地层自身非均匀性干扰，探测精度常受到限制。

2. 弹性波法类

弹性波法包括地震折射波法、瑞利波法、弹性波 CT 法和声呐法等。此类方法利用人工激发的地震波、瑞利波、声波等弹性波在被测介质中的不同传播速度及反射、折射、透射等原理对介质内部缺陷进行检测。例如，声呐法利用声波在水中的优异传导特性，基于多普勒原理实现对库底流速检测，以定位入渗点。声呐法已在面板堆石坝、沥青心墙坝等的渗漏检测中得到了成功应用。但此类方法多采用二维断面检测，需要布置大量断面才能获取整体结果。

3. 示踪法类

示踪法包括同位素示踪法、连通性试验和水化学分析等。此类方法通过在大坝上游或渗漏入口投入同位素示踪剂、荧光素、食品级颜料或其他对环境无毒害的颜料示踪剂，调查渗漏入口的水化学成分(如氯离子，硫酸根离子，重碳酸根离子，钙、镁、钾、钠等离子)，并在大坝下游渗漏出口进行监测，以判断水流的连通性及是否存在渗漏通道。此类方法一般作为辅助性的渗漏探测手段，无法确定大坝内部渗漏通道。

4. 视频法类

视频法通过近距离视频摄像直观检查水下部位的病害缺陷，包括潜水员视频检查、彩色电视视频检查、水下机器人(remote operated vehicle，ROV)探测、水下喷墨摄像和钻孔彩色电视成像技术。近年来，ROV 视频检查、水下喷墨摄像、钻孔彩色电视成像技术在水库大坝渗漏探测中应用越来越广泛。但是，由于水库大坝规模庞大、水库环境复杂，视频检查也存在检测工作量大、效率低、水下复杂环境难以覆盖等不足。

为提高渗漏隐患探测效率，综合声呐法、ROV 及喷墨示踪、连通性试验和水化学分析等多种手段，采用视声一体化渗漏探测技术，针对西南地区的某一面板堆石坝，首先通过声呐渗漏探测技术对上游坝面普查，确定疑似集中渗漏区(渗漏流速大于 0.1cm/s 的区域)，再采用 ROV 高清摄像及喷墨示踪技术对普查确定的渗漏区进行详查，重点观察面板破损情况和渗漏形态，查明了右岸面板由错台裂缝造成的集中渗漏区，最后利用连通性试验和水化学分析验证了集中渗漏区与下游量水堰的连通性,查明错台裂缝为大坝渗漏的主要通道[51]。

5. 其他类

此外,还有流场法和温度场法等。流场法通过测定"伪随机"电流场与渗漏水流场时空分布形态之间的关系来判断渗漏入口;温度场法是在获得渗漏通道上各测点温度的情况下,运用反分析法判断温度异常区域确定渗漏通道的具体位置。例如,以晋蒙两省间的某混凝土重力坝为例,采用伪随机流场法探测裂隙式渗漏入水口,利用钻孔及钻孔测试技术定位渗漏通道(图 1.2-8),结果见图 1.2-9。18#、19#坝段连接横缝及 19#坝段水平缝渗漏水来源为库水,渗漏入口位于连接横缝和分层浇筑的混凝土接触面(蜂窝或孔洞状)及右坝肩与山体结合部位[52]。

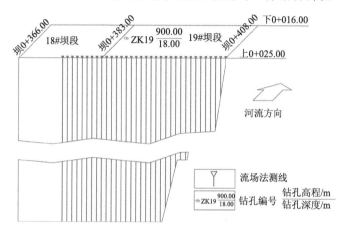

图 1.2-8 晋蒙两省间某混凝土重力坝 18#～19#坝段渗漏探测测线布置图

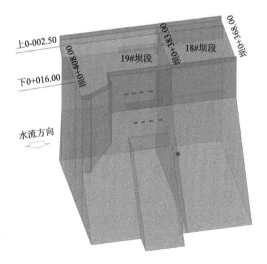

图 1.2-9 晋蒙两省间某混凝土重力坝 18#～19#坝段渗漏 3D 示意图

此类方法应用于水库大坝渗漏探测中时，需假设具备一条或者多条集中的渗漏通道，边界条件理想化，实际工程应用中不多见。

1.2.2.3 补充地质勘察

诊断坝基隐患和土石坝填筑质量，必要时需钻探、取样及针对性试验。例如，深厚覆盖层和大坝堆石体、粗粒填料等胶结性较差，甚至呈散粒状态，钻孔成孔困难，取样时原状结构极易被扰动破坏，钻孔很难真实反映大坝填筑情况。为此，开展粗粒料取样与钻孔可视化技术研究[53]。

总体上看，由于不同坝型的隐患病害呈现多样化、多元化特征，单一探测技术手段往往不能全面反映大坝隐患病害，且探测成果得不到验证，存在一定局限性，需要采用多种可行方法进行补充与印证。此外，探测成果还应与历史运行资料和安全监测资料进行对比分析，发展融合多源信息的隐患病害综合分析方法。

1.2.3 水库大坝渗流和结构计算分析理论与方法

安全监测资料分析和安全监测揭示和反映的是大坝的现状性态，预测未来高水位和复杂条件下的安全性态，还得通过现状反演较为真实的坝体坝基物理力学参数，再通过计算分析法判断未来各种可能工况下的大坝渗流和结构安全性。

1.2.3.1 土石坝渗流和结构计算分析理论与方法

1. 土石坝渗流基本规律研究

土石坝的渗流问题包括渗流计算、渗透变形和控制渗流三个方面[54-60]。

土石坝设计时需通过渗流计算确定坝型、断面尺寸及防渗排水措施。从理论上讲，土石坝渗流计算是在已知初始和边界条件下解渗流基本方程，以求出水头分布，计算渗流量和水力坡降等。已有透水或不透水地基上的土石坝渗流计算方法可概括为流体力学解法和水力学解法两类。前者是一种严格的解析法，在满足定解条件下求解渗流基本方程，得到解的解析表达式；后者是一种近似解析法，基于某些假定及对局部急变渗流区段应用流体力学解析解的某些成果而求得渗流问题的解答。

渗透变形是指坝体及坝基中的渗流，由于其机械或化学作用，土体产生局部破坏。渗透变形的形式与土料性质、土粒级配、水流条件及防渗排水措施等有关。粗粒土渗透变形临界坡降是核心问题，根据单颗粒水力平衡关系总结出了管涌的临界水力坡降简化式；根据力学平衡原理，推导得出了管涌和流土的临界水力坡降模型公式，如太沙基模型公式、伊斯托明娜管涌型土的抗渗坡降公式、扎马林模型公式、沙金煊公式等。但是这些公式未考虑与级配特征有关的参数，与实测值存在一些差距。

渗透试验发现随着粗细颗粒级配的不同，土的渗透机理将会发生改变。粗粒料含量较多时粗粒形成骨架细颗粒充填其中，土的渗透破坏性质取决于粗颗粒的特征。当粗粒含量较少时，不足以形成骨架，粗颗粒是散乱地堆积在细颗粒当中的，土的渗透稳定性类似于细粒料。不均匀系数小的土，颗粒大小均匀，粗、细颗粒区别不明显，土体不能形成骨架结构，如果粒径较小，在较小的水头下，出口处小颗粒被水流带走，并逐渐发展为流土破坏。如果不均匀系数较大，曲率系数也较大，土体缺乏中间粒径，在土体结构中，大颗粒形成的骨架结构空隙较大，小颗粒在大空隙中处于自由状态，在较小的水力坡降下，小颗粒土体被带走，形成管涌破坏，这种破坏形式由于粗颗粒骨架还存在，还能承担一定的水力坡降，土体结构并未完全破坏。如土体不均匀系数较大，曲率系数为 1~3，土体级配良好，土体中颗粒大小渐变，空隙中填料被约束而处于固定状态，渗透破坏形式表现为流土破坏。试验还发现，同类土体的渗透变形与土体的密度有关，密度越小土体越疏松，在渗透水流的作用下容易发生渗透破坏；渗透变形还与土体的黏聚力有关，黏聚力越大，土体间作用力越强，土体越稳定，越不容易发生渗透破坏。砾质土的渗透变形分为三个阶段：第一阶段，水力坡降和渗透流速呈直线关系，土样未破坏；第二阶段，在一定渗透水流作用下发生管涌之前，土体先出现压密或变松，细颗粒开始移动，开始出现潜蚀，即内部管涌，移动的细颗粒淤积在通道的孔隙中，使流速变小，说明在土体内首先发生了颗粒的调整和移位，已有内部管涌发生；第三阶段，出现骨架变形，这是管涌通道发展的最终结果，这个阶段很短，而且变化很快。

从 20 世纪 80 年代开始，基础渗流控制的原则逐渐明确为防渗排水与反滤层保护渗流出口相结合的方式。对土石坝透水地基的渗流控制措施包括设置截水槽、浇筑混凝土防渗墙或布设灌浆帷幕、铺筑上游水平防渗铺盖等。

2. 土石坝渗流的数值分析方法

渗流数值模拟分析发展迅速，用其求解均质或非均质、各向异性或同性及复杂边界条件的土石坝渗流问题，使得许多渗流问题得以重新认识。

不少水利科研院所编制了土石坝渗流数值模拟分析程序，主要有有限元法、有限差分法、离散元法、无单元法等[54]。例如，南京水利科学研究院结合实际工程应用有限元法研制的土坝渗流计算程序 UNSST2，饱和-非饱和渗流计算程序 UNSAT2。也有一些大型商业软件中含有的渗流分析模块，如 Plaxis 中的 PlaxFlow 渗流分析模块、GeoStudio 中的 SEEP3D 模块、SUSAP 饱和-非饱和土渗流分析软件、GMS 中 SEEP2D 模块和理正渗流分析软件等。

土石坝渗流的反馈分析主要为土体渗流参数的反演，如基于渗流安全监测资料，采用优化算法(如神经网络、萤火虫算法、蚁群算法、遗传算法等仿生算法)对渗透系数进行反演计算。

随机渗流数值模拟研究始于 20 世纪六七十年代,目前主要有直接 Monte Carlo 法、Taylor 展开随机有限元法、Neumann 展开 Monte Carlo 随机有限元法以及摄动随机有限元法等。直接 Monte Carlo 法作为最早出现的一种随机数值模拟方法,需首先假定随机变量的概率分布函数与协方差函数,输入由伪随机数生成的变量,便可求得大量的计算结果;最后通过这些结果计算出每个节点水头的均值和均方差,以此来获取统计意义下的数值解。由于直接 Monte Carlo 法是建立在大量有限元计算的基础上,计算量巨大,较难应用于复杂工程当中。

3. 土石坝渗流控制措施

土石坝渗流控制措施主要表现为以下发展趋势:反滤层的渗流控制作用更明确,排水体的作用进一步得到发挥,土石坝心墙裂缝纳入渗流控制范畴,面板坝的渗流控制愈加完善。

1)反滤层的渗流控制作用更显明确

20 世纪 20 年代,太沙基提出反滤层准则后,经长期实践不断证明了反滤层是防止土体渗透破坏的有效措施。防渗和排水相结合、反滤层保护渗流出口的渗流控制原理逐渐被接受,《碾压式土石坝设计规范》(SL 274)规定了砂砾石反滤料的设计方法,保证了反滤层在土石坝的广泛应用。

土石坝心墙裂缝的渗流控制依靠下游面的反滤层。在心墙下游设计合理的反滤层,使得心墙裂缝渗流冲蚀问题得到解决,降低了不均匀沉降引发的土石坝破坏风险。当前趋向于将心墙下游侧的反滤层作为保证渗透稳定的第一道防线。

防渗体厚度的确定可考虑反滤层的作用。过去防渗体厚度设计主要依靠工程经验,在明确反滤层的渗流控制作用后,许多工程突破了传统工程经验。例如,辽宁柴河水库坝高 48m,心墙边坡坡比为 0.0642,心墙下游面的反滤层为天然河床砾质粗砂,反滤较细,1985 年投入运行,至今运行正常。又如河南陆浑水库坝高 55m,坝基截水槽底宽只有 7.0m,小于工程常用值,而且填筑质量偏低,由于下游面的反滤层为中砂,1990 年投入运行,运行正常。

由于反滤层保护渗流出口,深厚覆盖层地基渗流控制压力减轻[55]。过去砂砾石地基防渗处理后,下部深层基岩还需灌浆防渗,现在部分工程减少了下部基岩灌浆防渗的措施。例如,密云水库白河壤土斜墙砂砾料坝、碧口壤土心墙土石混合坝和黄河小浪底斜心墙堆石坝的砂砾石地基分别深 44m、34m 和 80m,3 座大坝用防渗墙防渗后,下部基岩都未作灌浆防渗,运行情况良好。

防渗土料的选择不再单纯强调土料本身的防渗性能。20 世纪 80 年代以前国内土石坝的防渗主要采用防渗性能很好的纯黏土料,如 50m 高的大伙房、80.5m 高的毛家村、114m 高的石头河、101m 高的碧口等水库大坝,心墙土料都是防渗性能很好的壤土或黏土。20 世纪 80 年代后由于反滤层的广泛使用,鲁布革土石坝心墙土料将防渗性能很好的红黏土料改为坝址附近风化料,揭开了采用洪积砾石土和冰碛碎石土作防渗体的序幕,并不断认识到无黏性或少黏性的碎石土或冰碛土,除它的防渗能力外,在合适的反滤层保护下还有较强的裂缝自愈能力。此后,我国的现代高土石坝防渗土料不再过分强调必须具有好的防渗性能,也可采用碎石土或冰碛土,并与反滤层紧密配合,确保大坝的防渗和渗透稳定。

2) 排水体的作用进一步发挥

排水常与防渗配合使用,是一种减压的方法,是渗流控制的另一措施。早期,由于排水体不能与反滤层很好地结合,加之反滤层设计方法不完善,设置排水体后渗流路径缩短,往往出现加速防渗体渗透破坏的实例,在一定程度上影响了排水设施的使用。一些坝体虽然也设置排水设施,但不能与防渗体密切结合、及时排出渗流。例如,哥伦比亚 1985 年建成的 148m 高的萨尔瓦兴娜(Salvajina)砂砾石面板坝,在坝内专门设置了排水体,但将排水体置于距垫层 80m 以外的砂砾石坝体中,渗流通过垫层后,先进入砂砾石坝体,使得排水体上游的砂砾石坝体仍然留在渗流区,不能较好地发挥排水体的作用。近年来,由于反滤层设计方法的不断完善,同时明确反滤层是排水体的主要组成部分,即反滤排水,排水体的布置紧靠防渗体,更加合理有效。

3) 高土石坝心墙裂缝纳入渗流控制范畴

高土石坝产生水平裂缝易诱发渗透破坏。半个世纪以来,在土石坝防止心墙裂缝方面采取了一系列措施:一是着眼于大坝的结构形式,如变直心墙为斜心墙,坝轴线由直线形改为上拱形,以防止心墙产生拱效应,加拿大 1973 年建成的 245m 高的买加(Mica)坝为最典型,既是斜心墙,在平面上坝轴线又呈上拱形;二是减小心墙的沉降量,防止较大的不均匀变形。随着工程经验的不断丰富,逐渐开始从渗流控制的角度考虑心墙裂缝问题,如苏联 1980 年建成的高 300m 的努列克(Nurek)坝,心墙原采用黏粒含量为 30%的黄土类黏性土,后经心墙裂缝冲蚀试验,采用了砾质土,在反滤保护下裂缝自愈能力均强于细粒黏性土,同时心墙下游面采用了粒径范围为 0.1~10mm 的细反滤层,以保证裂缝自愈。斜心墙和拱形心墙在世界坝工中已很少采用,目前防止心墙水平裂缝渗透破坏的有效措施是设计良好的心墙下游面的反滤层。

当前我国的土石坝建设,高土石坝的心墙形式主要是直心墙,土料主要是砾石土和风化料,并按有裂缝的情况确定心墙下游面的反滤层。如 1991 年竣工的 103.8m 高的鲁布革土石坝,原设计心墙料采用 10m 外的红黏土,经过大量试验,坝趾附近的风化料虽然防渗性能差于红黏土,但抗裂缝冲蚀及裂缝自愈能力均强于红黏土,后就地取材改用>5mm 的颗粒含量小于 40%,<0.1mm 的颗粒含量大于 30%的风化料。垂直向、水平向渗透系数的平均值分别为 1.47×10^{-5}cm/s 和 1.54×10^{-5}cm/s。心墙下游采用了粒径为 0.1~20mm,$d_{20} < 1.5$mm,不均匀系数 $c_u = 14$

的细反滤层，并直接采用的是河床天然砂砾石料。又如瀑布沟土石坝，经过了大量的试验研究，最后选用洪积砾石土作为防渗土料，颗粒平均级配曲线<5mm 的颗粒含量为 50%，>0.005mm 的颗粒含量为 5%，渗透系数为 $2.10×10^{-5}$cm/s。试验结果表明，渗透破坏形式为流土，反滤层的等效粒径 d_{20}<1.5mm，实际采用的反滤层的粒径范围 0.1～5mm。

4) 面板坝的渗流控制措施多层化

早期面板坝的渗流控制重点是面板的止水结构，面板的止水结构多达 3 道以上，有时仍出现大量漏水。目前面板坝的渗流控制，强调了垫层料的防渗作用，增设了上游黏土铺盖。在渗透系数为 10^{-3}cm/s 的垫层料的保护下，面板一旦裂缝，黏土铺盖可以淤填裂缝。面板坝垫层料采用渗透系数为 10^{-4}～10^{-3}cm/s 的半透水材料作为第二道防渗防线，要满足上述要求，不仅土中<5mm 的颗粒含量需达 30%～50%，且<1mm 的颗粒含量至少为 20%，以保证 d_{20}=0.2～1.0mm。

高面板坝运行经验表明，面板与垫层之间脱空是高面板坝的主要问题之一。如 2000 年建成的 178m 高的天生桥一级面板堆石坝，运行后在面板与垫层的结合面，探测面积 27 805m^2 中脱空面积达 8314m^2，占 30%，单块最大脱空面积 400m^2，脱空空隙开度 1～5cm。此外，面板断裂、止水结构拉断后，一旦漏水，面板防渗将会失效，垫层表面脱空部分直接与上游库水相连通，垫层料过粗时，大坝防渗能力显著降低。对于砂砾石面板坝，如果未设专门的排水系统，将导致坝体渗透破坏，甚至溃决。若是堆石面板坝，将会出现大量的渗漏。如 71m 高的沟后砂砾石面板坝的溃决不尽与面板顶部和防浪墙趾板间的止水断裂有关，还与上部面板大量脱空、防渗失效有关。顶部接缝漏水，库水与面板脱空体相连通并由垫层料直接进入坝体，因垫层料过粗，起不到防渗作用，垫层料后又无专门排水体，渗流从坝顶强透水水平夹层由下游坝坡直接逸出，而坝顶砂砾石层又是管涌土，不断管涌破坏，冲蚀上部坝坡，坝坡滑塌，库水漫顶大坝溃决(图 1.2-10)[61-63]。

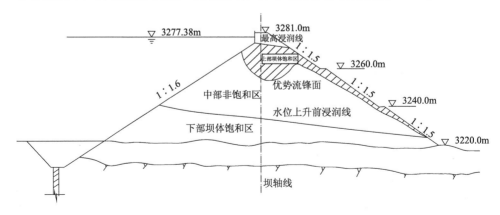

图 1.2-10　青海沟后水库大坝失事前渗流状态示意图

面板堆石坝堆石体具有很强的渗透性，与垫层料的渗透性相比较，二者相差至少在百倍以上，面板一旦失去渗流控制能力，垫层就会变成防渗斜墙，而且堆石体一般具有足够的排水能力，高面板坝一旦出现面板脱空，同时面板止水被拉断，面板产生贯通性的裂缝等，只要垫层的渗透系数达 10^{-3}cm/s，不会出现大量渗漏，大坝依旧可以正常运行。我国高面板堆石坝垫层料的渗透系数均达 10^{-3}cm/s，有了第二道防渗防线，可防止出现严重的渗漏问题[64-66]。

4. 土石坝应力分析

土石坝的应力和变形计算有多种方法，主要有弹性理论方法、极限平衡理论方法、弹塑性分区方法、弹塑性差分方法、碎块体理论和有限元法等。其中有限元法最为常用，采用有限元法计算应力应变时土体本构模型是关键[67-69]。常用本构模型如下：①线弹性模型，该模型具有简易、方便等优点，对于简单坝型能够得到较满意的计算结果；但对较复杂的坝体，模型有明显的不足。②K-G 模型，该模型同时考虑了土的剪切和压缩性质，理论相对完善；不足之处是确定 K、G 参数的试验比较复杂，工作量比较大。③推广的双曲线模型，该模型考虑的因素较多，理论比较完整，需要的试验不太复杂，相比其他模型具有明显优势；但是，模型参数较多，考虑了驼峰的剪切曲线和剪胀曲线后，需要确定相应的残余强度和极限剪切体变，在实用上还存在较多困难。④邓肯-张模型，该模型模拟了土石体的主要特征，发展较早，工程应用经验成熟，各个参数有明确的物理意义和丰富的经验数值，是分析岩土工程的重要模型之一。

1.2.3.2　混凝土坝的渗流和结构计算分析理论与方法

1. 混凝土坝渗流安全分析

针对排水孔模拟和无压自由面处理等问题，一是提出了改进排水子结构方法，并运用该方法对排水孔(幕)的渗流行为进行精细模拟；二是提出了夹层代孔列法，运用等效排水夹层代替排水孔列，通过选择适当的夹层渗透系数，使得排水夹层与排水孔列的排水效果大致相同[70-73]。在漫长的服役过程中，受材料性能老化、除险加固等多种因素的影响，混凝土坝的渗流特征参数及边界条件等也会不断变化，不均匀性和不确定性将渐趋突出。为了更加全面地刻画重力坝渗流性态，宜采取确定与不确定组合方法，并解决好排水孔(幕)等渗控措施及边界条件的精细模拟等问题。

2. 混凝土坝结构安全分析

设计一般按强度安全标准，分别采用材料力学法、拱梁分载法进行重力坝、拱坝应力分析[74-80]。但结构复杂时，两种方法误差较大，需要采用数值模拟分析和结构模型试验方法加以验证。

20 世纪 70 年代起，我国推广采用有限元法计算不同动静力荷载组合作用下的应力、变形和稳定等问题。对解决复杂结构与地质上大坝的基础应力及变形问题具有显著优点，亦为分析坝体内局部应力与分布如坝内孔洞、角缘应力集中等问题提供了简捷方法。基于有限元法计算的应力推求内力，并采用材料力学公式反求等效应力，可以消除应力集中现象，还能反映坝体断面的总体应力水平，从某种意义上解决了有限元法分析中应力数值的不稳定问题。但是，它是一种粗略的取值方法，掩盖了局部应力集中可能导致开裂等问题。此外，实际的等效应力的拉应力区范围比有限元应力的范围大。究其主要原因：①有限元法计算的应力受网格单元剖分的影响较大，具有不确定性；②未有与该方法配套的安全标准，无法判断计算结果是否安全、合理。因此，有限元法分析中应力取值一直是长期关注而又未很好解决的关键问题之一，需进一步研究精确求解应力分布问题。200m 以上的高坝的拉应力控制标准应专门研究。

由于混凝土坝基岩和坝体的变形是相互影响的，必须把坝体和基岩作为整体进行研究。对基岩的研究从 20 世纪 50 年代才开始，在理论研究方面，混沌理论、耗散结构理论、突变理论等非线性理论已在不同程度上得到应用，综合不确定性分析、岩石断裂、损伤与细观力学及智能分析等的研究也取得重要进展。在数值分析方面，传统的极限平衡法在计算模型、滑动面确定、滑动类型判别等方面都得到了进一步的完善，并涌现出许多新的数值方法，如刚体弹簧元法、界面元法、边界元法、不连续变形分析法、数值流形元法、连续介质快速拉格朗日分析法、通用和三维离散元程序、二维和三维颗粒流程序及各种方法的耦合程序等。

1.3　水库大坝除险加固技术提升

为消除现有病险水库安全隐患，保障工程安全，《"十四五"水库除险加固实施方案》提出，2025 年年底前，全部完成 2020 年前已鉴定病险水库和 2020 年已到安全鉴定期限、经鉴定后新增病险水库的除险加固任务；对"十四五"期间每年按期开展安全鉴定后新增的病险水库，及时实施除险加固。2022 年年底前，按照轻重缓急，优先对病险程度较高、防洪任务较重的水库抓紧实施除险加固。

我国经过多年病险水库除险加固实践研究，提出了一系列科学实用的病害诊断方法，研发了一批先进的病险水库除险加固实用技术，积累了大量丰富的除险加固成功经验[81]。但由于我国的水库分布广泛、坝基条件复杂、水文特征差别很大，水库除险加固的技术也不尽相同。如果不加分析盲目使用，不满足工程的适用条件，其结果是除险加固效果有限。因此，有必要对大坝病害诊断方法、除险加固技术进行分析比较，筛选出既能实现除险目的、又经济合理的除险加固方案。

此外，尽管水库除险加固工作消除了一些病害隐患，但也应看出，目前我国病险水库除险加固还存在不甚完善和合理之处，甚至诱发重大险情或事故。如新疆生产建设兵团八一水库(2004 年 1 月)、青海英德尔水库(2005 年 4 月)、甘肃小海子水库(2007 年 4 月)、内蒙古岗岗水库(2007 年 7 月)、海南博冯水库(2009 年 4 月)、吉林大河水库(2010 年 7 月)、广西卡马水库(2009 年 7 月)及青海温泉水库(2010 年 7 月)等在加固过程中或加固后一段时期内溃坝或出现重大险情[82]。这进一步说明目前的除险加固工作仍存在着一些不足之处，必须通过病害成因分析、除险加固效果评估工作等的总结分析，以指导今后的病险水库除险加固工作，杜绝类似事件发生[83-90]。

1.4　本书主要内容

本书从总结现有水库常见病害和除险加固技术入手，以多座水库大坝为案例分析研究大坝病害、成因及除险加固措施与效果，探讨病险水库除险加固项目溃坝原因，最后提出除险加固效果评价内容和模型。

本书包含 7 章，第 1 章为绪论，介绍我国病险水库除险加固取得的成就、"十四五"期间将开展的病险水库除险加固工作，以及对水库病险成因和除险加固效果分析的行业需求，论述水库大坝安全监测资料分析和性态诊断模型，水库大坝安全检测、隐患探测和病害诊断技术，水库大坝渗流和结构计算分析理论与方法等方向的研究进展；第 2 章为水库大坝病害特征及成因分析，基于水利部大坝安全管理中心的水库大坝注册登记系统、水库大坝运行管理系统和三类坝核查成果等，统计分析水库大坝现状和病害主要特征，探讨造成水库大坝病险的主要原因；第 3 章为水库大坝除险加固技术及其发展，总结常用的除险加固技术，展望除险加固新技术；第 4 章和第 5 章为水库大坝病险成因与除险加固效果案例分析，分别以琵琶寺水库均质土坝、鲇鱼山水库黏土心墙砂壳坝、铁佛寺水库黏土心墙砂壳坝和澎河水库黏土斜墙砂壳坝，以及西溪水库碾压混凝土重力坝、石漫滩水库碾压混凝土重力坝和南江水库混凝土砌块石重力坝为例，列举了存在的病害，基于水文地质、工程地质条件和工程质量，综合采用安全监测资料分析、隐患探测和数值分析等方法，分析病害成因，简述除险加固方案及实施情况，依据除险加固后运行资料，跟踪分析除险加固效果；第 6 章为病险水库除险加固后溃坝原因分析与对策，以青海英德尔水库和甘肃小海子水库等两座病险水库除险加固项目溃坝事故为案例，说明确保除险加固方案科学合理性和加强运行管理的重要性；第 7 章为病险水库大坝除险加固效果评价模型，阐述了除险加固效果评价的主要内容，构建了后评价指标体系，提出了基于生命质量指数的除险加固效果定量评价模型。

参 考 文 献

[1] 水利部. 2019 年全国水利发展统计公报[J]. 北京: 中国水利水电出版社, 2021.

[2] 孙金华. 我国水库大坝安全管理成就及面临的挑战[J]. 中国水利, 2018, (20): 1-6.

[3] 阮利民. 水利工程运行管理工作现状与展望[J]. 水利建设与管理, 2019, 39(4): 10-13.

[4] 向衍, 盛金保, 刘成栋. 水库大坝安全智慧管理的内涵与应用前景[J]. 中国水利, 2018, (20): 44-48.

[5] 谭界雄, 任翔, 李麒, 等. 论新时代水库大坝安全[J]. 人民长江, 2021, 52(5): 149-153.

[6] 水利部. 水利部召开水利工程运行管理工作视频会议[J]. 水利建设与管理, 2021, 41(5): 6.

[7] Salazar F, Morán R, Toledo M Á, et al. Data-based models for the prediction of dam behaviour: A review and some methodological considerations[J]. Archives of Computational Methods in Engineering, 2017, 24: 1-21.

[8] Li B, Yang J, Hu D. Dam monitoring data analysis methods: A literature review[J]. Structural Control and Health Monitoring, 2020, 27(3): e2501. 1-e2501. 14.

[9] Li Z. Global Sensitivity analysis of the static performance of concrete gravity dam from the viewpoint of structural health monitoring[J]. Archives of Computational Methods in Engineering, 2021, 28: 1611-1646.

[10] 顾冲时, 苏怀智, 王少伟. 高混凝土坝长期变形特性计算模型及监控方法研究进展[J]. 水力发电学报, 2016, 35(5): 1-14.

[11] 赵二峰, 顾冲时. 混凝土坝长效服役性态健康诊断研究述评[J]. 水力发电学报, 2021, 40(5): 22-34.

[12] 顾昊, 曹文翰, 汪程, 等. 混凝土坝服役性态监测效应量安全监控指标拟定方法[J]. 水利水电科技进展, 2021, 41(1): 30-34.

[13] Hu J, Ma F, Wu S. Anomaly identification of foundation UPlift pressures of gravity dams based on DTW and LOF[J]. Structural Control and Health Monitoring, 2018: e2153.

[14] Jie Y, Qu X, Hu D, et al. Research on singular value detection method of concrete dam deformation monitoring[J]. Measurement, 2021, 179: 109457.

[15] Li X, Li Y, Lu X, et al. An online anomaly recognition and early warning model for dam safety monitoring data[J]. Structural Health Monitoring, 2020, 19(3): 796-809.

[16] Salazar F, Toledo M N, González J M, et al. Early detection of anomalies in dam performance: A methodology based on boosted regression trees[J]. Structural Control and Health Monitoring, 2017, 24(11): e2012.

[17] 王建, 徐琼, 荆凯. 太平湾重力坝坝体水平位移异常变化成因分析[J]. 中国农村水利水电, 2018, (8): 150-153.

[18] Yan F, Tu X, Li G. The UPlift mechanism of the rock masses around the Jiangya dam after reservoir inundation, China[J]. Engineering Geology, 2004, 76(1-2): 141-154.

[19] 甄柳江. 水电站溢流坝段水平位移异常现状及原因[J]. 陕西水利, 2017, (S1): 211-212.

[20] 于真真, 王东, 沈定斌, 等. 铜街子水电站24#坝段水平位移规律"异常"分析[J]. 水利水电技术, 2013, 44(11): 98-100.

[21] 周志芳, 朱学愚. 新安江水电站三坝段扬压力异常机理分布[J]. 岩土工程学报, 1998, (4): 54-57.

[22] 宋汉周, 赖诗坤, 童海涛. 探讨大坝基础局部扬压力异常机理的综合分析方法[J]. 水力发电学报, 2003, (4): 60-66.

[23] 包腾飞, 顾冲时, 吴中如. 李家峡大坝 6 号坝段坝基扬压力异常成因综合分析[J]. 岩土工程学报, 2008, 30(10): 1460-1466.

[24] Mata J, de Castro A T, da Costa J S. Constructing statistical models for arch dam deformation[J]. Structural Control and Health Monitoring, 2014, 21(3): 423-437.

[25] Salazar F, Toledo M A, Oate E, et al. An empirical comparison of machine learning techniques for dam behaviour modelling[J]. Structural Safety, 2015, 56: 9-17.

[26] Kang F, Li J, Zhao S, et al. Structural health monitoring of concrete dams using long-term air temperature for thermal effect simulation[J]. Engineering Structures, 2019, 180: 642-653.

[27] Kang F, Li J, Dai J. Prediction of long-term temperature effect in structural health monitoring of concrete dams using support vector machines with Jaya optimizer and salp swarm algorithms[J]. Advances in Engineering Software. 2019, 131: 60-76.

[28] Li M, Shen Y, Ren Q, et al. A new distributed time series evolution prediction model for dam deformation based on constituent elements[J]. Advanced Engineering Informatics, 2019, 39: 41-52.

[29] 杨杰, 吴中如. 大坝安全监控的国内外研究现状与发展[J]. 西安理工大学学报, 2002, (1): 26-30.

[30] 吴中如. 混凝土坝安全监控的确定性模型及混合模型[J]. 水利学报, 1989, (5): 64-70.

[31] 吴中如, 顾冲时, 沈振中, 等. 大坝安全综合分析和评价的理论、方法及其应用[J]. 水利水电科技进展, 1998, (3): 5-9.

[32] 顾冲时, 吴中如. 探讨混凝土坝空间位移场的正反分析模型[J]. 工程力学, 1997, 14(1): 138-144.

[33] 顾冲时, 吴中如. 综论大坝原型反分析及其应用[J]. 中国工程科学, 2001, 3(8): 76-81.

[34] 何金平, 李珍照. 大坝结构性态多测点数学模型研究[J]. 武汉水利电力大学学报, 1994, (2): 134-142.

[35] Tatin M, Briffaut M, Dufour F, et al. Thermal displacements of concrete dams: Accounting for water temperature in statistical models[J]. Engineering Structures, 2015, 91: 26-39.

[36] Tatin M, Briffaut M, Dufour F, et al. Statistical modelling of thermal displacements for concrete dams: Influence of water temperature profile and dam thickness profiles[J]. Engineering Structures, 2018, 165: 63-75.

[37] Hu J, Ma F. Statistical modelling for high arch dam deformation during the initial impoundment period[J]. Structural Control and Health Monitoring, 2020, 27(12): e2638.

[38] Hu J, Wu S. Statistical modeling for deformation analysis of concrete arch dams with

influential horizontal cracks[J]. Structural Health Monitoring, 2019, 18(2): 546-562.

[39] Kang F, Liu J, Li J, et al. Concrete dam deformation prediction model for health monitoring based on extreme learning machine[J]. Structural Control and Health Monitoring, 2017, 24(10): e1997.

[40] Su H, Chen Z, Wen Z. Performance improvement method of sUPport vector machine-based model monitoring dam safety[J]. Structural Control and Health Monitoring, 2016, 23(2): 252-266.

[41] Wei B, Liu B, Yuan D, et al. Spatiotemporal hybrid model for concrete arch dam deformation monitoring considering chaotic effect of residual series[J]. Engineering Structures, 2021, 228(1): 111488.

[42] Shi Y, Yang J, Wu J, et al. A statistical model of deformation during the construction of a concrete face rockfill dam[J]. Structural Control and Health Monitoring, 2018, 25: e2074.

[43] Lin C, Zheng D. Two online dam safety monitoring models based on the process of extracting environmental effect[J]. Advances in Engineering Software, 2013, 57: 48-56.

[44] 徐轶, 谭政, 位敏. 水库大坝渗漏常用探测技术及工程应用[J]. 中国水利, 2021, (4): 48-51.

[45] 向衍, 盛金保, 刘成栋, 等. 土石坝长效服役与风险管理研究进展[J]. 水利水电科技进展, 2018, 38(5): 86-94.

[46] 秦继辉, 吴云星, 谷艳昌. 高密度电法在于桥水库渗漏隐患探测中的应用研究简[J]. 江西水利科技, 2018, (2): 111-118.

[47] 刘海心, 朱瑞, 王文甫, 等. 高密度电法在水库大坝渗漏勘察中的应用[J]. 人民黄河, 2018, 40(10): 99-103.

[48] 张逸. 基于堆石坝面板脱空缺陷的雷达探测技术研究与应用[D]. 长沙: 湖南大学, 2015.

[49] 赵汉金, 江晓益, 韩君良, 等. 综合物探方法在土石坝渗漏联合诊断中的试验研究[J]. 地球物理学进展, 2021, 36(3): 1341-1348.

[50] 马宏新, 李卓, 范光亚, 等. 某水库大坝防渗加固效果综合物探检测与分析评价[J]. 南水北调与水利科技, 2019, 17(6): 193-200.

[51] 田金章, 查志成, 王秘学, 等. 视声一体化渗漏探测技术在面板坝渗漏检测中的应用[J]. 水电能源科学, 2019, 37(1): 88-90.

[52] 李国瑞, 王杰, 刘康和, 等. 混凝土大坝坝体渗漏探测技术及其应用[J]. 长江科学院院报, 2020, 37(9): 169-174.

[53] 杨启贵. 病险水库安全诊断与除险加固新技术[J]. 人民长江, 2015, 46(19): 30-34.

[54] 丁树云, 蔡正银. 土石坝渗流研究综述[J]. 人民长江, 2008, 39(2): 33-36.

[55] 刘杰, 谢定松. 我国土石坝渗流控制理论发展现状[J]. 岩土工程学报, 2011, 33(5): 714-718.

[56] 徐泽平. 混凝土面板堆石坝关键技术与研究进展[J]. 水利学报, 2019, 50(1): 62-74.

[57] 姜帆, 宓永宁, 张茹. 土石坝渗流研究发展综述[J]. 水利与建筑工程学报, 2006, 4(4): 94-97.

[58] 李雷, 盛金保. 土石坝安全度综合评价方法初探[J]. 大坝观测与土工测试, 1999, (4): 22-24.

[59] 刘洁, 毛昶熙. 堤坝饱和与非饱和渗流计算的有限单元法[J]. 水利水运科学研究, 1997, (3): 242-252.

[60] 陈生水. 土石坝试验新技术研究与应用[J]. 岩土工程学报, 2015, 37(1): 1-28.

[61] 李君纯. 青海沟后水库溃坝原因分析[J]. 岩土工程学报, 1994, (6): 1-14.

[62] 刘杰. 沟后水库溃坝原因初步分析[J]. 人民黄河, 1994, (7): 28-32.

[63] 盛金保. 沟后坝溃坝渗流初步分析[J]. 水电与抽水蓄能, 1996, (5): 11-15.

[64] 杨泽艳, 周建平, 蒋国澄, 等. 中国混凝土面板堆石坝的发展[J]. 水力发电, 2011, 37(2): 18-23.

[65] 张嘎, 张建民, 洪镝. 面板堆石坝面板出现裂缝工况下的渗流分析[J]. 水利学报, 2005, 36(4): 420-425.

[66] 徐泽平. 混凝土面板堆石坝关键技术与研究进展[J]. 水利学报, 2019, 50(1): 62-74.

[67] 沈珠江. 土石坝应力应变分析中的若干问题[J]. 水力发电学报, 1985, (2): 10-19.

[68] 丁艳辉, 袁会娜, 张丙印, 等. 超高心墙堆石坝应力变形特点分析[J]. 水力发电学报, 2013, 32(4): 153-158.

[69] 赵晓龙, 朱俊高, 王平. 两种本构模型的土石坝应力变形分析比较[J]. 中国农村水利水电, 2018, (1): 165-169.

[70] 王镭, 刘中, 张有天. 有排水孔幕的渗流场分析[J]. 水利学报, 1992, (4): 15-20.

[71] 陈益峰, 周创兵, 郑宏. 含复杂渗控结构渗流问题数值模拟的SVA方法[J]. 水力发电学报, 2009, 28(2): 89-95.

[72] 张国新, 朱伯芳, 杨波, 等. 水工混凝土结构研究的回顾与展望[J]. 中国水利水电科学研究院学报, 2008, (4): 269-278.

[73] 王媛, 刘杰. 重力坝坝基渗透参数进化反演分析[J]. 岩土工程学报, 2003, (5): 552-556.

[74] 顾冲时, 苏怀智. 混凝土坝工程长效服役与风险评定研究述评[J]. 水利水电科技进展, 2015, 35(5): 1-12.

[75] 苏怀智, 李金友. 重力坝工程病险除控实施效能评估研究述评[J]. 水力发电学报, 2018, 37(4): 12-25.

[76] 胡江, 马福恒, 李子阳, 等. 渗漏溶蚀混凝土坝力学性能的空间变异性研究综述[J]. 水利水电科技进展, 2017, 37(4): 87-94.

[77] 杨强, 陈新, 周维垣. 基于D-P准则的三维弹塑性有限元增量计算的有效算法[J]. 岩土工程学报, 2002, (1): 16-20.

[78] 李同春, 李淼, 温召旺, 等. 局部非协调网格在高拱坝应力分析中的应用[J]. 河海大学学报(自然科学版), 2003, (1): 42-45.

[79] 李同春, 章杭惠. 改进的拱坝等效应力分析方法[J]. 河海大学学报(自然科学版), 2004, (1): 104-107.

[80] 周维垣, 杨若琼, 剡公瑞. 高拱坝的有限元分析方法和设计判据研究[J]. 水利学报, 1997, (8): 2-7.

[81] 盛金保, 刘嘉炘, 张士辰, 等. 病险水库除险加固项目溃坝机理调查分析[J]. 岩土工程学报, 2008, (11): 1620-1625.

[82] 谭界雄, 位敏. 我国水库大坝病害特点及除险加固技术概述[J]. 中国水利, 2010, 4(18): 17-20.

[83] 杨启贵, 高大水. 我国病险水库加固技术现状及展望[J]. 人民长江, 2011, 42(12): 6-11.

[84] 阮建清, 刘忠恒, 严祖文. 基于风险的病险水库除险加固方案优化技术[J]. 中国水利水电科学研究院学报, 2014, 12(1): 36-41.

[85] 王宁, 沈振中, 徐力群, 等. 基于模拟退火层次分析法的病险水库除险加固效果评价[J]. 水电能源科学, 2013, 31(9): 65-67.

[86] 张士辰, 杨正华, 郭存杰. 我国病险水库除险加固管理对策研究[J]. 水利水电技术, 2010, 41(4): 82-86.

[87] 严祖文, 魏迎奇, 张国栋. 病险水库除险加固现状分析及对策[J]. 水利水电技术, 2010, 41(10): 76-79.

[88] 王少伟, 苏怀智, 付启民. 病险水利工程除险加固效果评价研究进展[J]. 水利水电科技进展, 2018, 38(6): 77-85.

[89] 胡江, 苏怀智. 基于生命质量指数的病险水库除险加固效应评价方法[J]. 水利学报, 2012, 43(7): 852-859.

[90] 钮新强. 大坝安全与安全管理若干重大问题及其对策[J]. 人民长江, 2011, 42(12): 1-5.

第 2 章 水库大坝病害特征及成因分析

　　我国水库大坝建设在取得骄人成绩的同时也面临着风险与挑战。截至 2021 年 6 月,尚有 8699 座存量病险水库未实施除险加固,已实施除险加固的小型水库中有 16 472 座存在遗留问题,31 779 座水库到规定期限未开展安全鉴定,且每年还会新增一定数量的病险水库。时至今日,溃坝现象仍时有发生,如 2013 年山西曲亭水库(中型)、黑龙江星火水库(中型)、新疆联丰水库[小(2)型],2018 年新疆哈密射月沟水库[小(1)型]、内蒙古增隆昌水库(中型),2021 年内蒙古永安水库[小(1)型]、新发水库(中型)等大坝溃决。可见,水库大坝安全仍存在诸多问题,安全保障任重道远。本章总结水库大坝现状,包括防洪能力、渗流安全、结构安全、金属结构与机电设备安全、抗震安全等方面存在的主要病害特点,以及造成上述病害的原因。

2.1 我国水库大坝现状

2.1.1 水库大坝现状

　　中华人民共和国成立初,全国仅有 22 座水库。经过 60 多年的大规模建设,现有已建和在建水库 9.8 万余座,混凝土重力坝、碾压混凝土重力坝、混凝土面板堆石坝、心(斜)墙土石坝、均质土坝、砌石坝等坝型得到广泛应用[1-10]。截至 2020 年底,在水利部登记注册的各类水库规模、坝型分布见图 2.1-1。

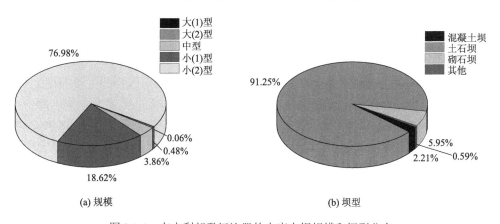

图 2.1-1　在水利部登记注册的水库大坝规模和坝型分布

1. 土石坝

土石坝是土坝、堆石坝和土石混合坝的总称。其建设历程可分为古代土石坝阶段（19 世纪中叶以前）、近代土石坝阶段（19 世纪中叶至 20 世纪 30 年代）及现代土石坝阶段（20 世纪 30 年代后，坝高过百米的高土石坝首次出现）三个阶段。20 世纪 50 年代末高土石坝在高坝数量中仅占 31%，60 年代末碾压施工技术的广泛应用推动了高土石坝建设，70 年代末土石坝数量与高度均超过混凝土坝。土石坝已成为坝工建设中发展最快的坝型，土石坝建设历程简况如图 2.1-2 所示[10,11]。根据《2016 年全国水利发展统计公报》，95%以上是 20 世纪 80 年代以前建设的老坝。我国高土石坝建设虽起步晚，但发展较快，已建最高土石坝为糯扎渡心墙堆石坝（坝高 261.5m），在建最高土石坝为双江口心墙堆石坝（坝高 314m）。我国也是世界上拥有 200m 以上高坝最多的国家。

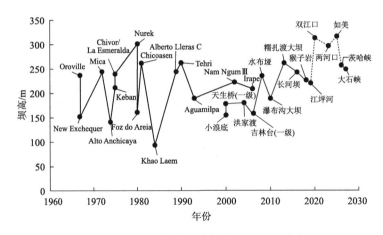

图 2.1-2　土石坝建设历程（1960～2030 年）

2. 混凝土坝

混凝土坝通常建筑在深而窄的山谷，是国内外建设水库选择的主要坝型之一。我国已建大中型水库中，混凝土坝占 10.6%；坝高 50m 上的已建大中型水库中，混凝土坝占 25.9%；坝高 70m 以上的已建大中型水库中，混凝土坝占 38.9%；坝高 100m 以上已建在建的近 200 座高坝水库中，混凝土坝占 52.6%。水库大坝越高，采用混凝土坝型的比例越高，说明混凝土坝的安全可靠性较高[4-6]。

混凝土坝按筑坝材料和施工工艺可分为常态混凝土坝、碾压混凝土坝、堆石混凝土坝、胶凝砂砾石坝等，按结构型式和受力方式可分重力坝、拱坝、支墩坝。

1)常态混凝土坝

我国已建在建的 103 座坝高 100m 以上混凝土高坝水库中(截至 2014 年底数据),常态混凝土坝 52 座,占 50.5%。常态混凝土坝按受力方式分为混凝土重力坝、混凝土拱坝、混凝土支墩坝等。常态混凝土重力坝按结构类型可分为实体重力坝(也称整体式重力坝)、宽缝重力坝、空腹重力坝,按横缝处理方式还可分为悬臂式重力坝、铰接式重力坝和整体式重力坝,按坝轴线曲直又可分为直线形重力坝、折线形重力坝和拱形重力坝。

我国相继建设了一批标志性混凝土重力坝,20 世纪 40 年代建成坝高 91.7m 的丰满大坝,60 年代初建成坝高 106m 的三门峡大坝,70 年代建成坝高 147m 的刘家峡大坝,21 世纪初建成世界上最大装机容量、坝高 181m 的三峡大坝。

混凝土拱坝是一种经济性和安全性都很好的坝型,混凝土方量一般只有实体重力坝的 50%,是目前极流行的混凝土坝型之一。我国已建在建的 103 座 100m 以上混凝土坝(包括碾压混凝土坝)中(截至 2014 年底数据),混凝土拱坝有 46 座,而且主要是近 20 年建成。我国自 20 世纪 50 年代开始修建高混凝土拱坝,包括坝高 87.5m 的响洪甸重力拱坝、坝高 76.3m 的陈村重力拱坝和坝高 78m 的流溪河圆弧形单曲拱坝。2012 年建成的锦屏一级水电站大坝,坝高 305m,是目前世界上已建第二高坝,也是世界上已建最高的混凝土坝、混凝土拱坝、混凝土双曲拱坝;2010 年建成的小湾水电站大坝,坝高 292m,是目前世界上已建第四高坝,也是世界已建第二高混凝土坝、混凝土拱坝、混凝土双曲拱坝。

2)碾压混凝土坝

碾压混凝土(RCC)筑坝技术 20 世纪 70 年代由国外首先应用。我国于 20 世纪 80 年代初开始研究碾压混凝土筑坝技术,吸收了日本 RCD 工法和美国 RCC 工法的优点,并在低水泥高掺粉煤灰、不设纵缝大仓面连续浇筑、富浆碾压混凝土(或变态混凝土)防渗、低 VC 值、斜坡铺筑碾压等方面实现技术创新,1986 年建成了坝高 56.8m 的坑口碾压混凝土重力坝,这是我国建设的第一座碾压混凝土坝;1995 年建成坝高 110m 的岩滩水电站,这是我国第一座百米级高碾压混凝土坝。截至目前,我国已建在建近 200 座碾压混凝土坝(截至 2014 年底数据),其中 100m 以上 50 座、200m 以上 3 座。龙滩大坝是目前世界上已建最高碾压混凝土坝,坝高 216.5m。碾压混凝土坝已成为当前最流行的坝型之一,我国已建在建 103 座坝高 100m 以上混凝土高坝水库中,碾压混凝土坝有 51 座,占 47.4%,而且全部是近 20 年建成的。

20 世纪 80 年代末至 90 年代初期,国内外主要是建设坝高 70m 以下的中低坝。为充分发挥碾压混凝土大仓面快速施工的特点,碾压混凝土坝体结构力求简单,既没有宽缝式、空腹式坝体,也没有支墩坝型,主要是碾压混凝土实体重力坝和碾压混凝土拱坝。

与常态混凝土拱坝一样，碾压混凝土拱坝按水平拱的厚度变化可分为等厚度拱坝和变厚度拱坝。按曲率可分为单曲拱坝、双曲拱坝，以双曲拱坝居多。按厚高比可分为薄拱坝、中厚拱坝、厚拱坝。

近20年来，随着科学技术的发展，新材料、新工艺广泛应用，促进了混凝土筑坝技术快速发展，堆石混凝土坝、胶凝砂砾石坝等新坝型和筑坝工艺也应运而生。

3. 高坝大库分析

坝高超过100m的已建和在建水库达191座（截至2015年数据），其中，坝高150m以上53座，坝高200m以上20座，坝高300m以上2座。库容超过10亿 m^3 的已建和在建水库达137座，其中，库容30亿 m^3 以上51座，库容50亿 m^3 以上29座，库容100亿 m^3 以上16座。装机超过100万kW的水库62座，其中，装机5000MW以上7座，装机10 000MW以上4座。同时，73座水库不但坝高超过100m，而且库容超过10亿 m^3，属于名副其实的高坝（坝高100m以上）大库（库容10亿 m^3 以上）。高坝不一定是大库，大库不一定是高坝，水库溃坝对下游的冲击能量取决于坝高和库容大小。

世界已建和在建水库坝高前100名，中国占27.55%。其中，9座坝高250m以上水库库容1023亿 m^3，约占全国水库总库容的11%；20座坝高200m以上水库库容1564亿 m^3，约占全国水库总库容的17%；53座坝高150m以上水库库容3316亿 m^3，约占全国水库总库容的36%。

1）高坝

191座高坝水库中，混凝土坝99座，堆石坝90座，砌石坝2座，无均质土坝。其中，53座150m以上高坝中，混凝土坝28座，堆石坝25座；20座200m以上高坝中，混凝土坝12座，堆石坝8座；9座250m以上高坝中，混凝土坝6座，堆石坝3座，说明混凝土和堆石料是高坝水库主要筑坝材料。但随着大坝的增高，混凝土坝型所占比例也相应提高，甚至达到2/3，也说明在特高坝水库中，混凝土坝在安全可靠度方面具有一定优势，设计理论、施工工艺也比较成熟。

99座混凝土高坝中，重力坝57座、拱坝42座，但20世纪80年代以后建设的混凝土坝，拱坝明显多于重力坝，尤其是250m以上的6座高混凝土坝全部为拱坝，200m以上的12座高混凝土坝有8座拱坝，说明早期建成的混凝土高坝多选用重力坝。拱坝作为新坝型在近30年广泛采用，如43座混凝土拱坝有39座兴建于20世纪80年代以后，表明拱坝在减小坝体体积、节约建筑材料、应对复杂应力条件方面具有明显优越性，是当前流行的坝体型式。

99座混凝土高坝中，常态混凝土坝52座、碾压混凝土坝47座，说明常态混凝土坝作为一种成熟的筑坝形式，实践经验丰富，仍然被广为接受；但是，碾压混凝土作为一种新型筑坝材料，在节约建设成本、提高施工效率、改善混凝土浇筑温度等方面有明显优越性,在最近 20 多年得到广泛应用,47 座碾压混凝土坝全部是近 30 年兴建的,其中 40 座兴建于 21 世纪。但是,碾压混凝土坝内温度控制和层间结合等问题一直是科研攻克的难题,相比常态混凝土坝来说存在明显软肋。例如,28 座 150m 以上高混凝土坝中,碾压混凝土坝仅 7 座;12 座 200m 以上高混凝土坝仅 3 座采用碾压混凝土,9 座 250m 以上高坝尚未采用碾压混凝土,应当是基于温控与层间结合难度大的原因。

90 座土石坝中,混凝土面板堆石坝 68 座,心(斜)墙堆石坝 22 座,混凝土面板堆石坝占 75.6%。而且,68 座混凝土面板堆石坝中,12 座兴建于 20 世纪 90 年代,其余 56 座兴建于 21 世纪,说明高混凝土面板堆石坝兴起于 20 世纪 90 年代,大规模发展于 21 世纪,并成为当前堆石坝的主流坝型,反映出面板堆石坝具有充分利用当地材料、施工速度快、混凝土抗渗能力强的优点。但是,高混凝土面板的温度裂缝、不均匀沉降变形裂缝等问题控制难度大,250m 以上堆石坝尚未实践面板堆石坝坝型,心(斜)墙堆石坝作为一种成熟的筑坝方式,被优先采用,如双江口(坝高 314m)、两河口(坝高 295m)、糯扎渡(坝高 261.5m)均为心墙堆石坝。

2) 大库

我国库容 10 亿 m³ 以上水库不足全国水库总数的 0.15%,但库容达 6177 亿 m³,约占全国水库总库容的 67%。其中,16 座库容超过 100 亿 m³ 的特大水库库容 3079 亿 m³,约占全国水库总库容的 33%;29 座库容超过 50 亿 m³ 水库库容 3960 亿 m³,约占全国水库总库容的 43%;51 座库容超过 30 亿 m³ 水库库容 4796 亿 m³,约占全国水库总库容的 52%。

137 座大库中,混凝土坝 74 座,占 54%;堆石坝 45 座,占 32.8%;均质土坝 18 座,占 13.2%。51 座库容 30 亿 m³ 以上水库中,混凝土坝 33 座,堆石坝 15 座,均质土坝 3 座;29 座 50 亿 m³ 以上水库中,混凝土坝 22 座,堆石坝 7 座,均质土坝 1 座;16 座 100 亿 m³ 以上水库中,混凝土坝 12 座,堆石坝 4 座。分析表明,大库中的混凝土坝型仍然多于其他坝型,而且随着库容增大,混凝土坝型比例也相应提高,尤其 100 亿 m³ 以上特大水库中的混凝土坝型比例达 75%。

74 座混凝土坝水库中,重力坝 54 座、拱坝 20 座,常态混凝土坝 57 座、碾压混凝土坝 17 座。从建设年代可以看出,50%的大库兴建于 20 世纪 80 年代以前,而碾压混凝土筑坝技术仅于 20 世纪 80 年代中后期才引进,所以常态混凝土重力坝这种传统筑坝形式相应比较多。

45 座堆石坝中,混凝土面板堆石坝 19 座,心(斜)墙堆石坝 26 座。心(斜)墙堆石坝作为一种传统坝型,在早期兴建的水库或特高坝水库得到优先采用。但是库容 30 亿~50 亿 m³ 的 11 座土石坝中,混凝土面板堆石坝就有 7 座,而且 19 座混凝土堆石坝作为一种新兴坝型,全部兴建于 20 世纪 90 年代以后。

137 座大库中,18 座水库为均质土坝,这些水库除 1 座为 21 世纪兴建外,其余全都是 20 世纪 70 年代以前兴建，主要兴建于 20 世纪 50 年代，而且这些大坝坝高较低，除松涛水库坝高 80.1m、柘林水库坝高 79.2m 外，其他水库坝高均低于 50m，表明均质土坝是 20 世纪 50 年代中国筑坝的主要形式，大量中低坝水库采用这种坝型，这是当时经济技术条件所决定的。但均质土坝沉降变形大、遇水变形滑塌问题突出，安全风险较大。

2.1.2 病险水库大坝现状

分类统计已实施除险加固的水库大坝及采取的加固措施[12-16]，结果如下。

除险加固的病险水库大坝中，大型水库 58 座，占 2.5%；中型水库 744 座，占 32.2%；小型水库 1509 座，占 65.3%。按坝型分类统计，土石坝占 93.3%，浆砌石坝占 5.6%，其余为混凝土坝。其中，土石坝中均质坝最多，占 66%；其次为黏土心墙坝，占 30%；黏土斜墙坝占 3.5%；混凝土面板堆石坝占 0.5%。

在提高防洪能力加固处理方面，以坝顶加高为主，约占 48%；增加防浪墙和增大泄流能力次之，分别约为 29% 和 18%；采取坝顶加高和增加泄流能力并举工程措施的占 6%。

在渗流隐患加固处理方面，土石坝坝体防渗加固中采取混凝土防渗墙的占 52%，采用高喷防渗墙的占 5%，采用土工膜的占 3%；坝基采取帷幕灌浆防渗处理的占 36%。对于混凝土及浆砌石坝坝体存在的渗漏问题，主要采用增设混凝土面板和灌浆等方法。

结构隐患加固处理方面，在坝坡加固中，对护坡加固采取拆除重建措施的占 46%、采取部分改造的占 20%，采取局部翻新的占 12%，无处理措施的占 22%。在溢洪道加固中，采取部分拆除改造措施的占 73%，采取废弃重建的占 4%，未采取加固措施的占 23%。在输水隧洞或涵管等建筑物加固中，对进水塔采取加固或拆除重建的占 85%，洞身采取加固措施的占 66%，对出口消能设施采取加固措施的占 10%，金属结构、启闭设备改造或维修更换的占 82%。

2.2 水库大坝病害主要特征

通过对安全评价和鉴定材料的归纳总结，我国水库大坝病险主要表现在防洪能力不足、渗流危害、结构病害、金属结构老化、管理设施破损和管理水平差、抗震不达标等，可以概括为以下六个方面。

2.2.1 防洪能力问题

水库防洪能力不满足规范要求是常见病险问题，主要表现为挡水建筑物挡水前沿高程不够即挡水安全问题和泄水建筑物泄流能力不足即泄水安全问题。

1. 挡水安全问题

大坝不能安全挡水，造成洪水漫顶在水库大坝失事中是常见问题。对 1954～2013 年我国 3500 余座水库溃坝资料的统计分析，超过 50%的溃坝事故为洪水漫顶，造成洪水漫顶的原因主要是水库自身的防洪能力不足。1963 年 8 月上旬，海河流域遭遇特大洪水，导致河北 5 座中型、17 座小(1)型，297 座小(2)型，总计 319 座水库溃坝，其中绝大多数为漫顶溃坝；1975 年 8 月 2～8 日，受 3 号台风袭击，河南驻马店地区普降大雨，平均降雨量 1028.5mm，出现历史罕见大洪水，导致板桥、石漫滩两座大型水库漫顶溃坝，继而导致下游 60 座中小型水库连锁漫顶溃坝，成为世界坝工史上最为惨痛的溃坝事件(河南"75·8"特大洪水灾害)。"75·8"之后，1976～1985 年，通过戴帽加高、新建或扩挖泄洪设施，国家对 65 座大型水库实施了以提高防洪能力为主的除险加固工程建设。2000 年以来加固的数万座病险水库中，约 45%包含防洪能力提升工程。

挡水安全问题具体包括以下五个方面。

1) 洪水标准偏低

随着水文资料系列延长，设计洪水洪量、洪峰和洪水过程发生较大改变。水库控制流域内的人类活动改变了流域的产汇流条件，影响了原设计洪水计算结果；防洪标准不能满足现行规范要求。

我国已建水库大多是以坝址设计洪水作为设计依据。由于建库后库区范围内的天然河道已被淹没，使原有的河槽调蓄能力包含在了水库库容内，并且库区的产汇流条件也发生了明显改变。建库前流域内的洪水向坝址出口断面的汇流变为建库后流域内的洪水沿水库周界向水库汇入，造成建库后入库洪水较坝址洪水的洪峰流量、短时段洪量增大，峰现时间提前。在全球气候变化背景下，我国极端天气事件呈现增多增强的趋势，将改变设计洪水洪量、洪峰和洪水过程。据对 40 余座水库的综合分析，入库与坝址的洪峰流量的比值在 1.01～1.54，其差别与水库特征、洪水时空分布特性等有关。对已建水库进行设计洪水复核时，若原设计是采用坝址设计洪水，应分析入库洪水与坝址洪水的差异，若两者差别较大时，宜改用入库设计洪水作为设计依据。

2) 大坝坝顶高程不满足规范要求

大坝坝顶高程不够；与坝体防渗体形成一体的防浪墙断裂或破坏；土质防渗体顶部在正常蓄水位或设计洪水位以上的超高不满足规范要求；土质防渗体顶部低于非常运用条件的静水位。

3) 泄洪建筑物的挡水前沿顶部高程安全超高不满足规范要求

溢洪道控制段的闸顶高程及两侧连接建筑物顶高程超高不满足规范要求；闸墩、胸墙或岸墙的顶部高程不满足泄洪条件下的安全超高要求。

4)进水口建筑物进口工作平台高程不满足汛期运用要求

进水口建筑物进口工作平台高程，特别是泄洪洞等若采用岸塔式布置方式，进口闸门、启闭机和电气设备工作平台高程不满足汛期运用要求。

5)闸门顶高程不满足挡水要求

部分水库在建坝时，因水文资料的缺乏与变化，现在复核时闸门高度不满足要求，或水库调度的改变，造成闸门高度不够。

此外，基于国内外资料，大坝运行时间越长，挡水安全问题越严重，大坝的漫顶失事率也越高，尤其值得关注。

2. 泄水安全问题

泄洪安全问题包括以下两个方面。

1)泄洪建筑物本身的安全问题

泄洪建筑物过水断面尺寸不符合设计要求；消能设施不完善；闸门启闭机质量和维护存在问题，在高水位期间不能安全操作和启用等。

2)非常溢洪道不满足设计启用要求

非常溢洪道启用标准不满足规范要求和非常溢洪道启用措施不落实等。

"75·8"特大洪水灾害之后，我国很多水库增设了宣泄超标准洪水的非常溢洪道。由于多年不使用，很多非常溢洪道的行洪通道被侵占。因此，在防洪能力复核时，应复核非常溢洪道保留的必要性。如需保留，应复核在现状条件下，非常溢洪道是否能够按原设计条件正常启用以及是否能够及时泄洪。

2.2.2 渗流危害问题

大坝渗流控制措施包括上游截渗措施(铺盖、各种形式的防渗墙、帷幕灌浆等)、下游导渗措施(减压井、导渗沟、褥垫排水、烟囱式排水等)以及渗流出口的反滤排水措施(贴坡反滤、棱体排水等)；实际渗流性态是指大坝真实的渗透分布和渗漏量大小及其变化规律，以及关键部位(防渗体、不同建筑物接触面、渗流出口等)的渗透稳定性。根据水库大坝渗漏发生部位的不同，一般分为三种类型：坝体渗漏、坝基渗漏、绕坝渗漏。

1. 土石坝渗流病害特点

按照防渗体类型，碾压式土石坝可分为均质坝、土质防渗体分区坝及非土质防渗体分区坝三种基本形式。根据土石坝特点及病害情况，将土石坝的渗流病害分成以下九类。

1)坝基渗漏

由于施工时清基不彻底，坝基坐落在透水性较强的覆盖层上，或坐落在裂隙发育、透水性较大、未进行防渗处理或处理不完善的基础上，致使大坝下游坝脚出现渗漏。早期修建的水库很多为"三无"工程(无勘测、无设计、无施工质量控制)或"三边"工程(边设计、边施工、边发挥效益)，清基不彻底。

2) 坝肩渗漏

两岸坝肩山体裂隙、节理发育，或有断层、岩溶，或为第四系地层，透水性较大，施工时未进行防渗处理或处理不完善，使两岸坝坡与岸坡接合下游渗漏。

3) 坝体及防渗体渗漏

由于施工时防渗体或坝体填筑质量差，压实度及渗透性不满足规范要求；或大坝变形较大引起防渗体开裂；或铺盖等防渗体的设计长度、厚度不够；或防渗体无反滤保护或保护不符合要求等，致使大坝下游坝脚或坝坡出现渗漏，有些渗漏随时间增长渗漏量增长，或高水位时渗浑水。

一些面板堆石坝运行一段时间后出现较大渗漏，如株树桥水库于 1990 年 11 月下闸蓄水，1999 年 11 月漏水量达 2500L/s；白云水电站于 1997 年底蓄水，2010 年大坝漏水量达到 800L/s。有些面板堆石坝发生渗漏后，不具备水库放空加固的条件，如三板溪水电站 3 次实施面板水下加固，也没能解决大坝的渗漏问题。

4) 下游排水体及反滤料淤堵

由于下游排水体及反滤料淤堵，坝体浸润线抬高，局部位势集中，渗流比降增大，致使下游坝坡出现渗漏。

5) 坝下涵管渗漏

涵管漏水，甚至渗浑水，致使涵管处上、下游坝坡局部出现塌陷。早期修建的土石坝多设有坝下输水涵管(洞)或坝上开敞式溢洪道等穿坝建筑物，且多为圬工结构，与坝体的接触部位是施工质量的薄弱环节，易产生接触渗透变形，危害很大。近年来的溃坝事故多(包括除险加固工程)是穿坝建筑物的接触渗漏问题诱发导致的。

6) 防渗体与刚性建筑物接触渗漏

防渗体与刚性建筑物接触面产生接触渗漏，进一步致使大坝上游或下游坝坡局部出现塌陷。

7) 动物危害

由于白蚁、老鼠等动物在大坝浸润线以上及水位变化区筑巢或打洞，形成渗漏通道，危及大坝安全。

8) 岩溶渗漏

水库周边及库底岩溶未进行防渗处理或处理不完善,致使大坝出现岩溶渗漏,或造成大坝上游或下游坝坡出现塌陷;水库蓄水困难。

9) 浸蚀性危害

由于坝基存在可溶成分，地下水浸蚀作用使坝基透水性增大，并产生渗漏。

2. 混凝土坝渗流病害特点

混凝土坝坝体在施工和运行过程中易产生裂缝引起坝体渗漏。根据混凝土坝的特点及病害情况，将混凝土坝的渗流病害分成以下四类。

1) 坝基及坝肩渗漏

基岩裂隙发育或存在顺河向断层穿过坝基，裂隙和断层未进行防渗处理或防渗处理不完善，致使下游坝脚或下游两坝肩岸坡不同高程出现渗漏点，或导致坝基扬压力较高。

2) 坝体渗漏

由于大坝施工质量差，混凝土出现蜂窝或冷缝成为坝体渗水通道。碾压混凝土坝层面缝渗水，或坝体出现温度裂缝，或坝基和坝肩变形过大引起坝体开裂等，致使下游坝坡出现渗漏，如砌石坝的砌缝渗漏和裂缝渗漏、混凝土坝的裂缝渗漏、碾压混凝土的层面缝渗漏等。坝体渗漏会导致坝体扬压力升高。

3) 岩溶渗漏

水库周边及库底岩溶未进行防渗处理或处理不完善，致使大坝出现岩溶渗漏，或导致大坝坝基扬压力较高，或水库蓄水困难。

4) 浸蚀性危害

坝基存在可溶成分，地下水浸蚀性使坝基透水性增大，并形成渗漏或者浸蚀性地下水对混凝土造成浸蚀性破坏。

3. 溢洪道渗流病害特点

溢洪道的堰体、闸墩、底板、边墙等一般由混凝土或浆砌石建成。这些建筑物经常出现裂缝，使得溢洪道存在堰体裂缝渗水、闸墩裂缝渗水、底板渗漏、边墙裂缝渗水及沿墙底左右侧绕渗等病害。此外，因溢洪道地基软硬不均匀带来不均匀沉降使溢洪道整体破坏，也会出现渗漏与涌水。

2.2.3 结构病害问题

2.2.3.1 土石坝结构病害特点

1. 土质防渗体土石坝

土质防渗体土石坝主要有均质土坝、心墙坝、斜心墙坝等，其结构安全问题主要表现在坝坡稳定不满足规范要求，坝顶宽度不满足运行与防汛交通要求，坝顶防浪墙未与防渗体紧密连接，以及大坝变形导致不均匀沉降甚至裂缝等。

坝坡不稳定主要有如下原因：①坝坡坡比偏陡，有的坝坡坡比仅为 1:1.8，甚至为 1∶1.5；②大坝渗漏，浸润线较高，导致坝坡不稳；③填土质量不符合要求，干密度较小，渗透性大，施工分段和分层之间碾压不实，或大坝加高时新老接合面处理不当等。

坝顶结构不安全通常表现为①中小型土石坝坝顶宽度不满足规范要求，或高低不平，影响运行及防汛抢险；②坝顶防浪墙墙底未与防渗体紧密连接，防浪墙裂缝，甚至断裂；分缝未设止水等。

大坝与溢洪道、涵管等刚性建筑物的连接是薄弱环节，往往填筑不密实，易产生渗漏和渗透破坏问题；不均匀沉降易导致脱开甚至贯穿性裂缝。

2. 非土质防渗体土石坝

非土质防渗体土石坝主要有钢筋混凝土面板堆石坝、混凝土心墙坝及沥青混凝土心墙坝或面板坝等[17-21]。

1）钢筋混凝土面板堆石坝

钢筋混凝土面板堆石坝结构病害主要有①面板分缝止水、周边缝止水破坏；②坝体严重变形；③面板裂缝甚至破坏；④结构设计缺陷和坝料抗冲蚀性差，或坝料分区不符合反滤原则；⑤地震震损。钢筋混凝土面板堆石坝中堆石体与防渗体是相互依存的结构，堆石体与防渗体变形不协调、施工质量参差不齐、不可控外力作用是导致病害发生的主要原因。病害破坏的临界表现为大坝渗漏，这也是面板堆石坝病害区别于其他坝型的重要特点。

垂直缝挤压破坏和水平向挤压破坏是高钢筋混凝土面板堆石坝面临的突出问题，如巴西的巴拉格兰德和坎波斯诺沃斯坝、莱索托的莫哈里坝以及我国的天生桥一级、三板溪、紫坪铺、布西等钢筋混凝土面板堆石坝均出现了该问题[16,17]。垂直向挤压破坏多发生在蓄水初期的压性垂直缝上，从坝顶向下发展，至坝中或 1/3 坝高止，对于高坝还常伴有水平向挤压破坏和渗漏量增大等现象，如坎波斯诺沃斯坝在发生挤压破坏后的渗漏量增大了 40 多倍。在蓄水期水荷载作用下，堆石体的应力增加部位主要集中在上游堆石区，上下游堆石体变形不一致使得垫层外法线方向向河床中心剖面偏转，是导致碾压密实的 200m 级钢筋混凝土面板坝在运行一段时间后垂直缝挤压破坏的重要原因之一。水平向挤压破坏分为沿水平施工缝的挤压破坏和面板内沿水平向的挤压破坏。三板溪坝沿一、二期水平施工缝发生总长达 184m 的挤压破坏；坎波斯诺沃斯坝在水位快速下降后，中下部面板发生水平向挤压破坏；布西坝水平施工缝错台，钢筋混凝土面板破损，钢筋弯曲变形，挤压破坏长度达 216m。造成水平施工缝发生破坏的主要原因有施工缝面常常是水平的，造成结构抗力不足；大坝蓄水期间变形较大，特别是蓄水过程中，面板产生偏心受压；上游坝体上、下部的不同变形趋势，形成对施工缝的水平剪切作用；钢筋混凝土面板脱空过大或脱空不均匀导致内部钢筋发生受压屈曲失稳，致使保护层混凝土开裂并引发挤压破坏。

钢筋混凝土面板裂缝分为非结构性裂缝和结构性裂缝。非结构性裂缝是混凝土本身干缩和温降引起的收缩性裂缝，为面板的初始缺陷，影响、降低面板耐久性和大坝安全性。结构性裂缝是在填筑体自重和水压力等外荷载作用下，坝体的不均匀沉降变形和面板受力不均匀引起的面板裂缝。钢筋混凝土面板刚度较大，当外部受力变化或支撑条件发生变化时内部应力过大产生裂缝，继续恶化发展成为贯穿性裂缝，增大渗漏量，加剧裂缝的发展。可见，结构性裂缝对安全的影响远大于非结构性裂缝。

当垫层细料被带走变得疏松后，垫层对钢筋混凝土面板的支撑变弱，在外力作用下面板发生塌陷，这一过程会随着时间推移不断恶化，如湖南白云和株树桥坝。导致钢筋混凝土面板破坏的主要因素：①支撑面板的垫层料因渗漏或填筑质量缺陷等原因无法提供足够的支撑作用；②面板长期承受较高水头作用。白云水库放空后，发现左岸 L4～L7 面板高程 450～490m 范围内出现两处面积约 $500m^2$ 的塌陷破损区，最大塌陷深度约 2.5m，周边缝处底部的铜止水可见明显的拉裂破坏，塌陷影响区内面板裂缝密布，裂缝形态为贯穿裂缝，且底部张开明显。根据破坏形态分析，面板在失去下部支撑时，在水压力作用下底部先出现裂缝，然后不断向顶部发展，直至贯穿，因钢筋布置在面板中部(中性轴附近)，所以对这种裂缝并不起限裂作用。随着破坏的不断发展，裂缝逐渐增大直至拉开，导致大坝渗漏加剧。

分缝止水好坏决定了钢筋混凝土面板堆石坝成败。周边缝变形较大，一般采用顶部、中部和底部三道止水，垂直缝一般采用顶部和底部二道止水。止水结构主要破坏形式：①顶部止水的柔性填料与混凝土黏接不好，顶部止水盖片之间没有搭接好或者未与面板紧密连接封闭，在高水头作用下填缝材料被击穿，导致顶部止水失效；②底部止水由于选用铜材缺乏足够的延展性能、施工中止水铜片翼缘嵌入的混凝土浇筑质量不好和嵌入深度不满足要求而易出现缺陷和破坏。除止水结构本身缺陷外，坝体变形过大、水位变幅区止水材料老化等原因也会导致止水失效。坝体变形过大易导致压性缝止水结构鼓起、缝周混凝土脱落等，也会造成周边缝剪切或张开过大，拉裂、撕破铜止水。止水结构一旦发生破坏，将直接导致大坝渗漏增大，并造成面板的破坏。

2)混凝土心墙坝

均质土坝或黏土心墙坝因渗漏问题，在除险加固时在坝体中增设混凝土防渗墙，形成混凝土心墙坝。其主要病害是混凝土心墙开裂，进而诱发渗漏。

3)沥青混凝土心墙或面板坝

沥青混凝土心墙或面板坝主要病害是沥青混凝土心墙或面板开裂产生渗漏。

2.2.3.2　混凝土坝和砌石坝结构病害特点

1. 混凝土坝和砌石坝

重力坝一般为混凝土或砌石结构，运行一段时间后容易出现以下结构病害：①清基不彻底或地基恶化，导致大坝沿建基面抗滑稳定不能满足要求；②坝基防渗帷幕不满足要求，渗漏严重，排水不畅，坝基扬压力超过设计采用值，降低坝体抗滑稳定安全性；③坝体表面、廊道、涵管以及闸墩等部位出现危害性裂缝；④坝体混凝土出现严重碳化现象；⑤坝体混凝土强度严重降低；⑥砌石坝砌筑砂浆或细石混凝土不密实，石料风化严重，大坝渗漏严重，坝体性能降低；⑦坝体混凝土出现贯穿性裂缝，导致混凝土溶蚀严重。

拱坝一般也为混凝土或砌石结构，运行一定时间后，除存在重力坝相类似的病害现象外，还容易出现以下结构病害问题：①拱座及坝肩岩石块体稳定存在问题，影响拱坝安全；②由于坝体结构单薄，部分拱坝体型不合理；③坝体局部应力较大，超过材料允许强度；④坝体容易出现裂缝，严重时坝上游、下游面出现贯穿性劈头缝；⑤砌石拱坝防渗结构裂缝，坝体出现漏水。

2. 溢洪道

溢洪道结构形式较多，溢洪道常见的结构病害问题如下：①溢洪道未完建，只开挖了一段进水渠及控制段，泄槽及出口消能段未施工，出口泄流无通道；②溢洪道控制段结构单薄，稳定、应力不满足要求；③泄槽未砌或衬砌不满足要求，冲刷严重，形成冲坑；④泄槽边墙高度不够、断面偏小，不满足抗滑、抗倾要求；⑤混凝土、砌石施工质量差，老化脱落、断裂，结构强度及抗冲耐磨不满足要求；⑥溢洪道与土坝连接面垂直，不满足变形及防渗要求；⑦没有消能防冲设施。

2.2.4　震害

我国地处环太平洋地震带和地中海—喜马拉雅山地震带之间，地质构造规模宏大、复杂，中强地震活动频繁，对大坝安全危害很大[22-29]。2008 年"5·12"四川汶川特大地震共造成四川、甘肃、重庆、陕西等省(市)约 2400 座水库出险，其中四川省 1803 座，高危以上险情 379 座。但世界范围内因地震直接导致溃坝的案例并不多。由于缺少设计依据，我国早期修建的水库大坝很多未进行抗震设计，也无实施抗震措施。

1. 土石坝震害特点

通过国内外尤其是我国"5·12"汶川强地震区的土石坝震害资料统计分

析，土石坝在地震作用下，其主要震害特点如下。

1) 裂缝

在遭遇地震的所有大坝及附属建筑物中大多出现不同程度的裂缝，有的裂缝十分严重，危及大坝安全。按照裂缝走向与分布位置，可分为纵向、横向和水平裂缝。坝体震害裂缝中，以纵缝居多，横缝次之。纵缝多发育在坝体顶部或与刚性结构相接触的部位，近平行于大坝轴线，数量达 1~3 条，开张、断续延伸、长度一般为 1/3~1/2 坝体长度，其发育状况与坝坡坡度、坝体填筑质量密切相关。横向裂缝多出现在两岸坝肩，少量出现在坝体中部，严重者贯穿坝体上下游，横缝多出现在填筑质量差、两侧坝肩岸坡地形陡、大坝长高比小的坝体上，横缝对坝体渗流安全危害较大。若地震震动使坝体内土体液化，进而造成坝体承载能力下降，以及坝基、坝体不均匀沉降，也会引起裂缝。

对于面板堆石坝，在地震荷载作用下大坝顶部"甩动"明显，而面板仅仅依靠重力和摩擦力依托于下部堆石体，两者之间并无结构连接，加之坝体对地震波的放大效应，使坝体上部加速度很大，中上部堆石体松动、滑塌，导致面板断裂、错台和止水结构破坏等。紫坪铺混凝土面板坝坝高 156m，抗震设防烈度为 8 度。2008 年汶川大地震时，工程经受了 9 度以上强震考验，但大坝出现了明显的震损：坝顶最大沉降约 100cm，水平位移超 30cm；垂直缝挤压破坏；二、三期面板水平施工缝错台；坝顶下游坡滑移、坝顶结构受损。

2) 变形

由于坝体填筑土料质量欠佳，碾压不密实，在强烈地震作用下，土层加密、塑性区扩大或强度降低导致震后坝体坝顶或坝面产生下沉下陷，同时伴随有裂缝、变形发生。坝体坝基液化或坝体滑坡等都会导致坝体发生塌陷。

3) 渗漏

地震导致坝体内部出现贯穿裂缝，坝基坝肩基岩节理裂隙张开或错动，以及坝体泄输水建筑物四周与坝体出现裂缝，都会引起坝体下游渗漏量增大或出现新的漏水点。土石坝下游坝坡浸水，浸润线抬高或坝基坝肩漏水；渗漏严重的集中漏水点发生管涌、流土等现象。

4) 滑坡

地震时，在附加地震惯性力的作用下或震动造成孔隙水压力上升引起土体抗剪强度降低，发生滑坡。滑坡多发生在土石坝坝体上游侧坝坡，主要表现为上游坡脚下座或边坡下滑，严重时导致坝体溃决。

5) 土体液化

在地震作用下，饱和无黏性土孔隙水压力突然升高，土颗粒间的有效压力降低，甚至趋近于零，这时砂土与黏滞液体类似，几乎完全丧失其抗剪强度，出现液化。土石坝坝体坝基含有饱和无黏性土(如砂和少量砾的砂)和少黏性土，或坝体防渗措施不当,正常运行时漏水使下游坝坡和坝基处于饱和状态,遭遇地震作用产生液化,坝基冒砂,坝体坝基发生沉陷,坝面出现严重的纵横向裂缝,坝体出现滑塌。

6)附属结构震损破坏

坝顶防浪墙和护坡震损破坏。地震时坝顶防浪墙出现断裂、破碎,少数出现局部倾覆或脱落;坝体上游混凝土块或预制块护坡挤压破碎、沉陷隆起甚至局部滑动。堆石坝混凝土面板发生施工缝错台、挤压破坏及面板大面积脱空。

2. 混凝土坝震害特点

拱坝能发挥横缝的调节作用,使拱向拉应力得到释放,并具有一定的适应河谷与河岸变形的能力,以及良好的抗震性能。重力坝的抗震能力在于坝体头部和坝踵等抗震薄弱部位应力集中的程度。

沙牌碾压混凝土拱坝坝高 130m,为三心圆单曲拱坝,坝身设 2 条诱导缝和 2 条横缝。大坝在汶川地震时距主震震中 36km,距主断层 32km。大坝按 7 度设防,设计地震加速度 0.1375g。汶川地震时大坝为正常水位,影响烈度为 8 度,接近 9 度。震后大坝主体结构完好无损,右岸横缝上部有张开迹象。左岸抗力体边坡局部垮塌,坝顶附属建筑物破坏较重。

宝珠寺混凝土重力坝坝高 132m,设计地震加速度 0.1g。大坝距汶川地震主震震中 268km,距主断层 80km,距青川 6.4 级余震震中 21km,距青川—平武断裂 9km。汶川地震时坝前水位 558m,在正常蓄水位以下 30m,低水位运行。汶川地震时的影响烈度为 8 度。大坝震损轻微,上游侧防浪墙局部有挤压现象,下游侧栏杆局部挤压破损。坝顶重 33t 抓梁沿坝轴线方向移动了约 43cm,向下游右侧移动了约 5cm。11#～10#坝段间横缝近旁原有挤压裂缝地震时有新的发展。

通口碾压混凝土重力坝坝高 71.5m,设计地震加速度 0.1g。大坝距汶川地震主震震中 145km,距主断裂 9km。汶川地震时影响烈度为 9 度,处于正常水位。主体结构未见异常,坝顶交通桥面铺装层及混凝土预制栏杆等在大坝沉降缝处均出现局部开裂,栏杆破损。2#冲砂底孔坝段和 3#溢流坝段之间伸缩缝出现宽约 1cm 的裂缝,二级副厂房外墙开裂。

结合汶川地震中沙牌拱坝及我国台湾集集地震中德基拱坝、意大利地震中 Lumiei 拱坝的表现看,拱坝具有良好的抗震性能。这和横缝的调节作用有关,强震中的横缝张合使拱坝具有一定的适应河谷变形的能力。Pacoima 拱坝河谷两岸的压缩、相对错动与高差变化并未对拱坝主体结构产生损害,左岸重力墩的滑移,只在墩体本身中形成一定的裂缝,但未在坝体内造成裂缝。强震中横缝的张合还使拱向拉应力得以释放而大幅度地降低,而梁向应力增加的幅度并不大。由于键槽作用的存在,横缝张开并不影响拱坝整体作用的发挥,而且震后由于静水压力的作用，横缝又趋于闭合。Pacoima 拱坝除左坝肩横缝外，坝身中的横缝地震时有开合过的迹象，特别在拱冠部位，但震后闭合的残余开度都很小。拱坝的高应力部位主要发生在两岸靠近拱座的较小范围内，而且局限于表面。

重力坝是依靠重力保持大坝稳定，材料的强度并没有充分发挥，应力一般不起控制作用。重力坝的抗震性能表现为保持地震时动态稳定的能力，以及避免出现局部高应力集中产生裂缝。重力坝地震失稳的可能性是很小的，对头部和坝基等抗震薄弱部位采取措施，尽量减少其应力集中的程度，则重力坝也可以具有比较高的抗震安全性。

2.2.5 金属结构与机电设备老化问题

根据对我国历史溃坝资料的统计，不少溃坝事故(包括"75·8"特大洪水灾害板桥水库溃坝、1993 年青海沟后水库溃坝、2010 年吉林大河水库溃坝等)特别是洪水漫顶溃坝事故与泄洪设施闸门不能及时开启有很大关系。闸门不能及时开启的主要原因有三个方面：闸门自身结构(包括门槽)变形；启闭机维修养护不善，不能正常工作；缺少备用电源，紧急情况下无法迅速开启闸门。

金属结构存在的主要问题包括以下 7 个方面。

(1)金属结构的腐蚀。由于工作环境，水工金属结构腐蚀现象十分普遍，主要有化学和生物腐蚀两种。在化学腐蚀的同时还伴随着生物腐蚀，加大了金属结构的腐蚀程度。腐蚀将使金属结构构件的截面减少，结构强度、刚度、稳定性降低，承载力下降，严重时导致金属结构安全不满足规范或设计要求。

(2)金属结构的磨损。磨损的主要原因包括：①部分金属结构长期不断使用磨损，如启闭机齿轮、轴瓦等；②部分金属结构如闸门、钢管等长期在高速水流条件下工作磨损，砂、石等杂物加剧金属结构冲刷磨损；③油漆和喷涂金属防腐处理措施时除锈处理，构件也会产生磨损。磨损也会导致结构强度、刚度、稳定性降低，承载力下降，并致使其金属结构安全不满足规范或设计要求。

(3)焊接质量存在缺陷，不满足要求。受焊接技术和工艺水平的限制，特别在一些小型水库大坝中，对金属结构的焊接工艺和质量把关不严，造成焊缝尺寸未达设计尺寸，或存在咬边、焊瘤和裂纹等质量缺陷。使用时，焊缝发生腐蚀、开裂等现象，造成金属结构的焊接质量或焊接强度不满足设计要求。

(4)金属结构的变形。金属结构工作时，各构件均承受着长期或重复或间歇作用的各种荷载，随使用时间的延长和使用次数的增加，产生冷作硬化或疲劳，导致变形。使用过程中有时由于误操作或其他原因，结构的实际荷载超过构件的承载能力，构件产生变形，导致金属结构不能正常安全运行。

(5)部分金属结构的活动部件锈死。经多年的运行后，闸门走轮、导向轮等部件锈死或不灵活，影响结构的安全运行。

（6）金属结构使用条件与设计条件不同。随着社会经济的发展，部分水库建成后，使用要求不断提高，甚至改变其作用，对水库部分建筑物进行改建或扩建，并对质量问题和安全隐患进行加固，而忽视金属结构的改造，致使部分金属结构的使用条件与原设计的条件不尽相同。

（7）闸门高度不满足挡水要求。部分水库在建坝时，缺乏必要的规划，未经设计，就进行施工，使水库特征水位缺乏科学依据，随着水文资料不断延长，对水库水位进行复核，闸门高度不满足要求。部分水库因调度规程的改变，造成闸门高度不够。

据统计，多数病险水库的金属结构和机电设备已运行 30～50 年，已超过或接近折旧年限，老化、锈蚀严重，无法正常使用，严重影响水库安全。

2.2.6　管理与监测落后问题

管理与监测方面的问题主要表现在以下 5 个方面[30-32]。

（1）水库无或无经审批的防洪和兴利调度运用规程，或未按审批的防洪和兴利调度运用规程进行水库调度。

（2）管理制度不完善，运行机制不健全。

（3）水库的雨水情观测、大坝安全监测系统不完善，或安全监测设施陈旧、失效、损坏严重，甚至无雨水情观测及安全监测设施。

（4）运行管理人员技术素质差，责任心不强。

（5）管理经费缺乏，工程缺乏维修养护。

2.3　水库大坝病害成因分析

病险水库成因可以归根于建设、老化破坏和管理等不同因素[33-38]。

2.3.1　设计施工失当

1. 新建工程

20 世纪六七十年代建设的水库大坝，未进行勘探或勘探粗浅的占 20.0%，未设计或边施工边设计的占 6.7%，未清基或清基不彻底的占 46.7%，施工质量较差的占 70.0%，造成了大量水库大坝的先天不足。

1）土石坝

土石坝主要表现在清基不彻底，垂直防渗深度不够，水平铺盖长度、厚度及渗透系数，坝体或心墙渗透系数，混凝土防渗面板或心墙抗渗标号等不满足规范要求，基础未设截水槽或截水槽不满足规范要求；坝体反滤料、过渡层料级配不能满足规范要求，排水体失效等；或由于变形较大，混凝土防渗面板或心墙产生裂缝，导致渗漏；坝体压实度或相对密度或孔隙率不能满足规范要求。

防渗体渗透系数、压实度是影响土石坝防渗性能和稳定性的重要因素。《碾压式土石坝设计规范》(SL 274)规定，均质坝坝体黏土、心墙和斜墙防渗体黏土、铺盖黏土渗透系数应分别不大于 10^{-4}cm/s、10^{-5}cm/s、10^{-6}cm/s；有机质含量(按质量计)，均质坝不大于 5%，心墙和斜墙不大于 2%；用于填筑防渗体的砾石土，粒径大于 5mm 的颗粒含量不宜超过 50%，最大粒径不宜大于 150mm 或铺土厚度的 2/3，0.075mm 以下的颗粒含量不应小于 15%。

1 级、2 级坝和高坝的压实度应为 98%~100%，3 级中、低坝及 3 级以下的中坝压实度应为 96%~98%；设计地震烈度为 8 度、9 度的地区，宜取规定的大值。砂砾石和砂的填筑质量应以相对密度为控制指标，砂砾石的相对密度不应低于 0.75，砂的相对密度不应低于 0.70，反滤料的相对密度宜为 0.70；砂砾石中粗粒料含量小于 50%时；地震区无黏性土，浸润线以上土料的相对密度不低于 0.75，浸润线以下材料的相对密度则根据设防烈度大小，选用 0.75~0.85。堆石的填筑标准宜用孔隙率为设计控制指标，土质防渗体分区坝和沥青混凝土心墙坝的堆石料，孔隙率宜为 20%~28%。

部分建于 20 世纪六七十年代的水库大坝土体碾压质量欠佳，不满足上述要求。土石坝渗流出逸点渗透坡降较大，易发生渗透破坏，导致渗流和结构安全事故甚至失事。从 241 座大型水库发生的事故分析，由渗透破坏造成的事故占总事故数的 32%；从 2391 座水库失事分析，由上述原因而造成溃坝的占 29%。以上统计分析说明，土石坝渗透破坏而造成事故或溃坝的占 30%左右。

渗透破坏引起的溃坝和漫顶不同，不但在汛期可以发生，在非汛期也可能发生，即所谓的"晴天溃坝"。四川江北龙井沟水库，库容 190 万 m³，1994 年 3 月 18 日由于坝体质量差发生集中渗漏而发生"晴天溃坝"。四川会理大路沟水库大坝坝体内白蚁建巢形成漏水通道，且坝体填筑质量差，由于连续降雨，库水位上涨，2001 年 10 月 3 日，大坝中部下游坝坡距坝顶约 1/3 坝高处，局部隆起，大量泥沙涌出，至大坝全部溃决历时仅 10min。贵州威宁长海水库，库容 41 万 m³，大坝坝体选料不当，施工夯实差，反滤设施设计不当，导致坝体浸润线高，背水坡出现大面积渗流并引起滑坡，1995 年 10 月 3 日溃决。甘肃小海子水库总库容 1048.1 万 m³，大坝为均质土坝，最大坝高 8.67m，2007 年 4 月 19 日，天气晴好，突然溃坝，事故由坝基渗透破坏所致。

2)混凝土坝和砌石坝

混凝土坝坝基防渗不能满足规范要求，如清基不彻底、防渗帷幕向两岸延伸长度不够、坝体排水失效等。砌石坝未设置混凝土防渗面板或心墙或抗渗标号不能满足规范要求，混凝土防渗面板或心墙裂缝、止水破坏等；胶结材料经多年运行风化严重，不能满足规范要求，砌石体空隙大、发生不均匀变形等。碾压混凝土坝碾压层面间渗漏。

根据国际大坝委员会公开资料，从 1900 年起，混凝土坝失事有 70%与坝基有关，仅 30%与坝体有关。其中，坝基渗透、排水系统失灵和扬压力高的占 62.2%；沿地基滑动和由水流冲刷引起塌方、滑坡的占 37.8%。

我国混凝土大坝重大缺陷和隐患统计结果表明，32%的大坝坝基扬压力偏高，坝基和坝体渗漏量偏大，坝体大量析钙；72.9%的大坝存在坝体裂缝，坝体裂缝破坏大坝的整体性和耐久性，有的裂缝贯穿上、下游，渗漏严重，有的裂缝规模大且所在部位重要，影响到大坝的强度和稳定。坝体渗漏使坝体的渗透压力增大，并引起坝体结构受力不满足要求。渗透溶蚀破坏了水泥与其他水化产物稳定存在的平衡条件，导致混凝土性能的下降。渗漏还会引起并加速其他病害的发生与发展，增加破坏的深度与广度，如渗漏会加速钢筋锈蚀；在寒冷地区，渗漏会使混凝土的含水量增大，促进混凝土的冻融冻胀破坏。

2. 除险加固工程

病险水库除险加固设计根据安全鉴定报告书及鉴定成果核查意见，结合补充地质勘察成果，从水文、地质、规划、施工、金属结构与机电、工程管理、概算和经济评价等方面进行论证和方案比选。病险水库除险加固设计方案的合理性和有效性，对于能否消除大坝险情起决定性作用。

基本资料不全是除险加固设计中遇到的主要问题。由于我国绝大多数水库兴建于 20 世纪 50～70 年代，原始资料不全，基本资料少或者不准确，特别是隐蔽工程的资料缺失，以致对工程实际工作性态难以深入了解；运行管理和安全监测资料不完整，也很难对病因进行分析，导致病险水库除险加固设计方案不合理。

补充地质勘察是除险加固设计的依据。补充地质勘察主要存在以下问题：①由于时间紧、任务重，加上蓄水限制，难以全面准确地了解区域地质条件和库区近岸岸坡稳定情况，难以对坝基进行全面勘察；②由于勘察周期短，人力、资金投入少，地质勘察钻孔资料少，或者布置不合理，造成地质参数不准确，难以准确反映各建筑物实际结构及物理力学参数，病险未消除；③补充地质勘察对涵管或溢洪道等建筑物勘察工作深度不够，难以发现这些建筑物存在的问题。除险加固阶段地质勘察工作深度不够，使得使用的地质资料与实际情况存在偏差，导致除险加固设计不合理，甚至出现设计质量事故。

水文资料系列不够，主要原因包括：①建库时，水库所在流域水文站较少，加上当时水文站管理不完善，水库水文系列资料不全，造成水库洪水水文分析成果不准确；②水库流域暴雨计算方法与建库时发生改变。

水库除险加固设计、施工方案与实际情况不相符。主要遇到的问题：①部分病险水库在除险加固过程中仍需满足供水和灌溉要求，难以放空，造成设计、施工方案与除险加固时的运行管理存在矛盾，影响方案实施；②对大坝渗流性态了解不够，造成防渗加固方案不完善，加固后大坝仍存在渗漏；③除险加固中未考虑水库防洪、大坝渗漏对结构安全的影响；④施工方案不合理造成大坝结构不安全，如施工时以坝顶作为施工平台及施工交通道路，造成大坝下游滑坡、坝体开裂等险情。

3. 蓄水运用导致基础地质条件和防渗性能变化

坝基内过大的孔隙水压力是造成失事的主要原因。法国 Malpasset 双曲拱坝坝高 66m，水库总库容 5100 万 m^3。1954 年末建成并缓慢蓄水；1959 年 11 月中旬，库水位才蓄至 95.20m，此时坝址下游 20m、高程 80m 处有水自岩石中流出；12 月 2 日晨，库水位快速上升到 100.00m，巡视检查未见异常，21:20 大坝突然溃决，当时库水位为 100.12m。溃坝洪水导致下游 12km 处 Frejus 城镇部分被毁，死亡 421 人。分析认为，坝踵岩体在垂直片理方向的拉应力导致片理产生张性裂缝，库水进入裂缝并将裂缝劈开至下部断层处，在裂缝内形成全水头压力，使左坝肩至断层的岩块失稳，导致大坝溃决。

克孜尔水库总库容 6.4 亿 m^3，1998 年竣工验收。整个库盘嵌在砂泥岩不透水或微透水基岩内，岩体较完整，但副坝右坝肩处有通过库盘的 F_2 活动断层(图 2.3-1)，宽约 90m，将附近阶地错断上升形成的大方山北坡，坡高约 33m。F_2 断层表部为弱风化破碎的软岩，属强透水岩体，基础采用水泥灌浆防渗处理。运行中，F_2 断层带的防渗效果下降，沿断层带向下游的渗漏在向两侧及下游扩展，坝后水位升高。而副坝及右坝肩变形并无异常，但基岩裂隙水 SO_4^{2-} 含量很高，对普通硅酸盐水泥具有强腐蚀作用，说明 F_2 断层带基础防渗功能下降主要是由地下水对水泥的腐蚀性导致的。

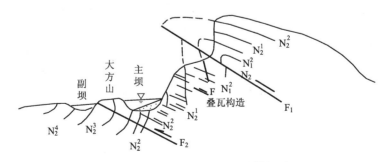

图 2.3-1　克孜尔水库 F_2 断层横断面

2.3.2　长期运行年久失修

随着工程运行时间增长,材料和结构性能随时间推移产生衰变、退化,影响工程渗流和结构安全性态。

1. 土石坝

呈弱酸性的地下水或富含侵蚀 CO_2 的弱酸性水对帷幕结石体的侵蚀导致 CaO 流失,是引起帷幕防渗能力衰减的主因。由于帷幕密实性不足、特殊地层及地下水对帷幕等的危害,防渗帷幕遭受机械力侵蚀和化学溶蚀作用老化,影响帷幕效果及耐久性。

混凝土防渗墙体防渗材料弹性模量、强度、抗渗性、施工质量、耐抗性、墙体周边条件、墙身及墙厚等几何尺寸是影响混凝土防渗墙在土石坝工程适应性的主要因素。若混凝土防渗墙墙体材料弹性模量与周围土体的变形模量差异大,墙体易出现裂缝,防渗作用降低,严重时会使防渗体遭到破坏。对成墙质量起决定作用的主要是造孔成槽和浇筑成墙。

2. 混凝土坝和砌石坝

进入 21 世纪后,我国的一些混凝土坝逐渐显现裂缝、溶蚀和冻融冻胀等老化病害,其中渗漏及其引起的坝体混凝土溶蚀较普遍。运行多年的丰满、佛子岭、新安江、陈村、古田溪一二三级和安砂大坝,以及坝龄较短的南告、水东和石漫滩大坝都出现了不同程度的溶蚀病害。

丰满混凝土重力坝 1942 年蓄水,1953 年建成。坝体为普通硅酸盐水泥,内部有低强度混凝土,存在较多裂缝和空洞,水平施工缝未处理,为坝体渗漏提供了便捷通道,运行初期渗漏便非常严重。同时,库水水质属软水,经多年运行后,坝体混凝土遭到明显溶蚀破坏。1991 年钻孔发现,坝体混凝土强度表现出极强空间变异性,一般在 15MPa 以上,但局部无法取芯,低于 10MPa;推算坝体混凝土强度在发生渗漏部位损失可达 20%,局部能达 70%,甚至完全失去强度成为疏松体。罗湾混凝土重力坝,1981 年建成,运行至 1990 年,廊道内部分排水孔口 $CaCO_3$ 晶体呈瀑布状,检测发现,溶蚀部位的混凝土强度明显下降,挡水运行 10 年后仅为设计强度的 83%,而其他部位已达到设计要求。

碾压混凝土坝单方水泥用量少,溶蚀作用对混凝土的强度降低效应更显著,对坝体的危害更大。水东碾压混凝土重力坝,1993 年蓄水。坝体部分碾压混凝土质量较差,存在骨料架空、砂浆不均、蜂窝、孔洞、碾压不均、层面胶结不理想等现象，透水率大于 3Lu[①]；蓄水不久即渗漏析钙严重，下游坝面距坝顶约 8m 以下常年处于湿润状态，至 1999 年，CaCO₃ 晶体覆盖满廊道内壁。取芯除少部分呈柱状或短柱状外，基本呈块状或散体状，综合芯样获得率为 55%，质量指标值仅 30%左右。复建后的石漫滩碾压混凝土重力坝，1997 年完工。由于温差大，坝体产生了较多裂缝，廊道内渗漏明显，下游面多处长期渗水、射水，坝体析钙严重。2005 年对大坝进行了钻孔压水试验，试样强度离差系数大，质量较差处，钻孔芯样基本不能成型。

相对混凝土重力坝，混凝土轻型坝更易受溶蚀影响。如古田溪二、三级平板支墩坝面板渗漏溶蚀严重。以古田溪三级大坝为例，该坝 1961 年蓄水，环境水质具有中等溶出型侵蚀。1990 年时，有 4 个坝段渗水严重，7 个坝段共 18 处渗白浆；2000 年时，有 8 个坝段渗水严重，20 个坝段共 36 处渗白浆；渗水析钙现象明显加重；面板整体强度由 49.6MPa 降为 37.91MPa，下降 23.6%，面板的强度和抗渗能力已不能满足设计要求，局部强度为设计强度的 74%，下降幅度大。

如图 2.3-2 所示，在环境、荷载等多因素影响下，坝体遭受接触和渗透溶蚀危害，随服役时间增长，渗漏溶蚀导致坝体结构性能空间变异性显著，力学性能衰退，渗透性提高，坝体扬压力增大；同时，局部混凝土强度的衰减、坝体扬压力的增大将加剧坝体某些部位拉应力的产生或增大，导致坝体出现裂缝，影响大坝的整体使用性能和动力安全性，严重的会导致混凝土结构彻底破坏。

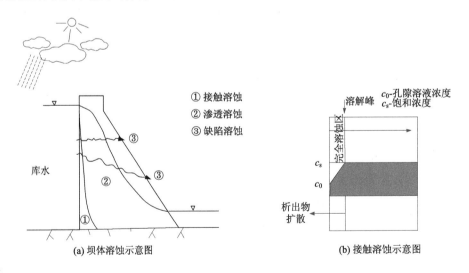

① 接触溶蚀
② 渗透溶蚀
③ 缺陷溶蚀

(a) 坝体溶蚀示意图　　　　　　　(b) 接触溶蚀示意图

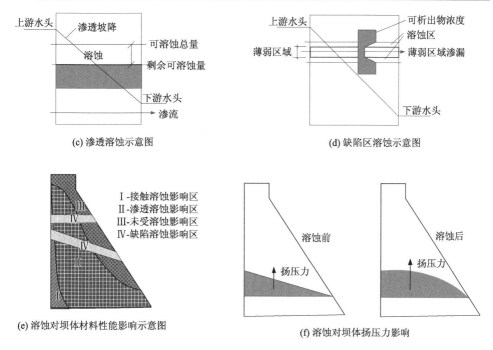

图 2.3-2　混凝土坝渗漏溶蚀及对坝体性态影响的示意图

在长期运行过程中，随着使用时间的延长，部分水库的闸门及启闭设施等金属结构存在超期服役现象，加之运行维护工作存在不足，老化、腐蚀现象日趋严重，造成金属结构的质量问题不断暴露，其安全隐患更加突出。有不少水库大坝就是因金属结构及供电设施等方面的原因而出现重大事故，如紧急情况下泄洪设施闸门、启闭设施因长期不运用造成控制系统失灵或操作不当而打不开、供电电源断电又无备用电源，造成惨痛损失。例如，1975 年 11 月，江西省乐平市共产主义水库土石坝放水时，隧洞闸门无法控制，造成库水位骤降，引起大坝上游坡大面积滑坡；2010 年 7 月 28 日，吉林省桦甸市常山镇大河水库土石坝遭遇 500 年一遇的山洪，因在漫坝前无法正常提起溢洪道闸门而发生溃坝，大约 400 万 m³ 洪水一泻而下，冲毁了大坝下游 5 个村庄。

2.3.3　其他方面

1. 自然破坏影响

受洪水、地震、淤积、冰冻等自然力作用大坝出现受损或破坏，其中洪水造成的水毁较为常见，淤积对防洪和运行有影响，高寒地区冰冻损害问题较为突出。

2. 运行管理不善

水库运行管理经费长期投入不足，维修养护和除险加固缺失，导致大量工程积病成险。监测设施缺失占 80.0%，管理设施欠缺占 63.3%，白蚁等危害占 33.3%，维修养护不足占 6.7%。

3. 技术经济原因

随着经济社会的发展，工程安全标准和要求会发生变化，早期工程的安全标准即使符合当时要求，也可能出现不满足现行规范要求的情况。

由于我国幅员辽阔，河流众多，地形、气候复杂，水文气象条件差异大，降水与河川径流时空分布不均，旱涝灾害频繁，加上水库数量大，水库筑坝材料、筑坝年代及水库规模和形式等各不相同，以及水库运行管理水平差异较大，因此水库出现的病险情况各不相同，对每座病险水库出现的问题要作具体分析。

参 考 文 献

[1] 孙金华. 我国水库大坝安全管理成就及面临的挑战[J]. 中国水利, 2018, (20): 1-6.

[2] 李君纯. 中国坝工建设及管理的历史与现状[J]. 中国水利, 2008, (20): 24-28.

[3] 谭界雄, 李星, 杨光, 等. 新时期我国水库大坝安全管理若干思考[J]. 水利水电快报, 2020, 41(1): 55-61.

[4] 刘六宴, 温丽萍. 中国高坝大库统计分析[J]. 水利建设与管理, 2016, (9): 12-16.

[5] 刘六宴, 温丽萍. 混凝土坝型分类及特征分析[J]. 水利建设与管理, 2016, 37(11): 1-10.

[6] 刘六宴, 温丽萍. 中国碾压混凝土坝统计分析[J]. 水利建设与管理, 2017, 37(1): 6-11.

[7] 庞琼, 王士军, 倪小荣, 等. 世界已建高坝大库统计分析[J]. 水利水电科技进展, 2012, 32(6): 34-37.

[8] 温立峰, 柴军瑞, 许增光, 等. 面板堆石坝性状的初步统计分析[J]. 岩土工程学报, 2017, 39(7): 1312-1320.

[9] 向衍, 盛金保, 刘成栋, 等. 土石坝长效服役与风险管理研究进展[J]. 水利水电科技进展, 2018, 38(5): 86-94.

[10] Jia J. A technical review of hydro-project development in China[J]. Engineering, 2016, 2(3): 302-312.

[11] 水利部. 2019 年全国水利发展统计公报[R]. 北京: 中国水利水电出版社, 2020.

[12] 张建云, 杨正华, 蒋金平. 我国水库大坝病险及溃决规律分析[J]. 中国科学: 技术科学, 2017, 47(12): 1313-1320.

[13] 任翔, 王秘学. 病险水库除险加固管理系统的信息结构研究[J]. 人民长江, 2011, 42(12): 16-18.

[14] 谭界雄, 位敏. 我国水库大坝病害特点及除险加固技术概述[J]. 中国水利, 2010, (18): 17-20.

[15] 钮新强. 水库病害特点及除险加固技术[J]. 岩土工程学报, 2010, 32(1): 153-157.

[16] 钮新强. 大坝安全与安全管理若干重大问题及其对策[J]. 人民长江, 2011, 42(12): 1-5.

[17] Wen L, Chai J, Wang X, et al. Behaviour of concrete-face rockfill dam on sand and gravel foundation[J]. Geotechnical Engineering, 2015, 168(5): 439-456.

[18] 杨启贵, 谭界雄, 周晓明, 等. 关于混凝土面板堆石坝几个问题的探讨[J]. 人民长江, 2016, 47(14): 56-59.

[19] 杨泽艳, 周建平, 蒋国澄, 等. 中国混凝土面板堆石坝的发展[J]. 水力发电, 2011, 37(2): 18-23.

[20] 朱晟, 闻世强. 当代沥青混凝土心墙坝的进展[J]. 人民长江, 2004, (9): 9-11.

[21] Zhong D, Li X, Cui B, et al. Technology and application of real-time compaction quality monitoring for earth-rockfill dam construction in deep narrow valley[J]. Automation in Construction, 2018, 90: 23-38.

[22] 王为标, 张应波, 朱悦, 等. 沥青混凝土心墙石渣坝的有限元计算分析[J]. 水力发电学报, 2010, 29(4): 173-178.

[23] 陈厚群. 混凝土高坝强震震例分析和启迪[J]. 水利学报, 2009, 400(1): 10-18.

[24] 林皋. 汶川大地震中大坝震害与大坝抗震安全性分析[J]. 大连理工大学学报, 2009, 49(5): 657-666.

[25] 梁海安. 土石坝震害预测及快速评估方法研究[D]. 哈尔滨: 中国地震局工程力学研究所, 2012.

[26] 刘春辉, 景冰冰, 李永强. 土石坝震害快速评估方法研究[J]. 地震工程与工程振动, 2013, 33(2): 156-162.

[27] 杨星, 刘汉龙, 余挺, 等. 高土石坝震害与抗震措施评述[J]. 防灾减灾工程学报, 2009, 29(5): 583-590.

[28] 朱晟. 土石坝震害与抗震安全[J]. 水力发电学报, 2011, 30(6): 40-51.

[29] Zhong H, Lin G, Li X, et al. Seismic failure modeling of concrete dams considering heterogeneity of concrete[J]. Soil Dynamics and Earthquake Engineering, 2011, 31(12): 1678-1689.

[30] 孙继昌. 中国的水库大坝安全管理[J]. 中国水利, 2008, (20): 10-14.

[31] 吴中如. 中国大坝的安全和管理[J]. 中国工程科学, 2000, (6): 36-39.

[32] 谭政. 关于我国水库运行管理方式的探讨[J]. 人民长江, 2011, 42(10): 105-108.

[33] 陈朝旭, 彭琦, 位敏. 病险水库加固设计中的主要问题及对策[J]. 人民长江, 2011, 42(12): 81-84.

[34] 盛金保, 沈登乐, 傅忠友. 我国病险水库分类和除险技术[J]. 水利水运工程学报, 2009, (4): 116-121.

[35] 刘宁. 对中国水工程安全评价和隐患治理的认识[J]. 中国水利, 2005, (22): 9-13.

[36] 盛金保, 刘嘉炘, 张士辰, 等. 病险水库除险加固项目溃坝机理调查分析[J]. 岩土工程学报, 2008, 30(11): 1620-1625.

[37] 胡江, 马福恒, 李子阳, 等. 渗漏溶蚀混凝土坝力学性能的空间变异性研究综述[J]. 水利水电科技进展, 2017, 37(4): 87-94.

[38] 马福恒, 盛金保, 胡江, 等. 水库大坝安全评价[M]. 南京: 河海大学出版社, 2019.

第3章 水库大坝除险加固技术及其发展

病险水库是防洪体系中的薄弱环节。随时间推移，工程运行时间延长，病险水库还会不断出现。创新除险加固新理论、新技术、新材料和新工艺，针对性地对病险水库进行加固处置，可进一步提高除险加固效果[1-8]。本章结合水库大坝安全鉴定、病险水库大坝蓄水安全鉴定和竣工技术鉴定的实践，总结水库大坝各类病害的加固处理方法。针对近年来出现的面板堆石坝、黏土心墙坝和碾压混凝土坝病害，论述除险加固新技术[9-12]。

3.1 常用水库大坝除险加固技术

3.1.1 提高防洪能力的除险加固技术

针对防洪能力不足，一般采取以下 3 种除险加固措施：①加高培厚大坝，增加水库调蓄能力；②加大泄水建筑物规模，扩大泄流能力；③加高大坝与扩大泄水设施并举，增加调蓄能力及泄流能力。这些措施中，以加高坝顶为主，约占 48%；增加防浪墙和增大泄流能力次之，分别约为 29% 和 18%；采取加高坝顶和增加泄流能力并举的工程措施占 6%。

1. 土石坝加高培厚

加高培厚土石坝主要有以下 4 种方式。

1）下游培厚加高

下游培厚加高一般在原坝体下游侧填土碾压等，以增加坝体的厚度，并在坝顶进行加高处理，优点是不受水库蓄水限制，缺点是工程量相对较大。对于均质坝，如果坝体填筑质量差、内部有裂缝等缺陷，不宜采用这种方式。当存在缺陷时，防渗体疏松、渗透性大，后期加高坝体质量好、渗透性小。在下游加高后，除了因施加偏荷载引起的压缩变形可能会形成新的裂缝外，还会抬高浸润线，加高前未饱和土体饱和后会产生新的固结变形，从而可能导致新裂缝产生。严重时，在库水位降落时上游坝坡还有局部滑塌破坏的危险。

2）戴帽加高

戴帽加高适用于坝体加高高度不大且原坝体填筑质量、坝坡抗滑稳定及抗震安全等均满足规范要求的情况，且加高后整体和局部稳定安全也须满足规范要求。

3）上游培厚加高

上游培厚加高在原坝体上游侧加厚处理，并加高坝顶。这种方式适用于大坝上游坝坡抗滑稳定性系数无法满足规范要求，或者因施工场地等原因坝体下游侧不具备培厚的情况。当坝前淤积较高时，在上游坡加高工程量少。但需重视淤积物在附加荷载作用下的压缩变形及其对加高坝体安全的影响。对于均质坝，后期加高填筑土体压实质量好，防渗性能好，降低了原坝体浸润线，对渗流安全有利。

4）加设防浪墙

针对未设置防浪墙的大坝，若坝体结构满足规范要求，并可以保证水库正常运用，可在坝顶上游增设防浪墙，以满足防洪能力要求，防浪墙高一般 1～1.2m。

2. 重力坝坝体加高

重力坝加高主要有以下 5 种方式。

1）后帮式加高

后帮式加高是在老坝下游面增加坝体厚度，加高坝顶到所需高度。坝体厚度增加大小主要取决于加高后大坝的稳定、坝体应力和施工要求等。根据新老坝之间的结合情况，后帮式加高又可分为整体式、分离式和半整体式。

后帮整体式加高是在老坝体顶部浇筑混凝土至新坝体顶部高程，同时在老坝体下游面浇筑后帮加厚混凝土，以满足新坝体的稳定和应力等要求。此方式要求大坝加高后新、老混凝土结合牢固，在荷载和温度作用下变形协调，结合面处新、老坝体不出现脱开和滑移现象。我国丹江口大坝分两期建设，后期作为南水北调中线水源工程，采用在下游坡扩大断面的方法加高大坝 14.6m。为改善大坝加高后运用期坝体及坝基应力状况，丹江口大坝加高采用以下措施：适当加大贴坡混凝土厚度和坝底宽度，使坝踵压应力保持不小于 0.2MPa，以抵消新混凝土温降可能产生的拉应力；采用高标号混凝土，使其弹模值接近老混凝土弹模；拆除老坝体突出部位混凝土，避免应力集中；从严采用温控标准，混凝土最高温度控制在年平均气温以上 10℃左右，并在龄期一个月以内冷却到年平均气温（≤16℃）；加强新浇筑混凝土的养护，以尽量减小温度应力及减少混凝土裂缝。

后帮分离式加高是在老坝顶部加高、下游面后帮坝体起支撑作用，但将新、老坝体分离开来，减少老坝体对新坝体的约束作用，使这两部分各自独立工作。简化了新、老坝体结合面的处理和加厚部分施工的温控要求，外帮部分有一定自由变形空间，使破坏性的内应力作用减小。

后帮半整体式加高是在老坝顶部浇筑混凝土至新坝体顶部高程，同时在老坝下游面浇筑后帮加厚混凝土，为提高坝体刚度，增加新、老坝体整体性，将老坝坝顶以下的新、老坝体结合面按分离式处理，允许其部分脱开，尽量对老坝坝顶结合面进行并缝处理，老坝坝顶以上按坝体整体设计，对结合面采取一定的构造措施和工程措施,大坝刚度介于整体式与分离式加高方案之间。

2)前帮式加高

前帮式加高是在老坝的上游面浇筑前帮混凝土,扩大坝体断面,增加坝体厚度,并加高坝体到设计所需的高度。大坝上游面加厚的幅度根据大坝的稳定和应力分析确定,但最小厚度应满足施工和防渗等要求。

3)外包式加高

外包式加高是后帮式加高与前帮式加高的一种组合方式,它同时沿老坝体的上、下游面扩大坝体断面,增加坝体厚度,并加高到设计的高度。坝体厚度增加的大小由加高后大坝的稳定、应力以及施工要求确定。

4)戴帽式加高

戴帽式加高是仅在坝顶直接加高,加高前须将老坝坝顶拆除一部分,拆除后的老坝顶部应留键槽,以增加新老混凝土接合面的抗滑抗渗性及坝体的整体性。适用于老坝原有应力和稳定有一定安全裕度的情况,直接加高后可满足规范要求。

5)预应力锚索加高

预应力锚索加高是首先将老坝顶部采用混凝土加高,然后从新坝顶向下钻孔至坝基岩石,并安装预应力锚索和施加预应力,使其能抵抗因库水位升高所引起的静水压力、扬压力和倾覆力矩。我国丰满大坝采用预应力锚索加固,解决了坝基稳定性不足问题,同时坝顶加高1.2m。石泉水库大坝采用预应力锚索加固后,提高了设计洪水标准。

3. 增加调蓄能力及泄流能力

除挖掘已有泄洪建筑物潜力外,可在原溢洪道上扩宽或加深,也可新建溢洪道,如北京市密云水库新建了一个溢洪道。考虑工程加固投资限制,可增建简易的非常溢洪道,在其上建自溃坝挡水,如安徽卢村水库后期增加了东、西两座自溃坝非常溢洪道,大大增加了水库的防洪能力。

3.1.2 渗流隐患除险加固技术

3.1.2.1 土石坝渗流隐患除险加固技术

渗流隐患是病险土石坝主要病害,且防渗加固措施和方法多,对于坝体,主要有各种形式的防渗墙、灌浆、土工膜等。对于坝基,砂砾石坝基和土基常用的防渗加固措施有黏土铺盖、复合土工膜铺盖、各种形式的防渗墙和灌浆等,岩石坝基常用的防渗加固措施是帷幕灌浆。据统计,采取混凝土防渗墙的占52%,采用高喷防渗墙的占5%,采用土工膜的占3%;坝基采取帷幕灌浆防渗处理的占36%。

1. 坝体防渗加固措施

1）防渗墙

按工法不同，常用的防渗墙有槽孔混凝土防渗墙、高压喷射灌浆和水泥搅拌桩三类。槽孔墙有混凝土墙、塑性混凝土防渗墙、灰浆防渗墙等。高压喷射灌浆防渗墙有旋喷、摆喷和定喷三种。防渗墙加固适用于均质坝和心墙坝，防渗体的防渗墙加固常与坝基防渗一起处理。

混凝土防渗墙主要用于截断坝体的渗漏通道，一般沿坝体轴线修建，深入基岩以下一定深度，但视渗流情况亦可建在部分坝体内部。其优点是适应性好，满足各种复杂地质条件；施工方便，可不放空水库；防渗体采用置换方法，相对其他隐蔽工程，施工质量易监控，耐久性好，可靠性高。

根据抗压强度和弹性模量，防渗墙墙体材料可分为刚性和柔性两大类。其中前者包括钢筋混凝土、素混凝土、黏土混凝土。后者包括塑性混凝土、自凝灰浆及固化灰浆。

我国最早使用混凝土防渗墙进行大坝防渗加固的是江西柘林水库黏土心墙坝，之后又在丹江口水库土坝加固中得到应用。随着施工技术的发展，特别是液压抓斗的使用，成墙速度提高，费用降低。目前，混凝土防渗墙已广泛应用于病险水库加固中。

2）灌浆技术

灌浆技术包括充填灌浆、高压喷射灌浆、劈裂灌浆及膏状稳定浆液灌浆等。

（1）充填灌浆。充填灌浆常用自流或压力灌浆，或者先自流后压力灌浆，灌浆材料与原坝防渗体相同或相近。充填灌浆适用于防渗体填筑质量差、内部因存在裂缝使防渗性能不能满足要求的情况。

（2）高压喷射灌浆。土石坝高压喷射灌浆防渗加固，沿坝轴线方向布设钻孔，逐孔进行高压喷射灌浆，各钻孔高压喷射灌浆的凝结体相互搭接，形成连续的防渗墙，从而达到防渗加固的目的。高压喷射灌浆高压射流的主要影响因素有速度和压力两种。高压喷射灌浆优点在于无须降低大坝高度，施工速度较快，最初主要用于粉土层和砂土层，近年来在砂砾层中也有成功应用。例如，河南弓上水库，土石坝填筑质量差，坝体变形、开裂，坝下 30m 厚的砂卵石强透水层未清基，加固前坝后渗漏出浑水，渗漏量 90L/s，1999 年采用深达 83m 的高喷灌浆后，坝后渗漏消失。高压喷射灌浆的优点是施工速度较快，如三峡三期围堰防渗面积 20 000m^2，仅用 45 天就完成施工。缺点是不同地层条件选用的施工技术参数不同，并需要经过现场试验确定，对施工队伍的经验要求较高；防渗体的整体性能上不如混凝土防渗墙，且不能入岩，在黏土地层防渗体强度较低，耐久性差；深防渗体容易开叉。

贵州乌江东风水库下游围堰采用石渣填筑，堰体高约 10m，粒径极不均匀，最大直径约 1.5m。围堰基础为河床覆盖层，厚约 17m，其上部为砾卵石，中含砂粒层，下部为卵漂石层，透水性极强。堰体及基础防渗体均采用高压旋喷灌浆技术施工。全部工期仅 50 天。经钻探取样检查，渗透系数小于 $3×10^{-5}$m/s；在主坝基坑开挖至基岩后，下游围堰方向的渗漏水量仅为 10L/min。

云南省白鹤水库大坝高 25m，当库内蓄水位达 1902.90m 时，下游坝坡潮湿，左岸下游坝脚渗流；库水位在 1903.40～1903.90m 时，下游坝坡的渗水潮湿面积达 $3781m^2$，总渗漏量达 $561m^3/d$。2000 年"1·15"姚安地震发生后，由于水库距震中较近，检查后共发现 25 条裂缝，坝脚渗漏量增大，距坝脚 40～50m 的农田发生裂缝，并伴有黑泥浆上涌，部分裂缝涌水有沙沸现象。大坝产生渗漏原因是坝体碾压质量差、土体透水性较大；坝基冲积层未被切断，黏土砂卵砾石层上、下游贯通，大坝填筑前未清基或防渗处理，坝基砂卵砾石层透水性强。坝体和砂砾石层的高压旋喷深达 59.2m，经现场试验，原设计施工技术不易形成连续墙体，为保证 59.2m 深的孔能形成旋喷连续墙，将水压由 30～35MPa 调整为 40MPa，加大水压切割力度，确保高压水、水泥浆、压缩空气进入地层，与地层中的黏土、砂砾石等充分搅拌混合，经过凝结固化，最终形成柱列式连续水泥结石墙。

(3)劈裂灌浆。劈裂灌浆是在土坝沿坝轴线布置竖向钻孔，采取一定压力灌浆将坝体沿坝轴线方向(小主应力面)劈开，灌注黏性土泥浆，最后形成 5～20cm 厚的黏土浆脉，达到防渗加固的目的。泥浆使坝体湿化，增加坝体的密实度。不仅起到防渗作用，也加固了坝体。该方法的优点是施工简便、投资省。缺点是只适用于坝高 50m 以下的均质坝和宽心墙坝，并需要在低水位下进行；灌浆压力不易控制，灌浆过程中可能导致坝体失稳、滑坡；灌入坝体中的泥浆固结时间较长，耐久性较差；劈裂灌浆与基岩和刚性建筑物接触处防止接触冲刷存在难度；对施工质量要求较高。对于碾压质量不均匀、内部裂缝严重的情况，在灌浆过程中难以避免串浆、跑浆，灌浆工艺不当会对防渗体形成新的破坏，应谨慎采用。

(4)膏状稳定浆液灌浆技术。膏状稳定浆液灌浆技术采用的浆液为水泥浆加黏土或水泥浆加膨润土等混合体，该混合物具有较大黏度和稳定性特点。膏状稳定浆液灌浆一般采用螺旋泵灌浆的防渗帷幕灌浆技术。其适用于堆石体或砂卵石中，在一定水力梯度下也可使用。近年来，膏状稳定浆液灌浆应用于砂卵石地基及石渣料填筑体的防渗取得较大进展，如重庆市彭水和开县调节坝的围堰采用该技术防渗均获得良好效果。

3)土工膜

作为新型防渗材料，土工膜具有防渗性能高、适应变形能力强、施工便捷、价格低廉等优点。用于水库大坝防渗工程主要是聚氯乙烯(PVC)膜和聚乙烯(PE)

膜,渗透系数一般为 $10^{-13}\sim10^{-11}$ cm/s,极限延伸率在 300%以上,比重在 0.9~1.3。20 世纪 80、90 年代,土工膜以 PVC 膜为主,其后以 PE 膜为主。PE 膜具有质轻、幅宽、价低的优势,但厚度大于 1mm 以上显硬,难以适应复杂运行与施工条件。土工膜布置在上游坝面,并设护坡保护,90%的土工膜防渗采用该种布置形式。对于透水性较强的库盘,可采用土工膜全库盘防渗,并在土工膜上下分别设保护层和垫层,以解决库区渗漏问题,也得到了广泛运用。

土工膜防渗加固缺点是要放空水库才能施工,造成水资源浪费;土工膜抗老化性能较弱,其耐久性不如混凝土材料;对于低坝效果较好,但对于高坝则需要对其适用性进行专门论证。土工膜与坝体间的垫层和膜上的保护材料选用厚度,对防渗效果、保护层稳定十分重要。当采用上游面铺设复合土工膜时,大坝上游坡以及复合土工膜与垫层和保护层之间均应满足抗滑稳定要求。另外,还应做好复合土工膜分幅以及与岸坡的连接。

云南省李家菁水库(中型)坝高 35m,由于坝体渗漏较为严重,1987 年在上游坝面铺设土工膜加固,取得良好效果。福建省犁壁桥水库(中型)坝高 38.3m,下游坡存在大面积渗水,1988 年采用复合土工膜在土石坝上游坡作防渗层,防渗效果显著。陕西石砭峪水库为定向爆破堆石坝,坝高 85m,采用沥青混凝土斜墙防渗,1981 年蓄水后最大漏水量达 3.96m³/s。2004 年采用带逆止阀的复合土工膜在坝上游坡做防渗层后,取得良好防渗效果。一些新建堆石坝,如云南省 53m 高的塘房庙堆石坝、广西区 48m 高的田村堆石坝、四川省 56m 高的仁宗海堆石坝等,也采用复合土工膜防渗,至今运行良好。

当土工膜存在缺陷时将影响其防渗效果。细观缺陷一般不影响其宏观防渗性能,应重点关注宏观缺陷即破损。宏观缺陷主要有因局部受力变形过大引起的拉破、顶破、刺破和液胀破坏等破损,以及因焊接或胶接质量差引起的连接处破损。江西婺源 51m 高的钟吕复合土工膜堆石坝,土工膜的焊接由非专业人员施工,在坝面铺膜未保护好的情况下爆破开挖溢洪道,导致土工膜出现 1000 多处脱焊、漏焊和飞石击破孔洞。土工膜的顶破/刺破抵抗能力和下垫层颗粒形态有关,当局部拉应力足够大时,将出现顶破或刺破。

2. 坝基防渗加固措施

1)水平铺盖

工程实践中采用的水平铺盖防渗有黏土和复合土工膜防渗铺盖两种。黏土铺盖适用于地基覆盖层厚但颗粒组成相对较均匀的中低坝。对于成层显著、不均匀性大、顶部强透水、易产生接触流土地层及基岩为岩溶发育地基均不宜用黏土铺盖防渗。在采用黏土铺盖防渗时需掌握覆盖层材料的颗粒组成及其分布情况,当铺盖土料与覆盖层之间不能满足层间关系,必须选用可靠的反滤层。铺盖上面应设有可靠的保护层防止冲刷破坏、干裂和冻胀。

采用复合土工膜防渗铺盖时，需要注意以下问题：①大面积铺设复合土工膜应做好排气设计释放土工膜下面气压力，常采用逆止阀排气措施，如山东省淄博市新城水库全库铺膜约 $1.0km^2$，初次蓄水时膜下地基内气体来不及排出，气胀破坏导致严重渗漏；②复合土工膜上面设置足够厚度的保护层和盖重层；③铺设施工中，采取措施避免尖锐物品刺破土工膜、确保土工膜焊接质量。

2) 坝基覆盖层防渗墙

对于坝基为砂砾石或土体的覆盖层情况，防渗墙是较常用的加固措施，一般有高压喷射灌浆防渗墙、槽孔防渗墙和水泥搅拌桩防渗墙等三大类。

(1) 高压喷射灌浆防渗墙在除险加固项目中采用较多。对于覆盖层中粒径为 $200\sim300mm$ 的颗粒含量较少时，可采用高压喷射灌浆。根据坝高、覆盖层材料组成等，有旋喷、摆喷和定喷三种形式。但覆盖层中含有一定数量的粒径为 $150\sim200mm$ 的粗颗粒时，难以保证摆喷或定喷灌浆防渗墙防渗效果，不宜采用。对于坝高较高宜采用旋喷灌浆，坝高较低可选用摆喷或定喷灌浆。

(2) 槽孔防渗墙一般有槽孔混凝土防渗墙、槽孔塑性混凝土防渗墙和自凝灰浆防渗墙三种。槽孔防渗墙防渗效果较好，但造孔造价较高，在除险加固中应用的工程比例并不太高。一般多用于坝高较高、水库规模较大、地位重要、坝基地质条件相对复杂的情况。

(3) 水泥搅拌桩防渗墙适用于颗粒较细的砂性坝基，在三类防渗墙中造价最低。在墙深为 $20\sim25m$ 的情况下，防渗效果基本可靠。

3) 帷幕灌浆

帷幕灌浆适用于岩石坝基的防渗，一般采用水泥灌浆。其设计应根据水文地质条件和现场试验来决定钻孔的排距、孔距和深度。建在软基上的土石坝采用灌浆帷幕防渗，取决于地层的可灌性，因地层的颗粒组成级配决定浆液渗入和扩散范围，决定地层的可灌程度。一般用可灌比值 M 来判别砂砾石坝基的可灌性。

$$M=D_{15}/d_{85} \tag{3.1-1}$$

式中，D_{15} 为受灌地层土料的特征粒径，mm；d_{85} 为灌浆材料的控制粒径，mm。

根据反滤原理，一般认为，M 小于 5 为不可灌；M 在 $5\sim10$，可灌性差；M 大于 10，可灌水泥黏土浆液。这种灌浆的缺点是工艺复杂，费用偏高，地表需加压重，否则难保证灌浆质量要求。如水泥灌浆达不到防渗要求时，可采用化学材料灌浆，化学灌浆可灌性好，抗渗性强，但较昂贵，且污染地下水质。

3.1.2.2　混凝土重力坝渗漏隐患除险加固技术

混凝土坝产生渗漏的主要原因包括以下 4 个方面：①基础渗漏和绕坝渗漏，

主要是冲蚀或者帷幕灌浆的质量得不到良好的保证等原因导致基础帷幕失效造成；②坝体裂缝渗漏，主要是坝体温差过大使得坝体产生温度裂缝，或者是地基处理不当，造成不均匀沉降，使得坝体产生沉陷裂缝，贯穿性裂缝形成集中渗水；③局部裂隙渗漏，主要是混凝土浇筑时的密实度不能满足施工要求遗留裂隙引起的渗漏；④结构止水损坏形成的渗漏。

1. 点渗漏

点渗漏处理依据渗漏水压力的大小而定，具体如下：①直接堵漏，多用于压力水头小于 1m，漏水孔洞不大时；②下管堵漏，一般用于压力水头为 1～4m，且漏水孔洞较大的情况；③木楔堵塞，对于压力水头大于 4m，且漏水孔大的情况较为适用；④灌浆堵漏，适用于水压较大，孔洞较大且漏水量大，或密实性差、内部蜂窝孔隙较大混凝土的渗漏处理和回填。

2. 大面积散渗处理方法

大面积散渗处理方法如下：①表面涂抹覆盖，选用合适的修补材料把渗水混凝土表面覆盖封闭起来，并考虑耐久性及美观等；②增加混凝土或钢筋混凝土防渗面板，针对坝体内部局部裂隙或者裂缝非常发育的情况，其应用性较强；③灌浆处理，该处理方法多用于坝体混凝土密实性较差的情况。

3.1.3　结构病害除险加固技术

在坝坡加固中，对土石坝上游护坡加固采取拆除重建措施的占46%、采取部分改造的占20%，采取局部翻新的占12%，无处理措施的占22%。在溢洪道加固中，采取部分拆除改造措施的占 73%，采取废弃重建的占 4%，未采取加固措施的占23%。在输水隧洞或涵管等建筑物加固中，对进水塔采取加固或拆除重建的占85%，对洞身采取加固措施的占66%，对出口消能设施采取加固措施的占10%，金属结构、启闭设备改造或维修更换的占82%。

3.1.3.1　土石坝结构病害除险加固技术

土石坝结构病害除险加固技术包括：上、下游坝坡稳定加固技术；坝体填土性能提高技术；坝体裂缝处理技术；护坡加固与改造技术；白蚁防治技术等。

1. 上、下游坝坡稳定加固技术

导致土石坝坝坡稳定不满足规范要求的主要原因如下：坝坡较陡；筑坝材料不合适，或填筑质量差，填筑密实度未达到要求；坝体严重裂缝；坝体坝基长期渗漏，造成坝体浸润线偏高；护坡破损及坝顶破坏等。土石坝坝坡稳定加固的基本原理是减少滑动力和加大抗滑力。根据坝坡稳定性不满足要求的原因，结合施工条件，处理坝坡稳定性问题的主要措施包括以下 6 种。

1) 上游坝坡培厚放缓加固

土石坝坝坡的稳定加固主要有培土放缓坝坡和削坡放缓坝坡法。对上部局部坝坡偏陡的坝坡稳定问题，可采用格构护坡加固；对于下游坝坡浸润线较高引起坝坡稳定性不足的问题，可与防渗加固措施相结合，采用防渗墙加固。

当上游坝坡的抗滑稳定性达不到规范允许值时，可采取在上游侧培土加厚坝体、放缓上游坝坡的加固方法。上游坝坡培厚与回填的土石料，可采用透水性大的材料，如块石料、石渣料、砂砾料及砂土等，以利于排水。此加固措施一般要求水库放空，以方便培厚土体碾压，确保培厚坝体的密实度。若病险水库无法放空，水下培厚部分碾压受限制，可采用抛石放缓坝坡，但应注意清除已有滑坡体。

2) 下游坝坡培厚放缓加固

坝体下游侧施工条件较好，坝体稳定加固多采用在下游侧进行填土培厚，并放缓下游坝坡坡度。坝体下游侧培厚时，应确保土石料透水性良好，如采用碎石填筑或增设排水管等。安徽卢村水库上游坝坡和下游坝坡上部局部抗滑稳定不满足规范要求，采用了在上游坝坡水下部分抛填块石料、水上部分填筑碾压中粗砂，下游坝坡上部带脚槽格构加固的方案。

3) 削坡放缓

此加固方法仅适用于坝顶宽度较宽的情况。

4) 局部衬护加固

当整体坝坡抗滑稳定性满足规范要求，但局部坝坡偏陡或表层抗滑稳定系数无法达到规范允许值时，可采用表面格构护坡或浆砌石衬护方式进行加固。

5) 增设防渗、排水设施

当坝体浸润线较高、下游坝坡稳定性欠佳时，可采用坝体防渗加固方法进行处理。湖北青山水库主坝加固采用了混凝土防渗墙的方式，同时解决了坝体渗漏和下游坝坡抗滑稳定性不足的问题。

6) 填筑压戗平台

针对沿坝基面滑出的稳定问题常采用在滑出点填筑压戗平台的加固措施。压戗平台长度和高度应经稳定计算确定，使用材料的透水性不宜小于坝基透水性，否则应设排水层。对于沿岩基软弱夹层滑动且对滑动前的变形有严格要求的情况，在滑出点外侧的压戗提供的抗滑力应按主动土压力计。

抗滑稳定加固需要综合考虑，兼顾坝坡和坝基、整体和局部的稳定。对于孔隙水压力过高引起的抗滑稳定问题，应综合考虑防渗和排水加固措施。

2. 坝体填土性能提高技术

1)置换筑坝材料加固技术

当原坝体填筑材料性能较差，造成坝坡抗滑稳定不满足规范要求或坝坡排水性能较差时，可挖除原坝坡筑坝材料，重新填筑性能较好、透水性大的筑坝材料，从而提高坝坡稳定性或排水性能。该法比培厚法多了挖除原筑坝材料施工工序，增长了施工期，一般在不具备培坡条件时才使用。

2)坝体振冲法加密技术

振冲法适用于碎石土、砂土、粉土、黏性土、人工填土及湿陷性土等地基的加固处理；各类可液化土的加密和抗液化处理。

3. 坝体裂缝处理技术

土石坝发生裂缝后，应开挖探槽探井，及时查明裂缝形状、宽度、长度、深度、错距、走向及其发展等，针对性地选用加固处理措施。

1)挖除回填

该方法可用于纵向和横向裂缝的处理，简单方便、易于施工，处理效果较好。

2)灌浆处理

该方法适用于裂缝较深或处于内部的情况，一般常用黏土浆或黏土水泥浆。

3)挖除回填和灌浆处理相结合

对于很深的非滑坡表面裂缝而言，可选用此方法进行加固处理。

4. 护坡加固与改造技术

土石坝护坡可根据其损坏情况，采取维修或加固措施。上下游护坡材料不同，上游护坡加固可采用块石、现浇混凝土和预制混凝土块护坡；下游护坡加固可采用草皮、格构草皮、块石、现浇混凝土和预制混凝土块护坡等。

1)局部翻砌

针对原有护坡设计比较合理的情况，可按原设计进行局部翻砌恢复。

2)细石混凝土或砂浆灌注

该适用于护坡垫层厚度、块石级配或块石大小不满足要求的情况。

3)浆砌块石护坡

上游护坡出现严重的损坏时，可采用此方法加固改造。

4)混凝土护坡

混凝土护坡材料一般多用预制或现浇混凝土板。对于风浪大、护坡破坏频繁的情况，较为适用。

5. 白蚁防治技术

白蚁防治技术主要如下：①喷施灭蚁灵粉剂，挑开泥被泥线或分飞孔，向白蚁身上直接喷施灭蚁灵粉剂，利用白蚁群居的生活习性，使灭蚁灵粉剂在白蚁群体内快速传播，达到灭蚁的目的；②投放白蚁诱饵剂，在白蚁喜欢的食物中加入化学药剂，使其中毒身亡；③灌毒浆防治采用灌浆法加固土石坝时在泥浆中添加氯丹乳剂，具有预防和灭治的双重功效。

3.1.3.2 混凝土重力坝结构病害除险加固技术

混凝土重力坝结构病害问题主要如下：①裂缝渗漏；②混凝土质量差、强度低；③整体性差；④抗滑稳定及结构强度裕度偏低；⑤混凝土骨料碱活性反应。根据重力坝结构存在的病害问题，选取适当的加固方案。有些方案的临时工程费用较高，如要求上游无水施工的方案；有些方案还应结合其他加固要求，如增加防渗层、加高大坝或提高抗震性能等。因此，加固方案应经过方案比选综合确定。

3.1.3.3 坝下涵管及隧洞病害除险加固技术

1. 改坝下涵管为隧洞

我国过去修建的许多水库，其灌溉、发电及供水用的输水建筑物多采用坝下涵管，由于坝体变形和涵管质量差等原因，大量坝下涵管发生接触冲刷破坏、漏水，危及大坝安全。有些涵管虽经补强加固，但由于坝体仍存在变形或水流冲刷等原因，又重新产生裂缝。因此，涵管出现渗漏病害，最彻底的办法是封堵涵管，在岸边新建隧洞替代。

2. 加钢筋混凝土衬砌

在原隧洞内增加钢筋混凝土衬砌，使其达到结构安全或防渗要求。但该加固方法减小隧洞断面，对输水量有一定影响；应用中还应注意新、老混凝土接合面的处理；加固隧洞洞径不宜小于 2.5m，否则施工困难。

3. 加钢内衬

在原涵洞或隧洞中增加钢衬使其达到结构安全和防渗要求。钢衬与洞壁之间的空隙灌注水泥砂浆使钢衬与原洞壁形成整体。由于钢衬糙率减小，增加钢衬后一般不会减少输水流量。但应注意防止钢衬受外水压力失稳，且洞径不宜小于 1m，否则施工困难。

4. 加贴高强碳纤维布内衬

碳纤维布是一种柔性较好的高强抗拉材料，极限抗拉强度达 3790～4825MPa，弹性模量达 220～235GPa，延伸率＞1.4%，厚度有 0.111mm 和 0.167mm 等规格。对于承受内水压、抗裂性能不满足要求或混凝土衬砌存在裂缝、空蚀等问题的隧洞混凝土衬砌，在其洞壁粘贴 1～3 层高强碳纤维布内衬，可以达到对隧洞混凝土衬砌进行强度增大和防渗加固的目的。

3.1.4　抗震问题除险加固技术

3.1.4.1　土石坝抗震问题除险加固技术

土石坝抗震加固主要分为坝体震害裂缝处理、渗漏处理、滑坡处理和液化处理等内容。其中，坝体震害裂缝和渗漏加固处理技术与前文所述方法相同。

1. 滑坡抗震加固技术

滑坡抗震加固的原则是增加坝体材料的抗滑力、减小滑动力，提高抗剪强度。具体如下：①放缓坝坡，对于坝坡过陡的情况，可放缓坝坡；②压重固脚，若土石坝遭遇地震后，坝体产生了滑坡，且滑坡体的前缘超出了坝趾时，可采用此措施，但压重应在滑坡段下部；③导渗排水措施，当土石坝遭遇地震后，造成下游坡脚排水体不能正常工作时，坝体内部的浸润线会逐渐抬高，易引起坝体下游发生滑坡现象，此种情况应在下游开导渗沟或修复排水体，以降低浸润线；④置换筑坝材料或加筋，主要针对坝体填筑材料性能较差的情况，可置换滑动松散体，且可适当布置人工格栅；⑤加密坝体，若心墙砂壳坝的砂砾石料碾压不密实，在较低的地震烈度时，上游坝壳或水下部分的保护层抗震稳定安全性较差，易发生滑坡事故，对此需采用人工加密技术进行加固处理。

2. 液化抗震加固技术

当土石坝遭遇地震时，某些土层和坝基可能会发生液化现象，致使承载力大幅下降。对于易液化土层和坝基而言，可根据实际情况，选用如下几种抗震加固措施：①置换法，置换掉原有易液化的土体，使其不具备发生液化的条件，主要方法为挖除可液化土层，采用非液化土层进行置换；②振冲加密法，多采用振冲器振捣，将砂土压密，提高密实度；③强夯法；④抛石压重法，在坝体易液化土层上方抛石形成压重，增大竖向有效压应力的同时提高覆盖压力；⑤砾石或碎石排水井法，利用砾石或碎石排水井对土石坝坝基可能液化砂土层进行加固；⑥其他方法，地震时可能发生液化破坏的土层和坝基还可采用围封等方法，这样可以大大减小建筑物下面砂层液化的可能性，采取压盖、围封或者压盖围封结合的方法处理坝脚处的砂层，可有效提升坝脚稳定性并能够有效防止液化砂土外流。

1977 年密云水库白河壤土斜墙砂砾料坝抗震加固，在放空水库情况下，清除坝上游面可液化砂砾层，用石渣料回填，同时加厚了坝前铺盖层及部分斜墙。1998年密云水库潮河壤土斜墙砂砾料坝抗震加固，在水库不放空的情况下进行，水下部分采用抛石压坡，水上部分用石渣料替换现有的斜墙上游保护层砂砾料。抛石压坡体增加了保护层砂砾料的有效应力，提高了砂砾料抗液化能力。压坡体放缓了坝坡，增加了滑弧路径长度，从而提高了坝坡抗震稳定安全系数。

3.1.4.2　混凝土坝抗震问题除险加固技术

混凝土坝遭遇强震的实例较少，除较少几个坝高 100m 以上大坝外，其他混凝土坝遭遇地震作用的震害轻微。汶川地震(8.0 级)中，无一溃坝。坝高 100m 以上的宝珠寺重力坝和沙牌拱坝经受住了超过其设防标准的强震，保持了结构的整体稳定，表明按规范进行抗震设计且施工质量合格的混凝土坝具有较好的抗震性能。由于地震作用和大坝结构本身的复杂性，坝高超过 200m 后的抗震性能可能有本质差别，迄今为止还没有 300m 高坝遭受强震的实例。我国《水工建筑物抗震设计标准》(GB 51247—2018)主要是针对 200m 及以下的大坝。对于高坝尤其是高拱坝，在地震动输入、坝-库水-地基系统动力相互作用、混凝土材料动弹特性及本构关系等方面的抗震安全综合评价体系还有待深入研究。因此，从理论到工程实践，重力坝和拱坝的抗震加固技术还不成熟，有待进一步研究。

3.1.5　金属结构老化病害除险加固技术

1. 闸门和埋件加固

闸门门叶加固主要有加焊钢结构和黏钢加固两种方法。具体如下：①加焊钢结构加固法简便常用，对于刚度和强度不够的钢闸门，可在背面加焊梁格或支臂增加加劲筋板进行加固；对局部面板破坏或锈蚀严重的部位，可采用加焊面板的方法，新钢板的焊接缝应在梁格部位；②黏钢加固法工艺简单、施工方便，采用高强度的结构胶，黏胶硬化时间快，工期短，结构胶固化24 小时可拆除夹具或支撑，3 天后可受力使用；受现场条件影响小，克服了焊接高温等不利影响。

磨损、接头错位、锈蚀等是水工闸门金属结构埋件经常出现的问题。对于损毁较严重的构件，通常需要拆除并重设；对于损毁或锈蚀较为轻微的构件，可重新做防腐处理；或在重新做防腐的基础上加焊(粘贴)不锈钢面板的加固方法。

2. 启闭设备加固

启闭设备一般为工厂制造，主要靠日常维护保障正常运用，一旦出现问题加固比较困难，主要采取修理、更换部件或更新改造等措施。

3. 金属结构防腐处理

对于钢闸门防腐而言，原则是"以防为主，防治结合"，处理的关键为消除形成原电池腐蚀的各种要素。

(1)涂料保护。在钢件表面涂敷环氧类、树脂类或氯化橡胶类等高性能涂料，隔离闸门表面与有害介质，进而达到防腐目的。此法工艺简单，施工费用低，但保护年限较短，为5～10年。

(2)金属热喷涂保护。包括金属喷涂层和涂料封闭层。该方法缺点是一次投入资金较多，优点是运行后维护费用不多，并可大大提高设备使用的年限。先用涂料封闭然后再涂覆面漆工艺，形成金属热喷涂和涂料组成的复合保护系统，可充分发挥两者的优势，形成协同防护作用。该方法适用范围较广，尤其适用于经常处于水下或干湿交替等恶劣环境中及不便于检修的水工金属结构。

(3)阴极保护。包括牺牲阳极和外加电流两种方法，该方法日常运行维护困难，应用较少。

(4)改变金属内部结构。在冶炼钢铁时，加入适当的合金元素，形成的合金具有较强的抗蚀性能。对于检修条件苛刻的工程部位常采用这种处理方式。

当金属结构闸门和启闭机达到折旧年限时，一般采取拆除更换的措施。

3.2　水库大坝除险加固新技术

在除险加固工程实施过程中，一些新材料、新方法和新工艺逐渐被应用，获得了良好的加固效果[13-21]。

3.2.1　混凝土坝和土石坝穿坝涵管除险加固新技术

新材料多用于混凝土坝和土石坝的穿坝涵管、隧洞的除险加固。例如，佛子岭水库及梅山水库连拱坝均采用硬质聚氨酯泡沫保温和钢纤维混凝土结构加固技术，加固后的大坝达到了应有安全度；大黑汀水库溢流面修补采用聚丙烯纤维网混凝土材料，不仅抑制了混凝土的塑性龟裂，而且提高了混凝土的抗冻和抗冲磨性能。石漫滩水库采用丙乳砂浆对闸墩和牛腿进行防碳化处理，采用丙乳砂浆对溢流面和挑流鼻坎做防碳化处理。南江水库采用赛柏斯涂层对上游坝面进行防渗处理，在赛柏斯表面用 PUA-75 聚脲弹性涂层进行保护，提高抗老化能力；溢流面裂缝采用聚氨酯化学灌浆的方法进行处理(图3.2-1);采用碳纤维布加固补强闸墩和牛腿,碳纤维布表面涂抹防护砂浆以提高耐久性。

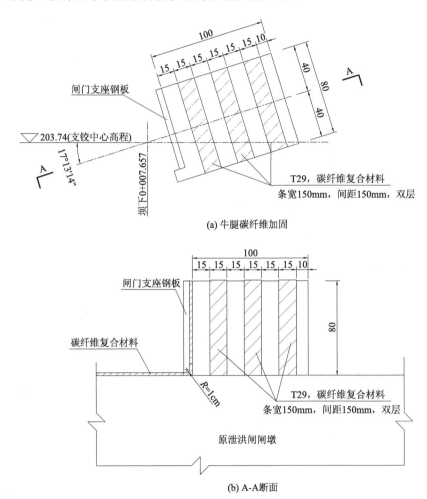

(a) 牛腿碳纤维加固

(b) A-A断面

图3.2-1 南江水库大坝溢洪道闸墩牛腿加固示意图(单位:cm)

3.2.2 土石坝除险加固新技术

随着钢筋混凝土面板堆石坝、沥青混凝土心墙坝投入使用时间的延长,针对性地提出了一系列除险加固技术。

1. 钢筋混凝土面板堆石坝加固处理技术

为降低大坝渗漏量,需针对钢筋混凝土面板堆石坝病害特点,研究综合的除险加固技术。考虑到面板(含止水结构)与堆石体(含垫层、过渡层)之间在结构安全性上互为依托,加固上必须综合治理,即疏松垫层加密→脱空处理→破损面板修复→裂缝处理→止水修复,以保证面板与堆石体之间的整体性。

1)疏松垫层加密灌浆技术

渗漏水流作用在面板破损及止水缺陷部位,垫层区内的细颗粒被带走,垫层疏松,使得面板失去可靠支撑,导致面板出现更大范围的裂缝、塌陷等破坏。株树桥和白云坝塌陷面板下均检测出垫层料疏松现象。疏松垫层的处理主要包括缺失垫层修补和加密灌浆。

对于大面积垫层料缺失,应首先采用满足规范要求的级配垫层料进行填补压实;小面积缺失则采用在级配垫层料中掺 5%~8%(重量比)水泥拌和而成的改性垫层料填补。垫层料填补后宜对其压实度进行检测,可采用核子密度仪或无核仪检测。加密灌浆处理可采用两种方式:一是在面板表面钻铅直孔灌浆,在坝顶沿垫层平行斜孔进行灌浆;二是自下而上分段对脱空部位进行灌浆充填。灌浆浆液宜采用水泥、粉煤灰(重量比 1:4)浆液,浆液水灰比 1:1~1:0.5,为增加流动性可加入 5%~8%的膨润土,开灌水灰比 1:1,灌浆压力 0.3~0.5MPa,要求灌注后的垫层料干密度≥2.2g/cm^3。

2)面板脱空充填灌浆技术

受施工过程中后续坝体填筑及蓄水影响,当垫层料面板不能协调变形时,面板与垫层料会发生脱空,使面板失去支撑。面板脱空充填灌浆方式与垫层加密灌浆类似,包括在面板表面钻铅直孔灌浆以及在坝顶沿面板底面钻斜孔进行灌浆。灌浆前,采用地质雷达对面板进行脱空检测确定脱空灌浆区域,并通过现场灌浆试验优化浆材配比和灌浆参数。脱空灌浆原则上采取自流式灌浆。

3)破损面板修复

面板塌陷、破碎是导致大坝渗漏的最直接原因,对大坝安全威胁大。破损面板修复前需将破损面板拆除,常用人工风镐凿除,但其效率低,上下交叉作业影响大。在白云水库破损面板拆除中,采用了先进高效的电动液压切割机,先用切割机将破损混凝土面板切割为 1m×1.5m 的混凝土块,然后逐块放到坡底,再破碎后运走,大大提高了破损混凝土面板拆除效率。

新老混凝土结合部位凿成台阶状,原混凝土钢筋保留搭接长度与新浇混凝土钢筋焊接。结合面上部增设顶部止水结构。为确保混凝土面板满足防渗要求,要求适当增大面板刚度,新浇混凝土面板厚度与该部位原面板等厚,根据受力情况可采用双层双向配筋。混凝土强度根据原混凝土面板强度检测确定,尽量与原面板混凝土的现状强度相当。白云面板堆石坝新浇混凝土性能指标设计要求如下:C35W12F100,二级配,坍落度 4~6cm,极限拉伸率 1.0×10^{-4}~1.1×10^{-4}。

对垂直缝挤压,视破坏深度采用凿除接缝混凝土后重新浇筑混凝土的方式进行处理，并可配置钢筋以提高抗挤压性能。

4) 面板裂缝处理技术

对于密集裂缝多采用柔性处理，对缝宽超过 0.2mm 的裂缝先进行贴嘴环氧灌浆充填裂缝，然后对裂缝表面作封闭处理，缝宽小于 0.2mm 的可仅作表面封闭处理。常用的表面处理材料有柔性防渗盖片和喷涂表面防渗材料。柔性防渗盖片以塑性止水材料作为防渗主体，并与聚酯无纺布表面处理材料组成复合体以提高防渗盖片强度和抗老化性能。表面防渗材料宜采用耐候性好的无机涂料，并根据混凝土颜色调整涂料配色，提高混凝土表面美观性。

5) 止水修复

国内 100m 以上的面板堆石坝通常设 2～3 道止水结构，周边缝多设 3 道止水，垂直缝多设两道止水。已建成运行的面板堆石坝中部和底部止水检测和修复难度很大，因此，在面板堆石坝加固实践中采取强化顶部止水的加固思路：对老化的顶部止水全部更换，止水结构采用缝口设橡胶棒，其上填塑性填料，表面覆盖防渗盖片，盖片采用不锈钢压条锚固的止水结构，盖片两侧通过弹性封边剂封边，与混凝土面黏接形成一道封闭的止水。

在湖南白云水库和株树桥水库面板堆石坝加固实践中，为适应周边缝大变形能力，除常规防渗盖片外，顶部止水结构中增加了多弧形金属止水带，通过黏合剂和锚栓固定在缝槽两边，形成封闭的适应大变形的止水结构，有效提高了顶部止水的防渗可靠性。

2. 沥青混凝土心墙坝防渗体重构技术

为解决黏土料短缺问题，近年来我国建设了一批沥青混凝土心墙坝，但部分沥青混凝土心墙建成蓄水后出现了不同程度的渗漏问题。

沥青混凝土心墙结构单薄，一旦破坏无法在墙体上直接修补，目前的勘察和检测技术难以精准地查明心墙存在的缺陷以及渗漏位置。沥青混凝土心墙坝出现渗漏问题时，在心墙上游侧过渡料填筑区内采用控制灌浆技术重构防渗体。针对坝体空隙大，灌浆浆液极易扩散，易跑浆、漏浆，难以控制灌浆料扩散等难题，宜开发控制灌浆工艺成套设备，解决塌孔、跑浆、漏浆等问题。

根据广东阳江某水库沥青混凝土心墙坝上游两层过渡料组成及颗粒级配情况，在过渡料Ⅱ中进行膏状浆液和混合浆液、过渡料Ⅰ中进行混合浆液和水泥浆液灌浆的方案，并通过灌浆试验，确定控制灌浆浆液性能指标和灌浆重构防渗体渗透特性的控制指标。工程实践表明，采用该套灌浆工艺参数重构的防渗体，具有良好的防渗效果，加固后渗漏量仅 6L/s。

3.2.3　碾压混凝土坝层间裂缝处理

因施工速度快、温度应力小，近年来修建了大量碾压混凝土重力坝和拱坝，但有些碾压混凝土坝出现层面缝渗漏问题。水平裂缝产生在层间结合部位，特别是冬季停工面和施工间歇面上、下游附近，严重时可能会出现水平贯穿裂缝。水平裂缝的产生基本上与碾压混凝土施工方法有密切关系。因此，碾压混凝土坝层面缝渗漏检测与加固也是需要加快研究与解决的技术问题。为提高可灌性，部分工程试验了水泥+水玻璃快凝型、水泥+单组分聚氨酯+水玻璃防渗型、水泥+环氧+水玻璃渗固型等适用于碾压混凝土层间缝各阶段灌浆处理的混合浆液。

参 考 文 献

[1]　牛运光. 试论土石坝除险加固技术[J]. 大坝与安全, 1995, (3): 6-15.

[2]　钮新强. 水库病害特点及除险加固技术[J]. 岩土工程学报, 2010, 32(1): 153-157.

[3]　杨启贵, 高大水. 我国病险水库加固技术现状及展望[J]. 人民长江, 2011, 42(12): 6-11.

[4]　王萍, 夏仲平. 病险水库除险加固中的主要技术措施[J]. 人民长江, 2006, (8): 87-88.

[5]　李雷, 陆云秋. 我国水库大坝安全与管理的实践和面临的挑战[J]. 中国水利, 2003, (21): 59-62.

[6]　庞琼, 王士军, 谷艳昌, 等. 土石坝垂直防渗加固措施综述[J]. 水利水运工程学报, 2014, (4): 28-37.

[7]　盛金保, 沈登乐, 傅忠友. 我国病险水库分类和除险技术[J]. 水利水运工程学报, 2009, (4): 116-121.

[8]　杨启贵. 病险水库安全诊断与除险加固新技术[J]. 人民长江, 2015, 46(19): 30-34.

[9]　Su H Z, Hu J, Wen Z P. Optimization of reinforcement strategies for dangerous dams considering time-average system failure probability and benefit–cost ratio using a life quality index[J]. Natural Hazards, 2013, 65(1): 799-817.

[10]　Lee D B, Lim H D, Song Y S. Permeation grouting effect for repair and reinforcement of old dam[J]. The Journal of Engineering Geology, 2018, 28(2): 277-295.

[11]　Shiotani T, Momoki S, Chai H, et al. Elastic wave validation of large concrete structures repaired by means of cement grouting[J]. Construction and Building Materials, 2009, 23(7): 2647-2652.

[12]　Arnepalli D N, Rajagopal K. State-of-the-art on the applications of geosynthetics for dam repair and rehabilitation[C]// Proceedings of First National Dam Safety Conference, 2015.

[13]　刘志明, 汤洪洁. 病险水库主要问题及除险策略[J]. 水利规划与设计, 2021, (5): 1-4.

[14]　陈雯, 来妙法. 碳纤维布在南江水库加固改造工程中的应用[J]. 浙江水利科技, 2014, 42(6): 39-40.

[15]　魏涛. 碳纤维布在水库加固工程中的应用[J]. 粘接, 2019, 40(12): 12-15.

[16]　匡楚丰, 韩行进, 樊勇, 等. 适用于碾压混凝土坝层间缝处理的新材料[J]. 水利技术监督,

2021, (2): 24-27.

[17]　Liu Z, Jia J, Zhao C, et al. Application of underwater repair technology for dams in China[C]. 2020 International Conference on Ecological Resources, Energy, Construction, Transportation and Materials(EECTM 2020), 2020.

[18]　Galvao J, Portella K F, Joukoski A, et al. Use of waste polymers in concrete for repair of dam hydraulic surfaces[J]. Construction and Building Materials, 2011, 25(2): 1049-1055.

[19]　Park D S, Oh J. Permeation grouting for remediation of dam cores[J]. Engineering Geology, 2017, 233: 63-75.

[20]　Yea G G, Kim T H, Kim J H, et al. Rehabilitation of the core zone of an earth-fill dam[J]. Journal of Performance of Constructed Facilities, 2013, 27(4): 485-495.

[21]　Celik F, Akcuru O. Rheological and workability effects of bottom ash usage as a mineral additive on the cement based permeation grouting method[J]. Construction and Building Materials, 2020, 263(4): 120186.

第4章 土石坝病险成因与除险加固效果案例分析

我国已建水库大坝超过 90%为土石坝，且 95%以上是 20 世纪 80 年代以前建设的老坝。它们的病险成因分析、除险加固方案与实施效果事关国家经济社会稳定与高质量发展。近年来，仍有多座土石坝出险甚至溃决，渗流和结构安全隐患是影响土石坝安全的主要因素，基于已有案例，可总结研究更有效的隐患探测、安全监测数据分析和数值分析方法，提出适应性强的除险加固措施，提升除险加固效果及长效运行安全保障与风险防控体系[1-5]。本章分别以均质土坝(琵琶寺水库)、黏土心墙坝(鲇鱼山和铁佛寺水库)、黏土斜墙坝(澎河水库)这三种常见土石坝坝型为例，深入分析病害及其成因，介绍除险加固技术，跟踪分析除险加固效果，以为同类病险水库大坝除险加固提供参考。

4.1 琵琶寺水库

4.1.1 工程概述

琵琶寺水库位于汤阴县宜沟镇西 5km，处于卫河流域汤河支流永通河上游，控制流域面积 30km²。水库设计洪水标准为 100 年一遇，设计水位 123.26m，相应库容 1654 万 m³；校核洪水标准为 1000 年一遇，校核洪水位 124.82m，总库容 2054 万 m³；兴利水位 121.00m，相应库容 1150 万 m³；死水位 110.50m，相应库容 45.0 万 m³；防洪起调水位 120.00m。是一座以防洪、灌溉为主，兼顾供水、养殖的中型水库。水库工程等级为Ⅲ等，主要建筑物级别为 3 级。

水库包括大坝、溢洪道、泄洪洞、灌溉洞及引淇工程等水工建筑物。由于历史原因，水库分 3 个阶段建成：第一阶段(1957～1967 年)，坝顶高程 119.50m，坝顶长 674m，坝顶宽 1.5～1.8m，施工时未对坝基天然覆盖层进行处理；第二阶段(1968～1973 年)，从下游培厚加高 2.2m，坝顶高程 121.90m，坝顶长 990m，坝顶宽 6.0m，下游导滤体向后延长；第三阶段(1974～1981 年)，从下游坡加厚加高，加高 3.6m，坝顶高程 125.60m，坝顶长 1176m，下游导滤体向后延长，1975年完工。水库大坝平面布置、典型横断面分别见图 4.1-1 和图 4.1-2。

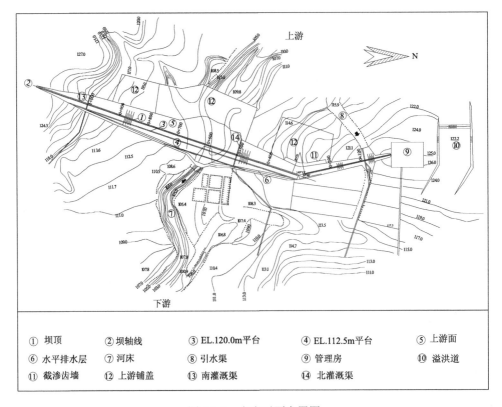

① 坝顶	② 坝轴线	③ EL.120.0m平台	④ EL.112.5m平台	⑤ 上游面
⑥ 水平排水层	⑦ 河床	⑧ 引水渠	⑨ 管理房	⑩ 溢洪道
⑪ 截渗齿墙	⑫ 上游铺盖	⑬ 南灌溉渠	⑭ 北灌溉渠	

图 4.1-1　水库平面布置图

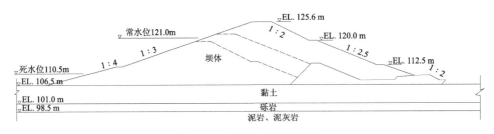

图 4.1-2　大坝典型横断面图

　　大坝为均质土坝，坝顶高程 125.50m，防浪墙顶高程 126.60m，最大坝高 26m，坝顶宽 6.0m，坝长 1176m。上游坡坡度 112.00m 高程以上为 1：3，以下至坝脚为 1：4，高程 112.00m 处设戗台，宽 2.0m；下游坡 120.00m 高程以上为 1：2，120.00m～112.50m 高程为 1：2.5，112.50～104.00m 排水体之间为 1：3，高程 120.00m 和 112.50m 分别设戗台，宽 2.25m。大坝上游坝坡为混凝土护坡，下游坝坡为草皮护坡，其下设有砂砾石导滤体，现状排水体总长度 60m。

　　溢洪道位于大坝左端，距左坝头 150m 处，全长 668m，其中进口段 25m、控制段 10m、过渡段 210m、泄槽段 443m。进口高程 121.00m，控制段为宽顶堰，底宽 15m，最大泄量 191m³/s。引渠段纵坡采用 1∶30 反坡与控制段相连，过渡段坡度为 1∶200，泄槽段坡度为 1∶40。

泄洪洞位于大坝左端桩号 0+080 处，为有压洞，由喇叭口、进水塔、压力管、出口操纵室、消力池组成，总长 101.8m。进口高程为 114.00m，平板钢闸门，尺寸 2.6m×2.7m，洞径 2m，出口底高程 113.50m，泄洪洞最大泄量 50m³/s。距进口 40m 处岔出发电支洞，内径 1.6m，洞壁厚 0.25m，与泄洪洞轴线夹角 30°。

南灌溉洞位于大坝右坝头 1+000 处，进口段为有压流段，长 5.6m，断面由 2m×2m 渐变为 1m×1m，进水塔段长 3m，经闸门控制(底高程 114.50m)后，有压流变为无压流，后接 7m 长渐变段，变为孔径 1.4m×1.7m(宽×高)，洞身长 52m，并与砌石拱形洞相接。南灌溉洞最大泄流量可达 10m³/s，一般泄量 6.2m³/s。北灌溉洞位于主河槽左岸 0+520 处，为无压洞，进口高程为 110.50m，平板钢闸门控制，孔径为 1.0m×1.1m，洞长 88m，最大泄量 1.7m³/s。

4.1.2   大坝主要病险与成因分析

4.1.2.1   大坝主要病险

水库自建成、扩建以来一直带病运行，存在的主要病险问题如下[6-13]：①坝基渗漏、绕坝渗漏严重，致使坝下游耕地大面积沼泽化，严重威胁坝体安全；②坝体存在质量隐患，局部坝体内有裂缝；③下游排水体效果逐渐减弱，坝体浸润线偏高或不与库水位同步变化；④泄洪洞、灌溉洞洞身存在结构、渗流问题；⑤泄洪洞、灌溉洞建筑物混凝土碳化严重，金属结构严重老化，均存在安全隐患；⑥大坝无位移、渗透压力监测设施，部分浸润线观测管也不能正常使用；⑦溢洪道未硬化，无消能设施，泄洪影响大坝及其他设施的安全；⑧管理设施落后等。

1. 运行中存在问题

水库建成后不久，就暴露出一些影响正常运行的安全问题，尽管采取过灌浆、开挖导渗沟、增设减压井、黏土铺盖等处理措施，但未解决根本问题。

水库一直存在坝基渗漏和绕坝渗漏，两坝头尤为严重，右坝头渗漏造成坝下游耕地大面积沼泽化，左坝头下游耕地也有沼泽现象，随库水位升降，沼泽范围亦随之变化，最大达 60 余亩①。1981 年第三阶段大坝加高扩建时，在 0+210~0+340 段坝内坡脚外 5.0m 处，挖筑了黏土防渗墙，深 2.5~3.5m，长 130m。1986 年，在桩号 0+200~0+450 段、0+900~1+005 段、1+020~1+090 段做黏土铺盖，顺水

---

① 1 亩≈666.67m²。

流方向长 100～120m，厚 1～4m。

2000 年，在下游坝脚 0+080～0+500 处开挖了长 420m 的导渗沟，并增设 3 眼减压井。2000 年 8 月，在桩号 0+080m、距坝脚下游 83m 处发现一个涌水口，直径为 50mm，下探深度为 2.9m，出水量为 69m³/h 左右。同时伴有大量翻砂冒浑水和少量砾石翻出现象。2001 年 4 月，上游库水位为 120.00m 时，桩号 0+080 泄水洞下游消力池发现 4 个出水点，总涌水量约 40m³/h，其中最大孔为浑水。大坝 0+100～0+400 段下游 100m 处的冲沟西侧存在多处漏水点等。后对左坝头 0+000～0+350 段、右坝头 1+000～1+176 段进行帷幕灌浆处理，灌浆后，下游消力池渗水明显减少，但下游 83m 处无变化。其总渗漏从蓄水初期的 30L/s 逐渐增大（库水位达到 120.0m），到 2000 年，增大到 500L/s。

2. 枢纽区工程地质条件

水库建库之时未开展工程地质勘察，1984 年补做了部分地质勘察。

本区阶地的形成主要受新构造运动和河流的不断下切影响，大致分为四级阶地，阶地的组成具有明显的二元结构，左岸和右岸一致。二级阶地主要由黏土和亚黏土组成，三级和四级阶地界面主要由砾岩、泥岩组成，但河流演变过程由北向南移动，表现为侵蚀阶地。

大坝上游段垂直于河流方向，河道右岸地形较高（127.00m 以上），左岸地形较低且平坦（125.00m 左右）。河谷位于大坝桩号 0+600 左右，谷宽约 400m，谷底高程 102.00m，堆积有现代河流搬运沉积的黏性土和无黏性土。由于大坝上游主河槽由北西折向南东，河流冲刷坝址右岸，使下部新近系砾岩裸露，而坝址右岸阶地漫滩发育，坝址区横断面形成了不对称的"V"形谷。

垂直于河谷向两岸坝址区砾岩层逐渐加厚，平行于河谷方向由西向东砾岩层有逐渐增厚趋势。地层产状平缓，走向 93°～95°，倾向北东，倾角 3°～4°，但靠左岸倾角为 10°，基本组成略有波浪起伏的单斜构造。

3. 地层岩性

本区地层简单，主要为第四系中更新统（Q_2^{el-al}）和新近系上新统鹤壁组（N_2h），两层呈不整合接触，沿坝轴线地质剖面图和横剖面图分别见图 4.1-3 和图 4.1-4。分述如下：

1）第四系中更新统（Q_2^{el-al}）

本层为褐红-浅黄色的黏土和粉质黏土，块状构造，半成岩，水湿后具有黏性。结构较为疏松，孔隙发育，含少量的砾石、钙质结核和贝壳残片等杂物，下部常含有下伏基岩碎块；上部有一新近沉积的灰褐色粉质黏土，厚度 0.5～2m，并夹有中细砂薄层，内含腐殖质及植物根系等杂物，土质疏松。本层孔隙比一般为

0.771，干容重为 15.2kN/m³。本层厚度 7.0m 左右，分布于河槽表面和阶地。

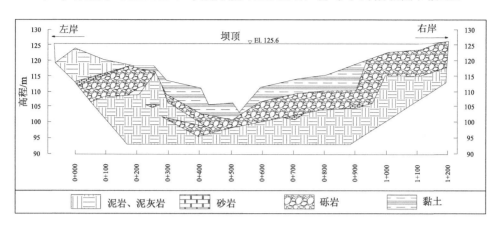

图 4.1-3　大坝地质剖面图

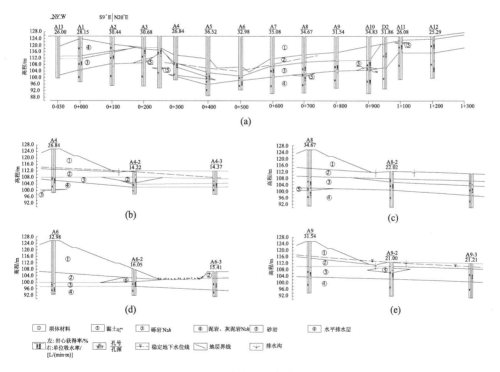

图 4.1-4　大坝地质横剖面图

2)新近系上新统鹤壁组(N_2h)

(1)砾岩。青灰色厚层状，钙质、泥质胶结；砾石成分 95%以上石灰岩，次为砂岩；粒径一般为 20～40mm，大者可达 60～70mm，磨圆度较好，分选性较差。胶结程度悬殊较大,根据钻探中所提取的岩心分析,一般为散状,个别为短柱状。根据区域地质资料和勘探结果表明,此层分布不稳定,时厚时薄或尖灭,常呈透镜体状分布于表层或泥岩与泥灰岩之间,局部夹有薄层砂岩,厚度变化较大,一般为2.0~8.0m。砾岩层在右岸120.0m高程以上裸露于地表,在左岸0+300左右于上游120.00m和下游115.00m高程左右也有露头可见;处于河谷部位的砾岩层表面不同程度地被第四系中更新统地层所覆盖。该层为强透水层。

(2)泥岩、泥灰岩。其中泥岩为灰白、棕黄色花斑状,含钙质砂质泥质,具有铁质侵染现象,干燥时易崩裂,湿润时易软化;泥灰岩为褐黄、灰白色,风化后常形成疙瘩状;次有褐黄、灰绿色相间的花斑状钙质、泥质砂岩。本层的层次相间出现,为半成岩,湿润时具有膨胀性,干燥时具有崩裂现象,最大揭露厚度15m,为不透水层(隔水层)。泥岩在左岸0+000~0+350上部地表出露,直接与坝体接触,下部埋藏于砾岩层以下,其他部分均埋藏于新近系砾岩下部。

4. 水文地质条件

坝址区内的主要含水层(透水层)为新近系砾岩,相对隔水层为新近系泥岩-泥灰岩层和第四系红色黏性土,其水文地质条件较为简单。

1)地下水的类型及其分布

坝址区所揭露的地下水以承压水为主,主要分布有砾岩承压水,其含水层承压水头高程为108.00~112.40m。地下水随库水位升降以及水压的传递而变化,流向下游。形成了坝址区下游的地下水呈承压水状态。

2)含水层与隔水层的关系

坝址区相对隔水层为新近系泥岩-泥灰岩和第四系黏土,其水文地质条件较为简单。隔水层顶板高程为100.00~108.00m(河谷部位),大坝下游隔水层顶板主要为泥岩,其次为黏性土,厚度为3.0~8.0m。红黏土层主要为轻粉质壤土,厚度6.0m左右,渗透系数$1.2×10^{-8}$~$3.5×10^{-7}$cm/s,可视为上层相对隔水层,分布于河槽表面和阶地,直接与坝体接触。

砾岩层厚度一般为7.0m左右,最大厚度15.0m,最小为1.6m,一般7.0m左右,其单位吸水量最大可达4.040L/(min·m·m),最小为0.091L/(min·m·m),一般为0.134~0.844L/(min·m·m),由大坝上游入渗途经砾岩流向下游河谷排泄。隔水层底板为泥岩,其厚度较大。泥岩-泥灰岩层,揭露厚度15.0m左右,其透水率为0.0~0.8Lu,基本形成下部隔水层。

5. 运行过程中采取的措施

受坝基砾岩层渗漏等不利地质条件影响,水库建成蓄水运行后,一直存在坝基渗漏和绕坝渗漏问题,尤其是两坝肩更为严重。右坝肩因渗漏问题造成输水洞底板返砂冒水、下游耕地大面积沼泽化和坝顶明显沉降。

虽经挖筑黏土防渗墙、开挖导渗沟、增设减压井和帷幕灌浆等处理措施，但根据水库资料记载，大坝渗流量呈逐年增大趋势，从开始的 30L/s 逐渐增大到除险加固前的 500L/s。当库水位升高至 120.00m 时，坝基有不同程度的渗漏问题，从而使桩号 0+400 和 0+600 坝后坡脚分别出现了排泄区和出水点，0+700～1+000 下游耕地呈现了地面沼泽区，渗漏点的位置见图 4.1-5。

图 4.1-5　大坝下游面沼泽化区域

运行过程中采取了一系列措施减少渗漏，均未能根除大坝下游漏水、沙沸、耕地沼泽化等问题，具体如下：①坝基渗漏、绕坝渗漏严重，坝下游耕地大面积沼泽化，严重威胁坝体安全；②下游排水体效果逐渐减弱，坝体浸润线偏高。

4.1.2.2　成因分析

1. 坝基部分

水库建坝时，坝体直接坐落在自然沉积的黏性土上，未经过清基或清基不彻底，其中坝基黏性土为河流搬运自然沉积物，虽以黏性土为主，但是结构疏松，孔隙发育，含有大量的砂粒、砾石和钙质结核，并夹有中细砂薄层，透水性较强，这是造成主河槽段坝基渗漏的主要原因之一。

左岸坝头 0+000～0+250 台地段，坝基为新近系的泥岩-泥灰岩层，厚度为 7.0m 左右，泥岩-泥灰岩以下为砾石层，单位吸水量最大为 1.25L/(min·m·m)，从勘探资料看(图 4.1-3 和图 4.1-4),与上述出水点无补给关系。

0+250～0+350 段,新近系砾岩在坝上游 120.0m 高程和下游 115.0m 高程在地表裸露,由于砾岩层破碎严重,孔隙发育,对流水通道的扩展起到一定的作用。当库水位升高时,水流由上游入渗,通过砾岩层至下游排出。由于砾岩周围分布着泥岩和红黏土,起到隔水作用,渗水由二者之间返出地面。

0+350～0+500 段、0+700～0+950 段,坝基红黏土厚度 4.0～8.0m,与下伏砾岩层虽无直接的水力联系,也未发现明显的漏水现象,但砾岩层的渗漏问题是不可否认的。根据地下水观测情况,地下水变化随库水位变化明显。

0+500～0+700 河槽段,坝基红黏土厚度为 6.0m 左右,库水位的升高增大了坝基和坝后的扬压力,使其坝后坡脚河谷右侧出现了出水点,水量可达 $0.01m^3/min$ 左右。当库水位增高时,地下水无明显变化。

右岸 0+950～1+200 台地段最大坝高仅 3.8m,砾岩裸露地层,厚度 8.0～15.0m,漏水严重,单位吸水量最大可达 4.04L/(min·m·m)。库水由上游入渗,于下游砾岩和红黏土接触部位排出地表,流入 0+700～1+000 下游耕地,使地面沼泽化。

2. 坝肩

左坝肩为新近系泥岩-泥灰岩地层,分布厚度较大,起到隔水作用,与绕坝渗漏问题关系不大。右坝肩为新近系砾岩,分布厚度较大,胶接不良,风化后呈砂卵石块,层面不规则,裂隙发育,当水库高水位运用时形成了流水通道,亦可造成坝肩的绕坝渗漏问题。

地下分水岭位于左岸 0+250～0+350 及右岸 1+050～1+100 之间,高程分别约为 118.0m 和 124.0m。左岸漏水高程为 107.0～114.0m,右岸漏水高程为 110.0～115.4m。当库水位升至 120.0m 时,左岸渗水呈直线式从坝后坡脚溢出,而右岸绕至 0+700～1+000 坝下游耕地溢出,使大面积耕地沼泽化。

综上,大坝 0+200～0+500、0+800 左右、0+950～1+200 三段属于严重透水—较严重透水层,单位吸水量在 0.1～4.04L/(min·m·m)。0+100 左右、0+600～0+700 段为中等—微透水区,单位吸水量在 0.01～0.1L/(min·m·m)。0+100 左右为极微透水区,单位吸水量小于 0.01L/(min·m·m)。坝基基本上直接坐落在砾岩层面,砾岩层结构性较差,透水严重。此外,筑坝时未对坝基砾岩层上部的天然黏土层进行处理,其内部含有大量的钙质团块,姜石和中粗砂颗粒,其结构松软,透水性强。

可见,造成坝基渗漏的原因有以下三个方面:①坝基先天地质条件差,新近系砾岩透水性较强,黏土层太薄且隔水性能差,几乎无防渗层;②受筑坝时施工条件限制,清基不彻底;部分坝段为水中倒土;③坝基防渗设施及处理不完善,坝前黏土铺盖不连续,质量不均一,未形成连续完成的防渗体系。

4.1.3　除险加固主要内容与实施情况

除险加固工程于 2002 年 10 月 28 日开工，2003 年 5 月 4 日完工并开始蓄水。

4.1.3.1　大坝除险加固措施

除险加固工程分两期施工，一期工程：坝基防渗帷幕灌浆、大坝上游坝坡混凝土护砌、泄洪洞和南、北灌溉洞整修、溢洪道混凝土衬砌；二期工程：输水洞灌浆和大坝监测设施工程，管理设施工程，坝顶及防浪墙工程，总干渠跨溢洪道渡槽拆除重建和防汛公路工程等。

坝基防渗帷幕灌浆工程(图 4.1-6)主要灌浆范围为坝基岩层，纵向范围为左右坝肩向两侧各延伸 100m，即大坝桩号 0-100～1+276，全长 1376m；灌浆孔布设为单排，孔距 2m；帷幕灌浆轴线在距防浪墙 1.8m 处，三序孔施工。设计要求灌浆帷幕透水率小于 5Lu，允许水力坡降为 18，渗透系数小于 $1×10^{-4}$cm/s；根据帷幕承受的最大水头(约 25m)计算帷幕厚度为 1.4～1.6m；在基岩帷幕灌浆前，在坝体与基岩接触带先进行固结灌浆。施工过程中按照设计要求先进行了灌浆试验段的施工，根据试验段的施工成果进行分析，确定各项灌浆施工参数后，开展全段灌浆施工。

原设计垂直灌浆范围为向上包含天然覆盖层并伸入坝体 2m，向下伸入相对不透水的泥岩层 5m。施工过程中根据试验段灌浆效果，考虑坝基与坝体连接部位(天然覆盖层)因建库时采用水中倾土回填筑坝，比较破碎且渗流量较大，不宜采用帷幕灌浆，取消了坝体及天然覆盖层的灌浆。仅对坝基岩层进行灌浆，即 0-100～0+245 段上部深入泥岩、泥灰岩中 2m，0+245～1+276 段以砾岩层的上界面为界。变更后灌浆 8500 延米，较原概算灌浆 13 357.5 延米减少 4857.5 延米。

坝基防渗帷幕灌浆工程完工后打检查孔压水试验，对施工质量进行检测。共计完成检查孔 69 个，压水试验 202 段，有 200 段透水率小于 5Lu，2 段大于 5Lu，其值为 5.8Lu 和 7.5Lu，分别位于桩号 0+237(J1-4)和桩号 0+325(J1-8)处，总体来看，灌浆质量满足规范和设计要求。

坝基防渗帷幕灌浆工程实施后，在同水位时坝基渗流量较之前最高的 500L/s 减少为 58L/s；原来库水位达到 119.00m 时，坝下游主河槽右侧即出现大面积耕地沼泽化，工程实施后，库水位达到 121.30m，坝下游主河槽右侧也未出现沼泽化。可见，坝基灌浆大大减少了水库的渗流量，消除了水库下游耕地大面积沼泽化，估算一般年份可较除险加固前多蓄水 360 万 m^3，增加有效灌溉面积 6000 多亩，工程效果明显。

然而，天然覆盖层及坝体未做处理，坝体坝基仍然存在接触渗透破坏隐患。防渗工程结束后的渗流量观测和检查孔资料表明：大坝右岸漏水量微小，但左岸尤其是 0+500 以左漏水量仍较大，且与库水位相关，检查孔钻至接触带有渗透压力；溢洪道下游也出现集中渗漏，但流量相对稳定。

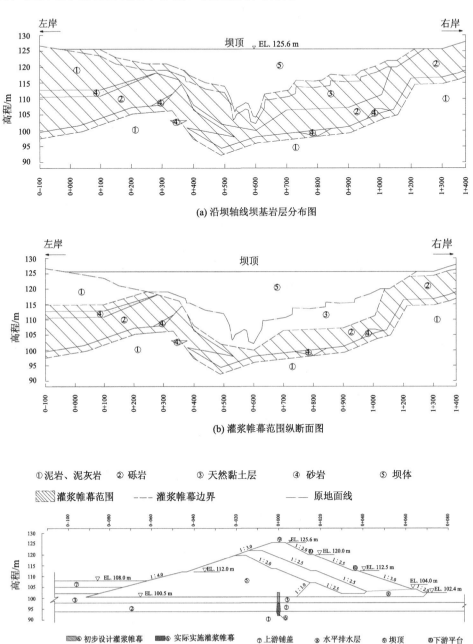

(a) 沿坝轴线坝基岩层分布图

(b) 灌浆帷幕范围纵断面图

① 泥岩、泥灰岩　② 砾岩　　③ 天然黏土层　④ 砂岩　　　⑤ 坝体

▨灌浆帷幕范围　---灌浆帷幕边界　　——原地面线

(c) 灌浆帷幕范围横断面图

图 4.1-6　帷幕灌浆布置图

通过对主河槽段补做的 6 个检查孔(0+495～0+639)天然覆盖层的注水试验,8 组试验中, 5 组微透水, 1 组极微透水, 2 组中等透水, 渗透系数 1.7×10^{-7}～4.5×10^{-4}cm/s, 说明主河槽段天然覆盖层透水率极不均匀, 局部透水率偏大。原因如下：①主河槽段当初建坝时未清基而直接在天然覆盖层上碾压；②该坝段有一部分属水中倒土, 施工质量差。此外, 帷幕灌浆工程 0+680～0+700 试验段在灌浆施工过程中, 由于压力过大, 出现坝体沿坝轴线劈裂现象, 坝顶裂缝长度总长达 68m, 最大裂缝宽 10mm。

针对上述问题, 参照坝基砾岩强透水层同类工程处理经验, 水平铺盖防渗效果并不理想, 而更适宜采用垂直防渗方案。水库为已建水库, 坝型为均质土坝, 坝基加固适合采用帷幕灌浆。帷幕灌浆的位置选在坝顶, 沿坝轴线防线布置灌浆孔。同时, 当坝基下存在明显的相对隔水层且埋藏深度不大时, 帷幕应深入相对隔水层 5m。坝基相对不透水层为泥岩-泥灰岩层, 最大埋深为 32m, 适合做成封闭式帷幕。考虑到大坝两岸岸坡有绕坝渗流, 下游有明显的出露点, 灌浆防渗帷幕深入两岸, 延伸长度至正常高水位与相对不透水层在两岸的相交处, 根据地质勘察报告, 经分析计算灌浆帷幕向两岸各延伸 100m。

为此, 确定帷幕灌浆的范围为大坝桩号 0-100～1+276, 上下边界如下：底部至深入相对不透水的泥岩、泥灰岩 5m, 上部至坝体回填土 2m, 初步确定的范围如图 4.1-6 所示。帷幕的设计单位吸水量小于 0.05L/(min·m·m), 渗透系数小于 1×10^{-4}cm/s。允许水力坡降为 18, 根据帷幕承受的最大水头(约 25m), 计算帷幕厚度为 1.4～1.6m。帷幕灌浆轴线定在距防浪墙 1.8m 处。

根据帷幕厚度, 确定采用单排孔。为进一步了解坝基材料的可灌性和灌浆效果, 开展灌浆试验, 试验内容为浆液浓度、配比、灌浆压力、吸水量与注灰量相应变化情况, 分析各序孔吸水率与注灰量的顺序递减情况, 确定合理孔距。

4.1.3.2　除险加固措施与实施情况

试验位置选择具有代表性的坝段, 并将试验位置结合坝基帷幕灌浆。通过地质资料分析, 选取 3 个试验段。具体地, 第一段位于桩号 0+200～0+230, 该段 0+200 处吸水量值为 1.25L/(min·m·m), 属严重—较严重透水区；第二段位于桩号 0+680～0+700, 该段 0+700 处吸水量值为 0.097L/(min·m·m), 属中等—微透水区；第三段位于桩号 1+100～1+130, 该段 1+100 处吸水量值为 0.782L/(min·m·m), 属严重—较严重透水区。灌浆试验孔最终孔距定为 2.0m, 分三序钻灌。考虑坝体的安全, 在帷幕灌浆前, 应在坝体与基岩接触带进行固结灌浆, 固结灌浆控制灌浆压力, 待固结灌浆完成后, 再进行下部帷幕灌浆。灌浆孔分两序孔次, 先疏后密, 施工工序按钻孔、冲洗、压水试验、灌浆、封孔等工序执行。基岩内灌浆长度根据各坝段吸水量确定, 对于强、中等透水层, 灌浆段长度控制在 5m、3m 左右。开灌水泥浆浆液水灰比为 5：1，之后逐渐由稀到稠。当注入率≤0.4L/min 时注 60min，当注入率≤0.1L/min 时注 90min，即可结束灌浆。

到 2002 年 12 月 2 日，0+680～0+700 段在试验期间灌第 394 孔时发生坝体劈裂而中途不得不停止该段试验。灌浆试验成果如表 4.1-1 所列。可以明显看出，0+200～0+230 试验段各岩层透水率均满足设计要求；1+100～1+130 试验段除泥岩层透水率满足设计要求外，各砾岩层透水率均不满足设计要求。

表 4.1-1 灌浆试验段透水率

试段范围	桩号	孔深/m	段长/m	岩性	透水率/Lu	设计透水率/Lu
0+200～0+230	0+203	22.8	7.74～12.74	砾岩、泥岩	1.31	
			12.74～17.74	砾岩	0.2	<5
			17.74～21.5	泥岩	0.09	
	0+227	21.5		砾岩、泥岩	1.14	
			7.0～12.0	砾岩、泥岩	0.82	<5
				泥岩	0.36	
1+100～1+130	1+101	14.2	2.0～5.6	砾岩	61.11	
			5.6～9.2	砾岩	24.6	<5
			9.2～14.2	泥岩	0.13	
	1+125	14.0	1.26～4.76	砾岩	92.93	
			4.76～9.0	砾岩	9.22	<5
			9.0～14.0	泥岩	1.61	

在左、右坝段分别再增设两段试验段。增设试验段桩号为 0+564～0+580 和 0+885～0+901。灌浆分段方法：砾岩层上部分两段，段长分别为 2m、3m，以下各段按 5m 控制，但对于透水性较大的基岩（大于 10Lu），灌浆段长不超过 3m。各试验段上部两段采用自上而下灌浆方法施工，下部各段根据施工人员、机械情况，可采用自上而下灌浆方法施工，也可采用自下而上灌浆方法施工。

参照前段试验数据，结合有关技术资料，按照孔深分段提出压力范围（表 4.1-2）。新增试验段 0+564～0+580 和 0+885～0+901 施工结束后，分别在两段内各打一检查孔，检查结果均满足设计要求。

之后，进行了设计变更：取消坝体及天然覆盖层的灌浆（原设计天然覆盖层及向上伸入坝体 2m 范围灌浆），仅对坝基岩层进行灌浆。即 0-100～0+245 段上部深入泥岩、泥灰岩中 2m，0+245～1+276 段以砾岩层上界面为界，取消天然覆盖层的灌浆。变更后灌浆 8500 延米，较原概算灌浆 13357.5 延米减少 4857.5 延米。

表 4.1-2　灌浆压力参考值

孔深 h	上两段/MPa			以下各段/MPa		
	P_0	M	p	P_0	m	p
0~2	0	0.015~0.025	0.14~0.16			
2~5	0	0.015~0.025	0.14~0.16	0.05~0.15	0.02~0.035	0.14~0.27
5~8	0	0.015~0.025	0.14~0.16	0.05~0.15	0.02~0.035	0.18~0.38
8~11	0	0.015~0.025	0.14~0.24	0.05~0.15	0.02~0.035	0.24~0.48
11~14	0	0.015~0.025	0.19~0.31	0.05~0.15	0.02~0.035	0.30~0.59
14~17	0	0.015~0.025	0.23~0.39	0.05~0.15	0.02~0.035	0.36~0.69
17~20	0	0.015~0.025	0.28~0.46	0.05~0.15	0.02~0.035	0.42~0.80
20~23				0.05~0.15	0.02~0.035	0.48~0.90
23~26				0.05~0.15	0.02~0.035	0.54~1.01
26~29				0.05~0.15	0.02~0.035	0.60~1.11
29~32				0.05~0.15	0.02~0.035	0.66~1.22
32~35				0.05~0.15	0.02~0.035	0.72~1.32

灌浆统计汇总数据见表 4.1-3。0-000~0+600 段灌浆孔 345 个，总水泥用量 533t，平均耗灰量 120.69kg/m，砾岩层单位注灰量Ⅰ、Ⅱ、Ⅲ序孔 145kg/m、179kg/m、109kg/m。0+600~1+276 段灌浆孔 339 个，总水泥用量 682t，平均耗灰量 169.09kg/m，砾岩层单位注灰量 204kg/m，泥岩层平均单位注灰量 105kg/m。

表 4.1-3　灌浆统计汇总表

岩性	灌浆压力/MPa	灌入量/(kg·m)		
		一序孔	二序孔	三序孔
砾岩、泥岩	0.05~0.1	5.0~230.9	3.0~11.0	2.0~24.5
砾岩	0.1~0.25	74.4~360.2	85.3~416.7	3.9~22.5
泥岩	0.2~0.3	3.6~182.3	3.3~149.6	0.4~4.2

4.1.4　除险加固效果分析

4.1.4.1　灌浆检查孔成果分析

2003 年 8 月 30 日库水位达到 111.71m 时，下游主河槽开始有渗漏现象发生，并随着水位升高，下游漏水量逐渐增大。从现场看，大坝 0+250~0+350 段，库水位在 121.00m 时，下游有小面积沼泽地出现；当水位 119.50m 时，0+800 以南坝脚排水沟有明流；南灌溉洞出口处渠底有涌水现象；大坝左端泄洪沟有渗漏点和管涌，渗流量随水位的升高而增加。下游渗漏点的数量、位置和高程于灌浆前没有什么变化。当库水位达到 121.0m 时，下游渗流量为 0.12m³/s，而除险加固前，相同水位下的下游渗流量为 0.42m³/s。此外，加固前，当库水位超过 120.0m 时，大坝下游 0+300～0+400 段会出现大面积沼泽，目前下游未出现此现象。

1. 检查孔成果

为分析渗漏原因，查明渗漏部位，沿坝轴线在灌浆情况反常部位增设检查孔，重点检查覆盖层与基岩接触带的渗漏情况，以及帷幕灌浆质量。2003 年 11 月 23 日～12 月 24 日共完成 6 个增设检查孔，钻探进尺 159.8m，压水试验段 18 段，具体情况列于表 4.1-4 和图 4.1-7。其中，0+753 桩号 J6 孔下游有一漏水点；0+609 桩号 J5 下游有漏水点、出露点，与接触带高程接近；0+261 桩号 J1 下游有漏水点多达 5 个；0+033 桩号 J3 单位注灰量高达 1080kg/m。

表 4.1-4　增设灌浆孔与相邻检查孔压水试验成果对比表

孔号	桩号	岩性	钻孔深度/m	压水试验/Lu		
				检查孔	前灌浆孔	后灌浆孔
J1	0+261	砾岩	13.2	15.2	23.4～46.7	21.5～41.4
		泥岩	18.2	0.27	29.7	3.4
J2	0+065	泥岩	13.0	0.7	0.8	0.6
		砂岩	14.8	1.6	26.0	1.1
		砾岩	19.6	2.8	61.4	7.0
		泥岩	24.6	0.17	0	0.3
J3	0+033	泥岩	12.0	1.7	1.09	1.61
		砂岩	15.0	1.2	37.74	6.0
		砾岩	19.8	4.0	1.22	48.1
		泥岩	24.8	0	0	0
J4	0+565	砾岩	27.0	9.7～39.1	14.9～27.1	24～25.6
		泥岩	32.0	0.6	1.3	0.9
J5	0+609	砾岩	26.8	30.8	30.32	22.11
		泥岩	31.8	1.36	6.26	3.62
J6	0+753	砾岩	23.4	3.6～12.2	81.1～178.7	16.1～28.7
		泥岩	28.4	0.29	7.66	11.23

基岩分段进行压水试验，各检查孔地层岩性、压水试验及灌浆成果，详见表 4.1-4。可以看出，压水试验结果与灌浆前的相比，透水率有了明显的减少，说明帷幕灌浆有一定的效果，但检查孔 J1、J4、J5、J6 砾岩段的透水率大于 5Lu，仍不能满足设计要求。结合地质资料综合分析，当砾岩层为钙质、砂质胶结，其裂缝连通时，灌浆效果较显著；当砾岩层为泥质胶结，裂缝连通性较差时，灌浆效

果不明显,差距大。特别是当裂隙的方向与孔位不一致,即使孔距很小,也达不到理想的灌浆效果。

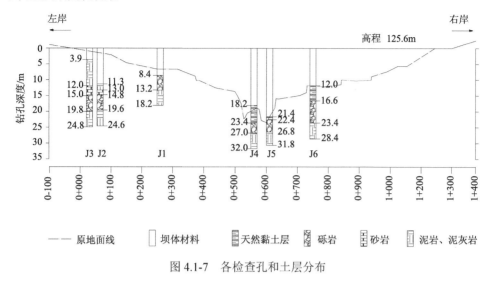

图 4.1-7　各检查孔和土层分布

2. 施工过程中情况分析

检查孔成果分析如下:①检查孔 J1。钻至 9.2m(砾岩段)时,出现地下水,初见水位 9.2m,稳定水位 9.2m,高程为 116.3m(当时库水位 121.3m),较库水位低5.0m,水位未抬升,钻至 13.2m(砾岩与泥岩交界带),砾岩出现塌孔现象。②检查孔 J2。未发现地下水,钻至 19.6m(砾岩与泥岩交界带),砾岩出现塌孔现象。③检查孔 J3。未发现地下水,砾岩未出现塌孔现象。④检查孔 J4。钻至 23.2m(覆盖层与砾岩接触带)时,出现地下水,初见水位 9.52m,稳定水位 9.63m,高程为115.97m(当时库水位 121.3m);砾岩未出现塌孔现象。⑤检查孔 J5。钻至 22.4m(覆盖层与砾岩接触带)时,出现地下水,初见水位 12.4m,稳定水位 11.5m,高程为114.1m(当时库水位 121.3m);砾岩未出现塌孔现象。⑥检查孔 J6。钻至 16.2m(覆盖层)时,出现地下水,初见水位 12.4m,稳定水位 11.5m,高程为 114.1m(当时库水位 121.3m);在进行 16.6～20.0m 砾岩试验段的压水试验时,坝面两处冒水;砾岩未出现塌孔现象。

4.1.4.2　安全监测成果分析

1. 安全监测仪器布置

除险加固前,大坝布设监测设施有坝体浸润线和坝基渗透压力观测管。但监测资料缺失。除险加固新安装 26 套测压管,用于坝体和坝基的渗透压力观测,其中坝基渗透压力观测管 18 套。在桩号 0+400、0+595 及 0+800 处布设 3 个监测断面，每个断面设置 6 个测压管，即上游坝肩 1 根，下游距坝轴线 8.3m 处 1 根，一级平台处 1 根，坝体排水体上游端 1 根，进水段均设在砂岩层中；另在上游坝肩处及坝体排水体下右侧各设 1 根，进水段设在坝基黏土覆盖层中，与该处砾岩层中测压管并排布置，间距 1m。砾岩层中测压管底部深入砾岩层 2m，坝基黏土覆盖层中测压管底部深入黏土覆盖层 4m。同时，布置有渗流量观测。在坝后排水沟的直线段上以及两坝肩排水沟向主槽回流处不同部位共设置 7 个量水堰。渗流监测设施布置平面和横剖面图分别如图 4.1-8(a) 和 (b) 所示。大坝监测设施于 2005 年 7 月 5 日～9 月 5 日安装埋设。环境量(包括库水位、降雨量)过程线如图 4.1-9 所示；各横断面坝基测压管水位时间序列过程线分别如图 4.1-10 和图 4.1-11 所示。测压管的监测资料时间序列为 2006 年 1 月～2014 年 12 月。

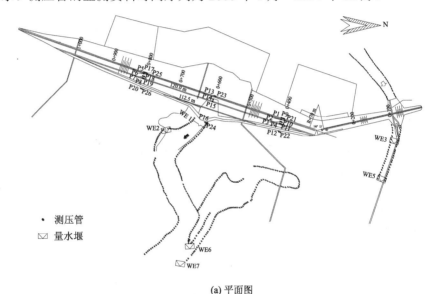

(a) 平面图

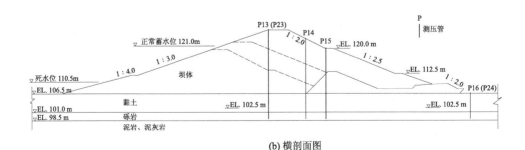

(b) 横剖面图

图 4.1-8　渗流安全监测设施布置图

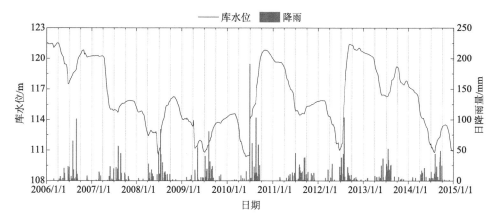

图 4.1-9　环境量变化过程线

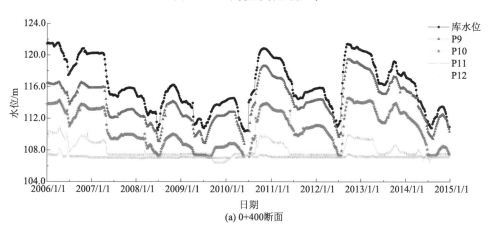

(a) 0+400断面

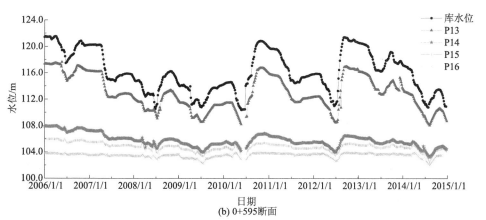

(b) 0+595断面

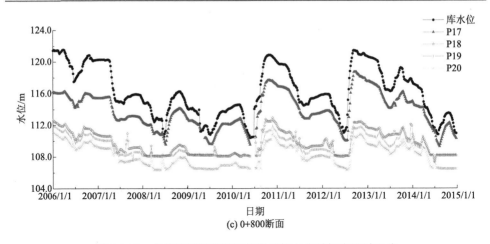

(c) 0+800断面

图 4.1-10　各横断面坝基砾岩层测压管水位时间序列过程线

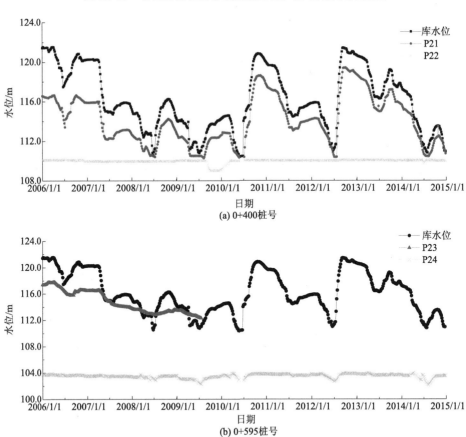

(a) 0+400桩号

(b) 0+595桩号

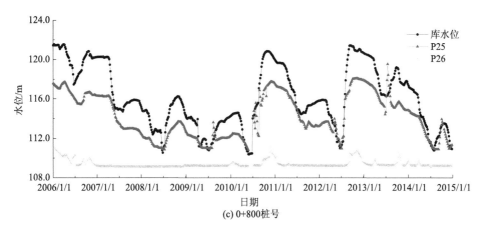

(c) 0+800桩号

图 4.1-11　各横断面坝基黏土层测压管水位时间序列过程线

2. 渗流量监测资料分析

各监测点渗流量及渗漏总量的过程线见图 4.1-12，总渗流量与库水位的关系见图 4.1-13。渗流量主要受库水位影响，受降雨影响不明显。当库水位超过 114.00m 时，坝后开始有明显渗流出溢。这与渗流量监测设施布置有关，观测到的渗流量包含了坝基潜流部分。同时还可看出，渗流量与库水位呈一定的幂函数关系，符合一般土石坝的渗流量与库水位的相关关系规律。除险加固后，正常蓄水位时，坝体总渗流量约为 120.0L/s，通过坝基防渗灌浆，减少了水库的渗流量。

3. 坝基测压管监测资料定性分析

北排 0+400、中排 0+595、南排 0+800 监测断面坝基砾岩层、黏土层测压管水位与库水位的相关性分别如图 4.1-14 和图 4.1-15 所示。

中排 0+595、南排 0+800 监测断面砾岩层的各测压管水位均随库水位升降而升降，同步性较好，测值从上游往下游逐渐减少，与库水位的相关性依次降低，但总体看相关性均较高，相关系数均大于 0.91。帷幕两侧的测压管 P17、P18 间存在较大的水头差，帷幕效果较为显著。黏土层坝顶上游侧测压管与砾岩层相应处的测压管变化规律相似，但 P25 近年来存在个别峰值现象，结合过程线中的降雨量可以看出，测压管也受到一定的降雨灌入影响。比较下游排水体外侧黏土层的测压管水位可看出，该处黏土层的测压管水位相比砾岩层的略高。

北排 0+400 断面砾岩层的测压管 P9、P10，以及黏土层的测压管 P21 与上游库水位线变化规律相似，随库水位升降而升降，与库水位的同步性和相关性均较好，

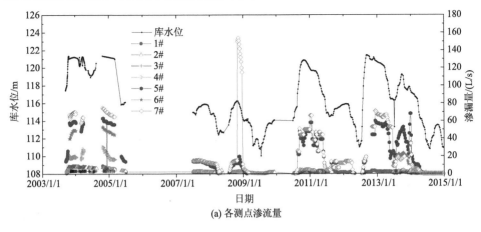

(a) 各测点渗流量

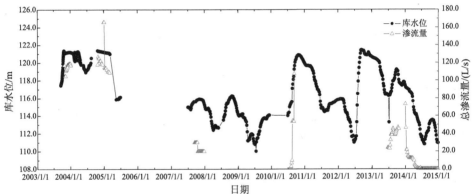

(b) 坝基渗漏总量

图 4.1-12 渗流量时间序列过程线

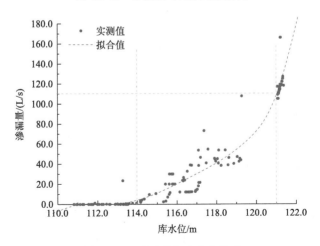

图 4.1-13 渗流量与库水位关系

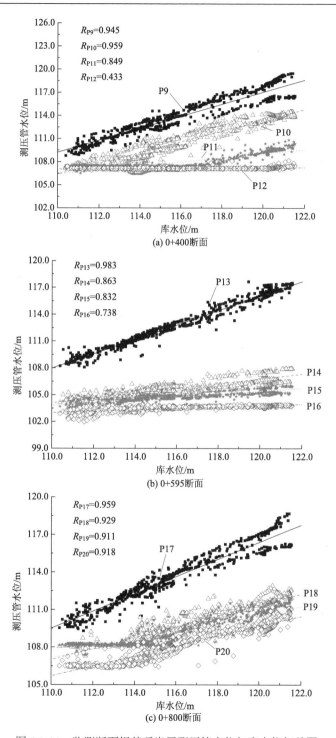

图 4.1-14　监测断面坝基砾岩层测压管水位与库水位相关图

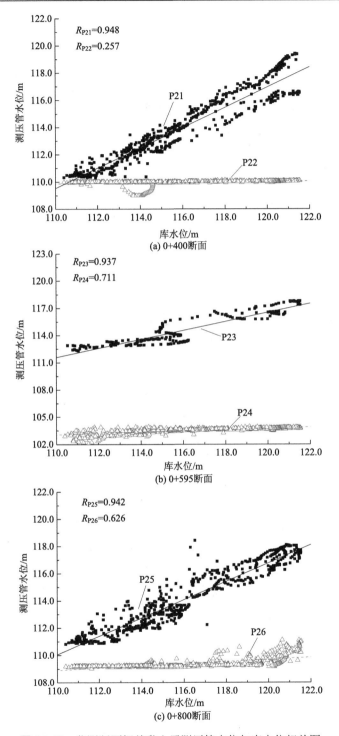

图 4.1-15 监测断面坝基黏土层测压管水位与库水位相关图

其相关系数均大于 0.94。砾石层、黏土层下游排水体外侧的 P12、P22 的水位均
基本稳定不变，测值接近管底高程，估计为管内沉淀管内积存水。一级平台处的
测压管 P11 介于以上之间，表现出一定的随库水位升、降的趋势，但不显著；帷
幕两侧的测压管 P9、P10 水位下降不显著。从布置的坝肩、下游排水体外侧的测
压管过程线看，坝基砾岩层和黏土层表现出类似的趋势，但下游侧砾岩层测压管
水位仅在上游库水位高于 120.00m 时会有上升，其余时段与库水位相关性较差；
此外，黏土层测压管水位较高，符合一般规律。

　　计算分析坝基各测压管位势。选择库水位为 118.00～121.54m 时基本达到稳
定渗流时计算分析各测压管水位位势。各监测断面位势与库水位的相关性、不同
年份的位势平均值过程线分别如图 4.1-16 和图 4.1-17 所示。

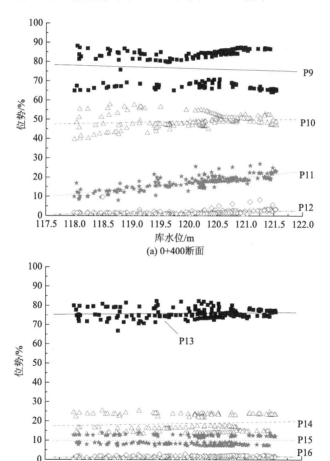

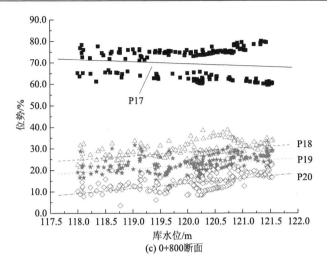

(c) 0+800断面

图 4.1-16 坝基砾岩层各测压管位势和库水位相关图

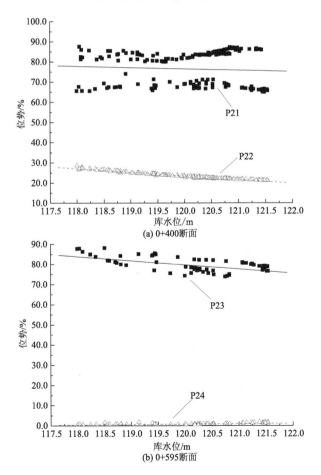

(a) 0+400断面

(b) 0+595断面

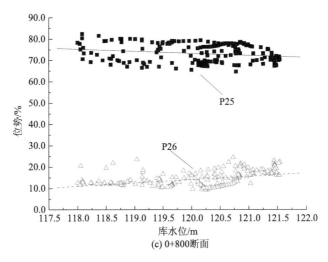

(c) 0+800断面

图 4.1-17　坝基黏土层各测压管位势和库水位相关图

在不同库水位下，各测压管的位势变化不大。如前定性分析，中排、南排表现出相似的位势变化规律，分别为 75%→18%→10%→1%、70%→28%→14%→10%，北排为 75%→50%→15%→2%，南排、中排砾岩层的位势在帷幕处有一个突变，帷幕下侧测压管的位势分别为 28%、18%；北排砾岩层的各测压管位势依次逐渐降低，帷幕下游侧的测压管 P10 处的位势约为 50%；说明 0+400 断面帷幕防渗效果不显著，坝基砾岩层与覆盖层间接触带漏水严重。

由坝基测压管测值推算坝基砾岩层、黏土层中的渗透坡降。选取接近正常蓄水位 121.00m 的工况，计算断面的渗透坡降，结果列于表 4.1-5 和表 4.1-6。

表 4.1-5　坝基砾岩层的平均渗透坡降

横断面	运行工况	项目	结果			
桩号　0+400	正常水位 (2012/11/26)	观测点	P9	P10	P11	P12
		距离/m	—	11.3	6.0	19.0
		水头/m	119.18	114.13	109.61	107.23
		水头差/m	—	5.45	4.52	2.38
		平均渗透坡降	—	0.45	**0.75**	0.13
桩号　0+800	正常水位 (2012/11/26)	观测点	P17	P18	P19	P20
		距离/m	—	11.3	6.0	18.0
		水头/m	117.90	112.10	111.35	110.29
		水头差/m	—	5.80	0.75	1.06
		平均渗透坡降	—	0.51	0.13	0.06

横断面	运行工况	项目	结果			
桩号 0+595	正常水位 (2012/11/26)	观测点	P13	P14	P15	P16
		距离/m	—	11.3	6.0	44.0
		水头/m	116.65	106.39	105.21	103.87
		水头差/m	—	10.26	1.18	1.34
		平均渗透坡降	—	0.91	0.20	0.03

注：粗体表示该区域渗透坡降大于允许渗透坡降。

表 4.1-6　坝基黏土层的平均渗透坡降

横断面	运行工况	项目	结果	
桩号 0+400	正常水位 (2012/11/26)	观测点	P21	P22
		距离/m	—	36.3
		水头/m	119.15	110.04
		水头差/m	—	9.01
		平均渗透坡降	—	0.25
桩号 0+800	正常水位 (2012/11/26)	观测点	P25	P26
		距离/m	—	35.3
		水头/m	117.99	110.23
		水头差/m	—	7.76
		平均渗透坡降	—	0.22
桩号 0+595	正常水位 (2012/11/26)	观测点	P23	P24
		距离/m	—	61.3
		水头/m	117.72	103.74
		水头差/m	—	13.98
		平均渗透坡降	—	0.23

4.1.4.3　数值分析

除险加固以来，水库保持在较低库水位运行状态，为预测未来高水位下大坝渗流状态，采用有限元进行渗流计算分析。

结合坝体质量、水文地质、监测设施布置等，选取河槽段主河槽 0+595、左岸 0+400、右岸 0+800 作为渗流有限元计算分析的典型断面。由地质勘察和施工资料可知，大坝分多个阶段加高培厚，桩号 0+500～0+700 合拢段，高程 109.00～113.00m 为水中倒土未经碾压部分，含水量高达 28%，干容重小，坝体质量差。桩号 0+250～0+655 段为 1968 年填筑土料不合格范围，大部分为泥岩和泥灰岩碾压而成，孔隙发育、结构疏松。将坝体断面分为 1958 年、1964 年和 1968 年三个部分，建立的有限元模型分别如图 4.1-18～图 4.1-20 所示。计算断面各区渗透系数初始值根据勘测资料、试验数据及工程经验确定，具体见表 4.1-7。

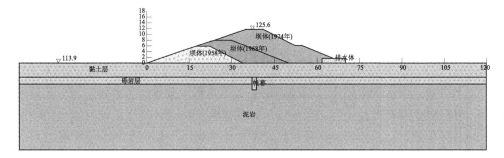

图 4.1-18　0+400 断面有限元网格

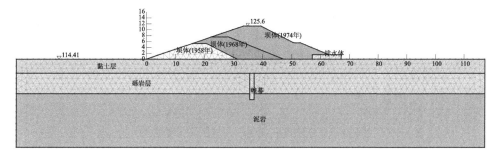

图 4.1-19　0+595 断面有限元网格

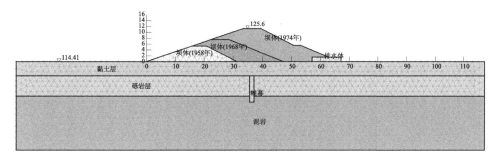

图 4.1-20　0+800 断面有限元网格(高程单位：m)

表 4.1-7　大坝各分区材料渗透系数参考值

材料号	渗透系数分区	渗透系数参考值/(m/s)	允许水力坡降	备注
1	坝体 1(壤土)	$3.0×10^{-6}$	0.15～0.25	水中倒土
2	坝体 2(壤土)	$5.2×10^{-6}$	0.25～0.35	1968 年加高部分
3	坝体 3(砂壤土)	$3.5×10^{-7}$	0.25～0.35	1974 年加高部分

材料号	渗透系数分区	渗透系数参考值/(m/s)	允许水力坡降	备注
4	坝脚排水体	0.1	—	—
5	坝基黏土层	$1.9 \times 10^{-9} \sim 4.5 \times 10^{-6}$	$0.30 \sim 0.40$	渗透性差异大
6	砾岩层	$2.9 \times 10^{-5} \sim 9.5 \times 10^{-5}$	$0.17 \sim 0.22$	透水层
7	灌浆帷幕	$<1 \times 10^{-6}$	10.0	—
8	泥岩	1.8×10^{-6}	—	—

由于较低库水位下坝体浸润线测压管大多观测不到真实的渗透压力。为使渗流计算成果更接近工程实际，依据近年来的监测数据对较高库水位且较稳定情况下的渗流场进行反演分析。在库水位定期平均水位下，根据实测测压管水位反演计算分析调整渗透系数；以调整后的渗透系数对设计洪水位和校核洪水位下的大坝渗流稳定性进行了计算分析。在剔除系统误差以及测量异常值后选择较合理的坝体浸润线监测资料进行计算参数反演。选取河槽段 0+595 断面、台地段 0+400 断面、0+800 断面的 2012 年 11 月 26 日(库水位 121.06m)的坝体、坝基测压管监测资料(表 4.1-8)。计算断面各区渗透系数初始值根据地质勘察资料、试验数据及一般工程经验确定，具体参数见表 4.1-9。反演与实测结果对比见表 4.1-8，反演调整后的渗透参数见表 4.1-9。

表 4.1-8　主坝计算断面测压管实测水位与反演计算结果 　　　　　(单位：m)

断　面	项目	测压管水位			
	测点名	C13	C14	C15	C16
0+595	实测值	116.65	106.39	105.24	103.87
	反演计算值	115.55	106.87	106.23	103.35
	测点名	C9	C10	C11	C12
0+400	实测值	119.18	114.13	109.61	107.23
	反演计算值	116.47	114.36	112.12	109.9
	测点名	C17	C18	C19	C20
0+800	实测值	117.90	112.10	111.35	110.29
	反演计算值	117.33	112.15	111.51	110.05

表 4.1-9　主坝典型断面各分区材料反演的渗透系数 　　　　　(单位：m/s)

断面	材料号	渗透系数分区	渗透系数初始值		渗透系数反演值	
			k_x	k_y	k_x	k_y
0+595	1	坝体 1	5.0×10^{-7}	5.0×10^{-7}	5.3×10^{-7}	5.3×10^{-7}
	2	坝体 2	5.0×10^{-7}	5.0×10^{-7}	3.1×10^{-7}	3.1×10^{-7}

续表

断面	材料号	渗透系数分区	渗透系数初始值		渗透系数反演值	
			k_x	k_y	k_x	k_y
0+595	3	坝体 3	5.0×10^{-7}	5.0×10^{-7}	1.2×10^{-7}	1.2×10^{-7}
	4	坝脚排水体	0.01	0.01	0.01	0.01
	5	坝基黏土层	8.4×10^{-7}	8.4×10^{-7}	1.6×10^{-6}	1.6×10^{-6}
	6	砾岩层	6.6×10^{-5}	3.3×10^{-5}	1.5×10^{-4}	7.5×10^{-5}
	7	灌浆帷幕	3.5×10^{-7}	3.5×10^{-7}	3.5×10^{-7}	3.5×10^{-7}
	8	泥岩	1.0×10^{-7}	1.0×10^{-7}	1.0×10^{-7}	1.0×10^{-7}
0+400	1	坝体 1	5.0×10^{-7}	5.0×10^{-7}	5.0×10^{-7}	5.0×10^{-7}
	2	坝体 2	5.0×10^{-7}	5.0×10^{-7}	6.4×10^{-6}	6.4×10^{-6}
	3	坝体 3	5.0×10^{-7}	5.0×10^{-7}	1.3×10^{-7}	1.3×10^{-7}
	4	坝脚排水体	0.01	0.01	0.01	0.01
	5	坝基黏土层	8.4×10^{-7}	8.4×10^{-7}	1.0×10^{-6}	1.0×10^{-6}
	6	砾岩层	6.6×10^{-5}	3.3×10^{-5}	6.6×10^{-5}	3.3×10^{-5}
	7	灌浆帷幕	3.5×10^{-7}	3.5×10^{-7}	4.8×10^{-5}	4.8×10^{-5}
	8	泥岩	1.0×10^{-7}	1.0×10^{-7}	1.0×10^{-7}	1.0×10^{-7}
0+800	1	坝体 1	5.0×10^{-7}	5.0×10^{-7}	5.0×10^{-7}	5.0×10^{-7}
	2	坝体 2	5.0×10^{-7}	5.0×10^{-7}	2.0×10^{-7}	2.0×10^{-7}
	3	坝体 3	5.0×10^{-7}	5.0×10^{-7}	1.1×10^{-7}	1.1×10^{-7}
	4	坝脚排水体	0.01	0.01	0.01	0.01
	5	坝基黏土层	8.4×10^{-7}	8.4×10^{-7}	1.0×10^{-6}	1.0×10^{-6}
	6	砾岩层	6.6×10^{-5}	3.3×10^{-5}	6.0×10^{-5}	3.0×10^{-5}
	7	灌浆帷幕	3.5×10^{-7}	3.5×10^{-7}	4.0×10^{-7}	4.0×10^{-7}
	8	泥岩	1.0×10^{-7}	1.0×10^{-7}	1.0×10^{-7}	1.0×10^{-7}

　　0+595 断面、0+800 断面的反演计算值结果与渗流监测值吻合较好；由渗流监测资料分析成果，0+400 断面的渗流场水头分布不符合一般规律，参照其他两个断面，初步拟合得到 0+400 断面的渗透参数，各测压管拟合结果不甚理想，计算值仅作为参考。

　　参考《碾压式土石坝设计规范》（SL 274），确定大坝渗流性态分析的计算工况如下：正常蓄水位 121.00m+下游相应的最低水位形成的稳定渗流；设计洪水位 123.51m+下游相应的水位形成的稳定渗流；校核洪水位 124.92m+下游相应的水位形成的稳定渗流。采用图 4.1-18～图 4.1-20 的有限元模型，以及表 4.1-9 中反演的渗透系数，计算河槽段、台地段三个断面在上述工况下相应部位的渗流要素。

　　河槽段 0+595 断面各工况下的渗流场等势线如图 4.1-21 所示，各工况下关键部位的渗流要素见表 4.1-10。计算得到的渗透坡降与监测值计算成果较为接近。

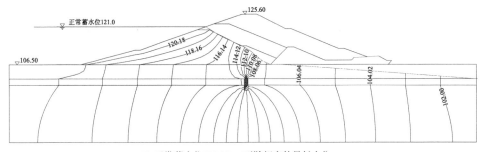

(a) 正常蓄水位121.00m+下游相应的最低水位

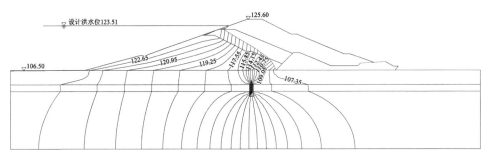

(b) 设计洪水位123.51m+下游相应的水位

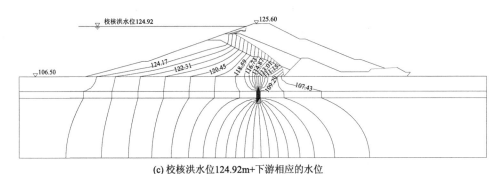

(c) 校核洪水位124.92m+下游相应的水位

图 4.1-21　0+595 断面各工况下浸润线和等势线图(水位和水头单位：m)

表 4.1-10　0+595 断面不同工况下关键部位渗流要素表

计算工况	项目	灌浆帷幕水平坡降		坝基砾岩层水平坡降		渗流量/[m³/(m·d)]
	部位	灌浆帷幕		帷幕下游侧		
正常蓄水位 121.0m	水位/m	上游 114.32	下游 107.95	上游 107.95	下游 107.05	5.39
	水头/m	6.37		0.90		
	坡降	4.25		0.14		

续表

计算工况	项目	灌浆帷幕水平坡降		坝基砾岩层水平坡降		渗流量/[m³/(m·d)]
	部位	灌浆帷幕		帷幕下游侧		
设计洪水位 123.51m	水位/m	上游 116.80	下游 108.95	上游 108.95	下游 108.20	6.66
	水头/m	7.85		0.75		
	坡降	5.23		0.10		
校核洪水位 124.92m	水位/m	上游 117.76	下游 109.09	上游 109.09	下游 108.36	7.61
	水头/m	8.67		0.73		
	坡降	5.78		0.08		

0+400 断面在已知条件下，反演计算值与实测值相差较大，正常水位条件下断面的渗流场分析结果仅作参考，其他工况不做分析。

0+800 断面各工况下关键部位的渗流要素见表 4.1-11。计算得到的渗透坡降与监测值计算成果十分接近。

表 4.1-11　0+800 断面不同工况下关键部位渗流要素表

计算工况	项目	灌浆帷幕水平坡降		坝基砾岩层水平坡降		渗流量/[m³/(m·d)]
	部位	灌浆帷幕		帷幕下游侧		
正常蓄水位 121.0m	水位/m	上游 2.32	下游 -1.95	上游 -1.95	下游 -2.56	1.21
	水头/m	4.27		0.61		
	坡降	2.85		0.12		
设计洪水位 123.51m	水位/m	上游 120.65	下游 117.77	上游 117.77	下游 117.29	1.58
	水头/m	2.88		0.48		
	坡降	1.92		0.20		
校核洪水位 124.92m	水位/m	上游 121.33	下游 118.21	上游 118.21	下游 117.77	1.79
	水头/m	3.12		0.44		
	坡降	2.08		0.25		

从结算结果看，断面黏土层的平均渗透坡降约为 0.22。断面砾岩层靠近灌浆帷幕的两个测压管的渗透坡降均较大，中排更显著，北排相对小。同时，北排帷幕下游侧到一级平台间的渗透坡降最大，达 0.75。根据正常蓄水位计算结果推算该处 1000 年一遇设计洪水位 123.38m 的渗透坡降，其值将达到 0.87。

从上述计算成果可以看出：①0+595 断面、0+800 断面计算的等势线分布符合一般均质土坝的渗流规律，坝体浸润线较低；灌浆帷幕的防渗效果明显，帷幕消耗了大部分水头，砾岩层的渗透坡降略大，但尚在允许值内；0+400 断面计算的砾岩层的渗透坡降略大，结合实测资料，推断设计洪水位、校核洪水位下存在渗透破坏的风险。因此，帷幕防渗效果较好的坝段，坝基砾岩层基本满足渗透稳定要求；防渗效果欠佳的坝段，高水位下局部存在渗透破坏的风险。②水库主要通过坝基砾岩层向下游河床渗水，由于坝基黏土层、砾岩层厚度、不同坝段灌浆帷幕防渗效果存在差异，除险加固后大部分坝段渗流量显著减少，但部分坝段渗流量仍然较大。从表 4.1-10 和表 4.1-11 中的渗流量计算结果看，当库水位在正常蓄水位 121.0m 时，全坝段平均单宽渗流量为 3.3m³/(m·d)，以坝长 1200.0m 计，大坝日渗流量约为 3960m³，年渗流量约为 144.54 万 m³；对比实际库容，水库渗漏损失较大。

通过对大坝渗流场的安全监测资料分析和大坝渗流场的反、正演计算，对大坝渗流安全可得到如下结论和建议。

水库大坝现有测压管少部分受降雨影响，其余大多能正常观测；尤其是坝基测压管取得了较为可靠的监测资料。安全监测资料分析表明，坝区渗流场主要受控于坝基渗流，正常水位及以下，坝体浸润线较低，坝体渗流量较少；正常水位以下，坝基透水远大于坝体透水，主要通过坝基砾岩层潜流向下游渗漏，坝后地下水位处于砾岩层；除排水棱体下游侧的测点外，坝基砾岩层各测点水位与库水位呈现较好的相关性，随库水位升降而升降。

从加固后同水位下的测压管监测资料分析看，坝轴线灌浆帷幕效果较好的坝段帷幕后测压管位势或趋于稳定或略有下降；而部分坝段砾岩层与天然覆盖层间的接触带漏灌或灌浆效果不佳，坝段防渗体系仍存在缺陷，帷幕后的位势偏大，且存在较小的时效趋势。

由于历史原因，大坝防渗体存在先天不足：施工清基不彻底，黏土层较薄，坝基渗漏严重，后经 2002 年对砾岩层进行灌浆处理。结合监测资料和运行管理报告分析，防渗加固后，正常蓄水位以下，水库大坝渗流状态基本正常；坝基年渗流量约为 140 万 m³，通过坝基防渗灌浆，较大程度地减少了水库的渗流量，消除了水库下游耕地大面积沼泽化；但水库库容为 2054 万 m³，年渗流量约占总库容的 6.8%，水库渗漏损失仍然较大。同时，部分坝段灌浆帷幕存在缺陷，未起到预期防渗效果，帷幕后坝基测压管水位偏高，水力坡降和渗流量仍偏大，有一定的局部渗透变形隐患。

测压管目前是大坝渗流安全的最重要监测设备，部分坝体测压管（P2、P5、P6 和 P7）封孔效果不佳，受降雨补给影响较为明显，影响了坝体浸润线测压管监测数据的可用性；个别坝基黏土层测压管（如 P25）也一定程度上受到降雨影响。建议改善测压管管口封孔装置。

除险加固后水库未发生较大洪水，最高水位为 121.54m，略高于正常蓄水位；除险加固后的防渗体系未经受高水位考验，建议高水位运行期加强渗流监测和资料整编分析处理，以确保大坝的安全运行。

针对上述问题，水库正在实施新一轮除险加固工程，主要包括大坝防渗、上下游护坡整修、完善监测、管理等配套设施等。

4.2　鲇鱼山水库

4.2.1　工程概述

鲇鱼山水库位于河南省商城县淮河支流灌河上，控制流域面积 924km^2，不仅担负着淮河干流的错峰任务，还保护着下游商城、固始等十余座城镇、312 国道、沪新高速公路以及宁西铁路的安全。水库为大(2)型，主要建筑物为 2 级，原设计按 100 年一遇洪水设计，1000 年一遇洪水校核，总库容 8.5 亿 m^3。水库以灌溉、防洪为主，结合发电、养鱼等综合利用。

枢纽由主坝、23 座副坝、溢洪道、泄洪洞、灌溉(发电)洞等组成。原水库主坝为黏土心墙砂壳坝，最大坝高 37.5m，坝顶长 1424m，坝顶高程 114.37m，防浪墙顶高 115.37m。副坝坝高 1.8~27m，为均质土坝或心墙坝。溢洪道为深孔闸，进口底高程 96.87m，设 4 孔 12m×11m(宽×高)弧形钢闸门，出口采用挑流消能。泄洪洞、灌溉发电洞为坝下埋管，进口高程 77.87m，主洞洞径 6m，发电支洞洞径 5m。

水库于 1970 年开工兴建，1975 年基本建成。1975 年"75·8"大水后，由于水库防洪标准偏低，1992~1995 年进行了首次应急除险加固，主要是加高大坝，提高水库的防洪能力。主坝建设主要分新建和加固两个阶段。

1. 新建阶段

1969 年原设计主坝长 1424m，其中河槽部分 522m，两岸丘陵部分 902m。黏土心墙砂壳坝，坝顶高程 114.50m，防浪墙顶高程 115.37m，坝顶宽 6m，最大坝高 37.5m。主河槽坝段心墙顶宽 3m，坡比为 1：0.3~1：0.5，与泄洪洞接头处心墙坡率为 1：1。河槽段挖截水槽至基岩，底部铺混凝土底板和混凝土滞水墙。

1970 年 9 月对主坝进行了修改设计，内容如下：①改陡坝坡，原设计上游坡率 1：2.5、1：3、1：3.5 改为 1：2、1：2.5、1：3；下游坡率 1：2、1：2.5、1：3 改为 1：2、1：2.5。②缩小心墙，心墙顶宽由 3m 改为 1.5m；边坡坡率由 1：0.3 改为 1：0.15，当心墙填筑到 85.00m 高程时，坡率又改为 1：0.13，以使心墙顶宽恢复到 3m。③简化防渗，河槽段截水槽底部将原设计混凝土滞水墙(0+122.6~0+338 已浇筑的除外)断面改为"灰拌土滞水"断面，即截水槽完成开挖后，先铺设一层厚 30cm、宽 6m(与截水槽底等宽)的混凝土底板，板下若为强风化基岩，则做混凝土塞深入到弱、微风化岩面，板上做 1：8 的灰拌土小滞水墙，而实际施工未按修改设计，在 0+338～0+427 段只做了混凝土塞，也就是在岩面上设灰拌土滞水墙，0+427 以左坝段岩面为微风化，开挖后直接设两道灰拌土滞水墙，截水槽的边坡上 1∶1 改为 1∶0.5；砍掉左岸坝肩的包山铺盖。④就地取材，坝壳原设计为河砂，修改为坝壳除排水砂带外采用花岗岩风化砂。

2. 加固阶段

1982 年主河槽坝段坝后覆盖层压盖：桩号 0+120～0+560，垂直坝轴线方向宽 70m，压盖顶面高程 79.00m，一般厚 1～2m，有两处深水潭厚 3m。

根据 1991 年 12 月 13 日的审批意见：主坝加高方案改垂直加高为从坝后坡加厚加高，主坝由下游坡 3 级坡变为 4 级坡，原坡率为 1∶2、1∶2.5、1∶2.45 修改为 1∶2、1∶2.25、1∶2.5、1∶2.5，贴坡加高，坝顶高程为 115.37m，防浪墙顶部高程为 116.52m，贴坡填料用花岗岩风化砂、中粗砂，坝脚堆石排水体，下游采用厚 30cm 干砌块石护坡，下设厚 0.2m 碎石垫层，坝顶轴线向下游方向移动 0.5m，加高 1m。此项工程于 1992 年开工，1995 年竣工验收。

加固后的水库大坝（图 4.2-1）防洪标准为 100 年一遇洪水设计，5000 年一遇洪水校核。原设计兴利规模、防洪起调水位与控制运用原则不变。加固后水库总库容 9.16 亿 m³，大坝较原坝高加高 1.0m，坝顶高程 115.37m，防浪墙顶高程 116.52m，最大坝高增为 38.5m，坝顶长 1475.6m。坝顶宽 7m，上下游坝坡均块石砌护，上游坡为三级，由上而下为 1∶2、1∶2.5、1∶3.0，于高程 100.87m、88.87m 设二级戗台，宽 2m；下游坡为四级，由上而下为 1∶2.0、1∶2.25、1∶2.5、1∶2.5，于高程 105m、94m、83m 设三级戗台，宽 2m。

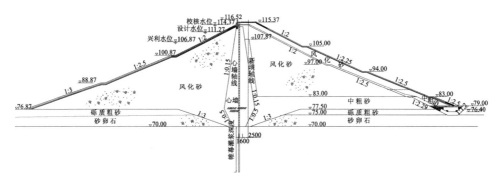

图 4.2-1 加固后的主坝 0+500 断面图(高程单位：m，宽度单位：cm)

副坝原 23 座，加固加高之后增加至 27 座，坝顶累计长 3908.5m。邻近主坝左右岸的 12-1#～20#和 23#副坝，设置防浪墙高 1.15m，墙顶高程和坝顶结构同主坝。其余副坝不设防浪墙，坝顶高程 116.52m。在 1986 年加固工程初步设计中，根据副坝存在的问题按加固加高方式把副坝分为 5 种类型，具体如下。

1) 新建 4 座

水库校核洪水位提高后，两岸分水岭新出现几个缺口，需增建 4-3#、4-4#、7-2#、25# 共 4 座副坝。坝高 1.5～3.55m，就近取土填筑，采用均质坝型。上、下游坝坡坡率为 1∶2.5、1∶2，上游块石护坡，下游草皮护坡。

2) 结合加高改善坝体防渗体系的 11 座

2#、3#、4-1#、5-6#、7-1#、9#、10#、11#、21#、22#、24# 11 座副坝，坝高小于 15m (3.43～14.15m)。曾对坝高大于 8m 的 5-6#、7-1#、10# 副坝进行了工程质量抽检，发现填料杂乱、压实度低，其中 5-6# 副坝干密度合格率仅 20%，7-1# 与 10# 分别为 58.5%、58.1%。因此，结合加高在上游坡用黏性土增加一层类似斜墙的防渗体，填料设计干密度大于 1.65g/cm³，上游坡干砌块石护坡，下游草皮护坡。其中 7-1#、9#、10#、11# 4 座副坝因当地缺乏砾质土，改填风化砂，用一层 300g/m² 的 PVC 土工织物防渗布防渗。

3) 坝顶垂直加高并设防浪墙的 6 座

12-2#、13#、15#、16#、18#、19# 6 座副坝坝高也小于 15m (2.4～11.7m)，其中 12-2#、15# 副坝曾进行坝体质量检查，12-2# 副坝干密度合格率为 80.4%，15# 副坝为 73.3%，坝体质量尚好。其他 6 座副坝虽未做质量检查，但运用十多年来未发现异常，因此这 6 座副坝坝体不做处理，坝顶垂直加高并设防浪墙。

4) 坝高大于 15m 且坝体需要加固处理的 4 座

8#、12-1#、17#、20# 4 座副坝坝高大于 15m (15.0～27.0m)，原设计均为心墙坝。但质量检查表明，心墙所用重粉质壤土与坝壳所用砾质土的渗透系数大多为 10⁻⁵cm/s 数量级，坝壳较心墙大 10～20 倍，坝体近似均质坝，稳定渗流期浸润线从下游坝坡逸出；库水位骤降时迎水坡产生较大的渗透水压力。

8# 副坝。复核发现，库水位降落情况下的上游坡整体稳定最小安全系数仅 0.928，需加固。加固措施：①将原上游坡自上而下 1∶2.75、1∶1 的坝坡改为 1∶2、1∶3 的坡率，放缓上游坡。②清除原下游草皮护坡，用暗管把原水平排水砂带的渗水引出到新的下游坝脚。③填筑新的下游坡，坡率自上而下为 1∶1.8、1∶2、1∶2.5。坝体填筑材料为花岗岩风化砂，设计干密度为 1.85g/cm³。上游块石护坡，下游草皮护坡。④下游坡脚做贴坡排水到 101.0m 高程。

12-1# 副坝。由于 12-1# 副坝坝基基岩风化破碎裂隙发育，坝基与两岸坝头基岩表层透水性强，单位吸水率的大值 ω=0.12～0.722L/(min·m·m)，最大可达 1.339L/(min·m·m)。自坝基或两岸基岩裂隙中直接或绕渗到下游的渗水，因受上覆风化岩或淤泥质覆盖土层所阻，排滞不畅，形成坝后承压现象。基于监测数据外延至设计水位，承压水位将高出排水沟底 2.5m，如不处理，易发展至管涌使下游坝基产生渗透破坏。除此之外，1981 年汛后库水位持续 8 个月处于 104.00m 左右，下游坝坡高程95.5～97m出现两条湿润水平条带，有水渗出，坡面稀软，填土呈水饱和状态，如不处理，日久势必由渗水流淌而发展为坝面剥蚀，使下游坝坡产生局部塌滑.根据实测浸润线推测设计情况下稳定渗流期的下游坡抗滑稳定，其安全系数仅为0.999，远小于规范要求的1.25。基于上述情况，1982年4月对下游坝坡采取加固措施以保证度汛安全。加固措施：①下游坝脚导渗降压。在坝脚外顺坝轴方向开挖一条导渗沟，高程94m以下为25眼排水砂井，井底深至基岩面以下0.5m，井径1.6m×1.8m，井分两排排距2.6m，井距2.8m，井中回填砾质中粗砂。②局部放缓背水坝坡。高程97.3～102m加压浸台，填砾质粗砂，戗台宽3m，边坡坡率1：4。③整修坝后排水系统等。经过以上处理，病险现象已基本解决。坝坡稳定复核，除上游坡水位突降整体稳定安全系数偏小外，临水坝坡及背水坝坡正常运用与非常运用情况下坝坡的静力稳定，无论整体或局部都可满足规范要求，1986年加固设计中坝顶加高0.43m，上游坝肩设1.2m高的防浪墙。

17#副坝。经质量检查，心墙填筑质量合格率达到88.6%，质量较好；坝坡稳定复核也都满足规范要求，故加固任务主要是加高加宽坝顶。加固措施：①接高心墙，在心墙之上建防浪墙；②下游坡将高程109m以上原1：2坡率改为1：1.5，回填D=20～80mm碎石。上游块石护坡，下游草皮护坡。

20#副坝。根据质量检查，心墙干密度合格率为90.6%，坝壳合格率80%，坝体质量较好。但补充勘探查明，基岩覆盖一层厚5～9m的粉质壤土和中粉质壤土（淤泥质），强度均较低，经坝坡稳定复核，下游坡稳定渗流期最小安全系数，设计情况下为1.12，校核情况下为1.11，均小于规范要求，为此需要加固。加固措施：①接高心墙并在其上建防浪墙；②结合坝顶加高，加宽下游坡，填筑材料为花岗岩风化砂（设计干密度1.85g/cm³），回填成1：2、1：3.5的下游坡，在105m高设1.5m宽的戗台，98m高程以上草皮护坡，以下设贴坡排水，坝脚设排水沟。

5）坝虽不高，但需做专门处理的2座

14#副坝。据补充地质勘察，坝基为泥质粉砂岩，风化严重，强风化层厚7～13m，透水性不均匀，某些钻孔中透水性较大（ω达0.487L/min）；坝体填筑质量合格率30.4%。为确保高水位安全，确定在上游坡将原坝体顺坡剥去一层，然后用黏土回填成新的防渗体，设计干密度大于1.65g/cm³.坝体完成翻修后，坡面用干砌块石护坡，坝顶上游做混凝土防浪墙。

23#副坝。坝顶长264.4m，分为左（长110m）、右（长154.4m）两个坝段，1983年冬季在右坝段开挖成非常溢洪道，非常溢洪道底宽50m，底高程106m。在原23#副坝处新修了一个斜墙型爆破式堵坝，坝顶高程113.87m，顶宽5m，坝壳内设有三道砖砌炸药室和廊道，计划在库水位达到113.40m（原千年一遇洪水位）时炸坝分洪，保护主坝安全。1986年水库加固做了比较论证，非常溢洪道不再加工改建，其爆破式堵坝只作为一般副坝对待。加固措施：①右坝段(即爆破式堵坝)加高 1.93m，在坝顶上下游建浆砌石挡土墙，两墙间填筑原非溢开挖出的石渣，设计干密度 1.65g/cm³，上游坝肩建混凝土防浪墙。原有砖砌炸药室和廊道如没有发现裂缝等质量问题就不需进行处理；②左坝段 3m 以下坝高采用上游贴坡形式加高坝顶。

　　由于 1992 年的除险加固受当时条件限制，主要是加高主坝、加高加固副坝，提高水库的校核洪水标准，基本未涉及其他方面，因此水库还存在一些隐患，如主坝坝基基岩内渗透变形，溢洪道、泄洪洞的闸门、启闭机超期服役，强度、刚度不满足安全运用；泄洪洞洞身气蚀破坏严重，止水失效，威胁坝体安全，出口闸室牛腿出现贯穿性裂缝，结构不安全；溢洪道进口挡水高程不够，出流不安全。

4.2.2　大坝主要病险与成因分析

4.2.2.1　大坝主要病险

　　水库虽经 1992 年加固，但主坝、副坝、溢洪道、泄洪灌溉(发电)洞等工程仍存着严重的隐患。至 2003 年 6 月，水库大坝的主要病险如下[14-18]。

　　(1)主坝坝体防渗性能较好，实测浸润线平缓，无起伏变化。但坝基局部基岩内渗流存在高位势及渗透变形，长时间高水位运用可能导致渗透破坏。

　　(2)主坝坝坡稳定，但 12-1#副坝上游坡不稳定，部分副坝存在渗漏、出逸点偏高，有些坝坡偏陡，安全稳定性差，大部分副坝遭受白蚁危害。

　　(3)溢洪道进口闸顶高程不能满足规范要求，消能工不完善。尾水渠开挖断面未达到设计要求。闸墩、底板有裂缝及渗水现象。泄洪洞洞身气蚀破坏严重，伸缩缝漏水，威胁坝体安全；出口闸墩有贯穿性裂缝，严重影响结构安全。

　　(4)溢洪道、泄洪洞的闸门及启闭设备超过安全使用年限。闸门严重锈蚀，主要部件的强度、刚度不满足规范要求。启闭设备陈旧老化。

　　(5)安全监测及管理设施不完善。

4.2.2.2　主坝坝基渗流安全隐患与成因分析

　　1. 建设期地质勘察成果与分析

　　水库的地质勘察工作从 20 世纪 50 年代初至今，已进行了多次。20 世纪 50 年代初期作过多次地质踏勘，选定坝址。1969 年 7 月，重新确定了水库坝址。随后又作了补充勘察，其内容包括左岸溢洪道、8#副坝、下马河灌溉洞、烟北头灌溉渠首地基勘察及土、砂、石料调查。1970 年 3 月水库开始施工，施工期间对主坝截水槽、泄洪洞及左岸溢洪道泄洪闸等部位进行了施工地质编录。

坝址处河谷宽约 450m,河谷内覆盖层为砂和砂卵石层,厚 7~9m,局部 9~ 12 m,表层 2~6m,大部分为粗砂或砾质粗砂,局部为中砂。均属强透水性,渗 透系数为 $2.08×10^{-2}$~$9.2×10^{-2}$cm/s,局部夹软土。右岸阶地表层为重粉质壤土, 厚 4~6m,河槽第四系沉积物已全被截水槽截断。

主坝坝基除 0–450 以右约 70m 范围为石炭系泥质粉砂岩外,其余均为燕山期 斑状花岗岩。左岸强风化带厚 10~23.4m,右岸厚 2.4~12.5m。弱风化带左岸厚 3.9~5.2m,右岸厚 3.3~4.2m。河槽内强风化岩多被冲蚀,仅 0+216~0+427 段残 留 2~4m,弱风化较薄,厚 0~5m。主坝河槽段(0+122~0+560)砂卵石层厚 7~ 9m,局部 9~12m,渗透系数 $2.1×10^{-2}$~$9.2×10^{-2}$cm/s。

坝基有 9 条小断层和 4 处裂隙密集带,主要断层及裂隙分布位置、特征见表 4.2-1 和图 4.2-2。基岩强风化层渗透系数为 $8.5×10^{-5}$~$2.9×10^{-4}$cm/s,钻孔压注水试 验共 339 次,按强、弱、微风化岩及构造带进行统计,单位吸水量 $\omega<0.05$L/(min·m·m)

表 4.2-1　主坝坝基断层一览表

断层编号	心墙中心线桩号	产状			宽度/m	力学性质	断层带性状
		走向/(°)	倾向	倾角/(°)			
F_{a-1}	0+001~0+002	355	南西	85	0.2~2.0	扭	无胶结,风化呈灰白色高岭土状,与断层平行裂隙发育
F_{a-2}	0–023~0–024	73	南东	70	0.4~0.5	扭	构造岩已胶结
F_{b-1}	0+243.3~0+243.7	15	南东	70	0.3~0.4	压扭	构造岩为错碎物质,已风化,呈高岭土状
F_{b-2}	0+344.2~0+344.9	25	南东	70	0.6~0.7	压扭	构造岩同上,两侧平行小断层发育,沿断层边缘有地下水流出
F_{b-3}	0+522.7~0+523.2	340	南西	77	0.3~0.4	压扭	构造岩胶结尚好
F_{b-4}	0+559~0+559.2	340	南西	68	0.3~0.8	压扭	构造岩为糜棱岩,角砾岩,局部有所硅化;上部一般无胶结,风化,呈灰白色高岭土状。沿断层边缘有地下水流出
F_{c-1}	泄洪闸下游	345	南西	75	0.5~1.5	—	构造岩其胶结和风化程度同 F_{b-4},断层边缘湿润,低处有地下水流出
f_{118}	0+025 下游坝壳	—	—	—	—	—	构造岩为灰白断层泥及角砾岩
f_{117}	左岸 0+670 上游	275	南西	88	0.1	—	为小错动,局部呈裂隙密集带,带内构造岩为糜棱岩
f_{115}	右岸 0–160 下游	60	北西	79	0.3	压扭	断层带为糜棱岩、角砾岩
f_{82}	右坝头附近	355~350	南西	40~62	1.0	压扭	断层带内为压碎岩、糜棱岩

注:f_{82}、f_{115}、f_{117}、f_{118}断层仅见于地表,构造岩胶结差(尤其是南北向断层)风化强烈,部分呈散体(粒块)状。

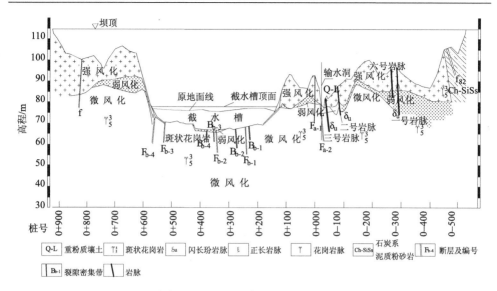

图 4.2-2 主坝轴线工程地质剖面图

者占 89%，$\omega>0.05\mathrm{L}/(\mathrm{min}\cdot\mathrm{m}\cdot\mathrm{m})$ 者占 11%，且分布无规律性。断层以无胶结南北向断层为主；裂隙主要有近东西向、北北东向、北北西向及缓倾角四组裂隙；岩脉以中酸性岩脉为主，多沿东西构造侵入，岩脉与围岩接触带风化均较破碎。

主坝心墙或截水槽底部的基岩状况与结合面处理情况如下：右岸丘陵及坝肩段(0-526～0+122.6)，心墙直接坐落于强风化花岗岩上，本段有 4 条岩脉、2 条断层，原设计已按允许比降 0.8 核算，加大了心墙底宽；河槽右段(0+122.6～0+216)除右岸山坡为强风化岩石外，均为微风化花岗岩，岩石坚硬完整，裂隙不发育，截水槽与基岩之间建混凝土滞水墙；河槽中段(0+216～0+427)截水槽底为强风化和弱风化花岗岩，南北向裂隙与小断层发育，并有风化破碎带，滞水墙底座嵌入弱、微风化岩，滞水墙有两种：0+216～0+338 为混凝土墙，0+338～0+427 为两道灰拌土墙；河槽左段(0+427～0+560)基岩多为微风化，局部弱风化，岩石坚硬完整，裂隙宽度一般小于 1mm，在 0+523 附近，断层 F_{b-3} 斜穿坝轴，规模小，胶结亦尚好，施工中以灰拌土代替混凝土滞水墙；左坝肩段(0+560～0+660)为强风化花岗岩，断层 F_{b-4} 断层于 0+559 斜穿坝轴，上盘裂隙发育，岩石破碎，下盘裂隙稀少，岩石完整，此段心墙底宽放大后直接与岩石接触；左岸丘陵坝段(0+660～0+920)基岩为强风化花岗岩，平行坝轴线的裂隙及断层(F_{b-4}、F_{a-1})较发育，局部岩石透水性较严重，此段心墙与岩石直接接触，底宽亦放大。

靠近右坝头的砂卵石层中有一层青灰色软土，略具臭味，岩性为中壤土，沿坝轴线方向分布宽度约 50m，顺河呈条带状分布，坝轴线附近最厚，向下游逐渐尖灭，向上游亦有变薄趋势，厚度数十厘米至 2.5m。平均干密度 1.43g/cm³，天然含水量 32.5%，大都呈流塑状。

2. 1980 年补充勘探成果与分析

1980 年在坝上游 100.87m 平台补充勘探，该处为两层软土，中间夹砂卵石层，均呈灰黑色，含有机质。上层重粉质壤土位于 0+140～0+205，顶面高程 73.00～75.00m，厚 0.7～1.2m，向上游延伸至坝脚以外，夹于砂卵石层中，具双面排水条件，仅 0+169 以右靠山坡段覆盖于基岩面上，为单面排水；下层为淤泥质重粉质壤土，很软，位于 0+177 以右。顶面高程 70.0～70.8m，厚约 1m，向上游延伸不远即尖灭。下层淤泥质重粉质壤土层直接覆盖于基岩面上，具单面排水条件。坝轴线上游右岸阶地上部分布有厚 4～6m 的重粉质壤土、重壤土和粉质黏土。标准贯入击数：表层 1～3m 为 4～8 击，下部 8～15 击。各土层物理力学指标建议值见表 4.2-2。

表 4.2-2　坝基土体物理力学性指标建议值

土类	天然含水量 (W)/%	天然干密度 (ρ_d)/(g/cm³)	比重 (G_s)	天然孔隙比 (e)	液限 (W_L)/%	塑限 (W_P)/%	塑性指数 (I_P)	液性指数 (I_L)	饱和快剪 C/kPa	饱和快剪 φ/(°)	压缩系数 (a_{1-2})/MPa⁻¹	压缩模量 (E_s)/MPa
淤泥质重粉质壤土	41.4	1.17	2.56	1.19	42.2	29.3	13.1	0.95	30	5	0.40	5.1
上层重粉质壤土	28.4	1.51	2.66	0.76	30.3	20.1	10.2	0.78	20	17	0.17	11
重粉质壤土	22.7	1.53	2.71	—	31.6	21.0	10.6	0.78	18	6.5	0.22	6
重壤土	25.4	1.54	—	—	31.2	20.5	10.7	0.49	48	8.4	0.17	11

1) 心墙或截水槽与坝基结合面渗流稳定分析

在测压管埋设完成初期发现，0+025 上 $_{1.1}$、0+125 上 $_{1.1}$、0+575 上 $_{1.1}$ 三孔干钻至结合面附近时有渗水，在河槽右岸灌浆时亦发现一些钻孔结合面附近吸浆量偏大。采取了钻孔竖井探查、同位素观测等手段对结合面情况作检查。

钻孔渗水观察共 11 孔，仅发现 0+565 下 $_3$ 孔渗水，渗水处位于结合面以上 0.36m，库水位高于渗水处 19.87m，渗水情况为 30min 管水位上升 3.35m，且透水性弱，可见结合面渗水系局部现象。

结合心墙裂缝检查，将 0-192 和 0-114 两竖井加深至结合面以下，坝基中强风化花岗岩均疏松易碎，心墙填筑较紧密，与基岩结合均匀密实。0-192 井结合面曾进行低压灌浆，仅见基岩缓倾角裂隙及心墙裂缝充填水泥结石，结合面未见吸浆现象。0-114 井结合面位于当时库水位以下 5.86m，未见结合面渗水，仅发现两处裂隙出渗清水，岩面湿润，渗流量仅 0.17L/min。

两处心墙填土与强风化岩体结合面的渗流试验表明，初期渗水都从强风化岩体的少数裂隙中出现，之后出渗面积逐渐扩大，但还是局限于岩体内，最后，大部分结合面才被浸润。岩土结合面的渗透性远远小于强风化岩体，同时，岩体中的渗流通道主要为贯通性裂隙、岩脉破碎带及断层带。

为研究心墙填土与裂隙岩体直接接触产生接触冲刷的可能性，进行了接触冲刷试验，试验将填土置于无充填的裂隙之上，对不同土类、不同密度的填土置于不同宽度、不同深度的裂隙上进行冲刷，以上、下游测管水位明显变化、水流带出较多土粒及比降-流速对数关系曲线发生转折作为破坏标准，建议采用干密度为 1.65g/cm^3、缝宽 10mm、缝深 5mm 之试验成果作为设计依据，安全系数采用 3.0，其允许冲刷流速：中粉质壤土≤0.26m/s；重粉质壤土≤0.78m/s；黏土≤1.0m/s。

利用放射性同位素对 0+025 上$_{1.1}$、0+450 上$_{1.1}$ 和 0+570 下$_4$ 三孔结合面测试，观测孔基岩面结合良好，未见接触冲刷的迹象，基岩面上的充填物仍完好存在，最大渗流速度出现在基岩面下 30～40cm。高位势区渗透流速小，在 10^{-3}～10^{-2}cm/s 左右，位于破碎带的测管(0+229 上$_{0.8}$)渗流速度较快，最大在 5.5×10^{-1}cm/s 左右。

以上表明，心墙与基岩或混凝土结合均较紧密，结合面总体较好，0+565 下$_3$ 等孔结合面附近渗水，属局部现象，部分灌浆孔结合面附近吸浆量偏大，主要为灌浆时心墙劈裂、吸浆所造成的假象，坝基实际渗透流速远远小于导致接触冲刷的流速，不存在坝基结合面渗流稳定问题。

2) 坝基渗流稳定分析

(1)河槽段坝基砂及砂卵石层中的渗流稳定分析。通过各断面监测资料分析，截水墙上游砂卵石层中水位与库水位基本相同，截水墙下游观测管水位基本与坝下游水位相同，地下水比降平缓，仅 0.2%～0.4%。说明心墙上游水头几乎全部由截水墙承受，截水墙的防渗效果良好。水位 105.87m 时，截水墙实际承受的渗透坡降最大达到 5，运行期间未出现异常现象，坝体渗流是稳定的，以此推测设计水位 111.27m 和校核水位 114.37m 时，渗透坡降将达到 5.7 和 6.2，接近或略大于设计允许比降(截水墙设计允许坡降采用 6)。

(2)坝基水文地质条件、测压管水位及位势分析。对坝基基岩测压管水位进行分析，发现河槽 0+297、左岸 0+570 及右岸 0+025 三个断面附近基岩测压管水位及位势较高，形成高位势区，河槽 0+229、0+450 等断面位势虽不高，但位势变化较大。

部分坝段基岩测压管位势偏高，如 0+023 上$_{1.1}$、0+023 下$_{10}$、0+565 下$_{1.5}$、0+570 下$_{10}$，位势均超过 90%，最高达 99.37%(0+565 下$_{1.5}$)，且在 0+229 上$_{0.8}$ 和 0+450 上$_{1.1}$ 两管处坝基位势出现突变现象，有升高的趋势。

河槽 0+297 高位势区是因小错动密集带形成，目前渗流性态基本正常。河槽

0+229、0+450 断面测压管位势变化不稳定，有升高趋势，说明监测断面基岩内部的裂隙充填物已发生了渗透变形(内部管涌)。

右岸 0+025 高位势区、左岸 0+570、0+617.5、0+740 高位势区成因分别为 F_{a-1}、F_{b-4} 断层及下游存在相对隔水岩体阻水。其中 0+617.5 断面坝轴线下游 34m 测压管位势高，渗流性态异常，其余高位势区目前渗流性态虽基本正常，但以后可能会发展为不利的情况。

(3)渗流量。两岸丘陵坝段 0+720、0−100、0−217、0−400 四处下游坝脚渗水点，均位于原冲沟底部，为监测坝基渗流量与库水位之间的关系，在以上渗水处安装了测流设施。经观测(表 4.2-3)，两岸丘陵坝段渗流量甚小，随库水位的变化而有所变化，但变幅不大，从两岸渗流量变化情况分析，坝基渗流场是稳定的。

表 4.2-3　两岸丘陵坝段坝基渗流量

库水位/m	观测时间	渗流量/(L/s)				备注
		0+700	0−110	0−217	0−400	
95.02～95.37	1981.11	0.27	0.028	0.018	0.27	
94.14～96.13	1988.09	0.183	0.052	0.089	0.51	
95.41～95.64	2000.03	0.162	—	0.110	—	0+700 处渗水点高程 84m，从砌石缝中逸出，控制范围 0+645～0+900；
97.84～99.24	1982.04	—	0.064	0.103	0.26	
99.11～100.54	1986.06	0.35	0.064	0.092	—	
99.63～100.72	1990.08	0.254	—	0.091	0.149	0−110 处渗水点高程 84m，控制范围 0−100～0−120；
99.49～99.90	1999.05	0.35	—	0.22	—	
103.94～104.02	1980.11	0.405	0.068	0.61		0−217 处渗水点高程 91.87m，控制范围 0−200～0−250；
103.87～104.29	1985.11	0.289	0.035	0.057	0.328	
103.80～104.17	1998.11	0.323		0.054		0−400 处渗水点高程 93.87m，控制范围 0−300～0−500
103.83～104.14	2003.02	0.266	—	—	—	
105.67～106.17	1990.03	0.752	—	0.162	0.65	
107.10～107.34	1998.05	0.715	—	—	—	

3)渗透坡降分析

采用野外试坑加压注水、邻壁观测渗水情况的方法，以渗透水流带出细小颗粒及渗水量突然增大等现象作为判定渗透破坏的综合标准。求得强风化花岗岩渗透临界比降 2～2.5，构造岩渗透临界比降 3.33，根据《水利水电工程地质勘察规范》(GB 50487—2008)，对特别重要工程安全系数取 2.5，强风化花岗岩允许渗透坡降为 0.8，构造岩允许渗透坡降为 1.32。

水库在库水位 105.87m 以上运行 247 天，兴利水位 106.87m 以上累计运行仅 48 天，历史最高水位为 2003 年 7 月 14 日的 109.18m。根据监测资料分析，河槽段和两岸丘陵坝段均出现实际坡降大于允许坡降的情况，存在发生渗透变形破坏的水力条件。

综上，河槽段黏土截水墙防渗效果良好，在运行期间未出现异常现象；从两岸渗流量分析，渗流量不大，渗流场基本稳定；但局部地段坝基渗流已出现异常，主坝坝基断层和裂隙较发育的 4 处测压管水位发生异常，有的上升($0+450$ 上 $_{1.1}$，最大升值 16%)，有的下降($0+229$ 上 $_{0.8}$，最大降值 34%)，有的上下波动，表明基岩内部的裂隙充填物已发生了渗透变形，在未来高水位情况，还有继续发展的可能。考虑到坝基渗流异常的复杂性，涉及坝基地质构造、坝体结构及覆盖层级配等。左岸 $0+617.5$ 断面渗流性态异常，推测设计库水位 111.27m 时，下$_{34}$管水位承压水头高出坝坡 2.4m，坝脚存在渗透稳定问题。

4)综合分析

主坝坝基渗流安全问题一直被关注，1975 年水库基本建成后即进行了坝基灌浆，发现心墙与基岩结合面附近吸浆量很大，1977 年在埋设主坝测压管时又发现心墙与基岩结合面附近有掉钻、缩孔和漏水等现象。测压管观测后，进一步发现河槽 $0+297$、左岸 $0+570$、右岸 $0+025$ 三处附近基岩观测管位势甚高(高者达 95%以上)。此外，坝后 $0-300$、$0-217$、$0-110$ 和 $0+720$ 四处有渗水。

从 1977 年秋至 1982 年底的野外大型管涌试验、地下水长期观测、心墙与坝基接触面冲刷试验、放射性同位素测定及坝基砂及砂卵石对裂隙充填物及构造岩的反滤性能等试验，结合监测数据，得到以下结论：心墙裂缝主要由灌浆压力水力劈裂所致；探井、钻孔取样和钻孔渗水观察等结果表明，心墙与基岩结合紧密，结合面渗水微小，结合面附近吸浆量很大，主要为心墙劈裂时大量吸浆所造成的假象；基岩裂隙中最大都出现于基岩面以下 $30\sim40$cm 处，不在心墙或截水槽与基岩的结合面位置，心墙填土允许不冲流速大大超过实际流速，说明接触冲刷这一渗透破坏形式发生的可能性很小；右岸坝头 $0+025$ 高位势区心墙下游出逸比降超过允许比降，但其上有深厚砂料覆盖，对裂隙充填物能起反滤作用，不至于产生管涌；左岸坝头 $0+570$ 高位势区可能存在下游坝脚渗流稳定问题，鉴于坝下游风化基岩之上普遍铺设有排水砂层，对基岩承压水可起到导渗降压作用，并保护基岩避免发生管涌。

3. 本次除险加固前坝基渗流异常成因综合分析

主坝运行期间坝基渗流动态主要依靠地下水长期观测网、测流及渗流测试等手段进行。为监测主坝渗流状态，1977~1982 年共埋设 179 根观测管，其中坝基基岩测压管 93 根，砂卵石测压管 44 根，浸润线观测管 42 根，1992~1995 年除险加固时大部分观测管报废，只保留 20 根基岩测压管，11 根砂卵石测压管，9 根浸润线观测管。1998 年又增设了 18 根，量水堰 4 个，布置在两岸冲沟处的坝脚，安全监测设施布置见图 4.2-3。

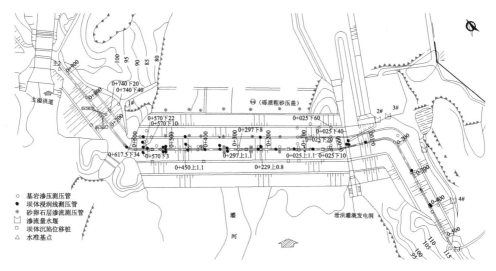

图 4.2-3　1998 年除险加固时安全监测设施布置图

1) 河槽段坝基砂及砂卵石层渗流分析

截水墙上游砂卵石层中水位与库水位，截水墙下游砂卵石层中水位与下游水位相关性均呈线性关系，相关性好。截水墙下游观测管水位与坝下游水位相近，但有一定滞后性，观测管与下游距离越远，滞后现象越明显。砂卵石层中地下水水力坡降平缓，仅 0.2%～0.4%。临近两坝肩的观测孔，因受山体水及绕渗影响，水位偏高。心墙上游水头由截水墙承受，截水墙防渗效果良好。兴利水位 106.00m 时，截水墙最大渗透坡降达到 5，未出现异常情况，推测设计水位 111.40m 和校核水位 114.50m 时，渗透坡降将达到 5.7 和 6.2，接近或略大于设计允许比降 6。

2) 坝基基岩渗流分析

主坝基岩测压管水位过程线见图 4.2-4，基岩河槽段观测孔水位对库水位、下游水位的反应均较敏感，而两岸丘陵坝段观测孔水位一般滞后 1～2 日。河槽 0+297、左岸 0+570 及右岸 0+025 三个断面附近基岩观测管水位及位势较高，形成高位势区，0+229、0+450 等断面位势虽不高，但位势变化较大。选择上述代表性断面整理分析如下。

0+025 高位势区。该区位于河槽右岸第一个垭口，轴线桩号为 0+000～0+040、F_{a-1} 断层上盘靠近心墙部分，该断层与坝斜交，夹角 60°，倾向上游，宽 0.2～2m，下盘基岩完好，透水性弱，连通试验区内外观测孔水力联系极微。0+025 断面有 5 根测压管（图 4.2-5），分别位于轴线上 1.1m、下 10m、下 20m、下 40m、下 60m 处，上$_{1.1}$、下$_{10}$ 两管位于断层 F_{a-1} 上盘，位势一般在 90% 以上，而下$_{20}$、下$_{40}$、下$_{60}$ 管

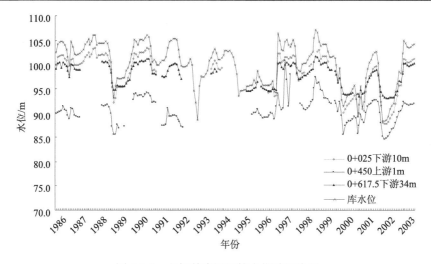

图 4.2-4　主坝基岩测压管水位过程线图

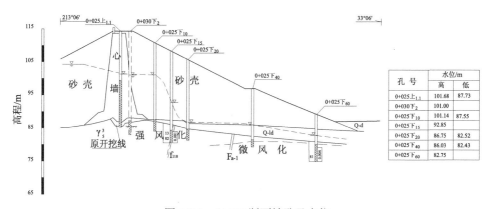

孔　号	水位/m	
	高	低
$0+025$ 上$_{1.1}$	101.68	87.73
$0+030$ 下$_2$	101.00	
$0+025$ 下$_{10}$	101.14	87.55
$0+025$ 下$_{15}$	92.85	
$0+025$ 下$_{20}$	86.75	82.52
$0+025$ 下$_{40}$	86.03	82.43
$0+025$ 下$_{60}$	82.75	

图 4.2-5　$0+025$ 断面钻孔及水位

位于下盘，位势较低，在 40%以下；从上$_{1.1}$、下$_{10}$ 管水位、库水位过程线可看出，管水位随库水位变化而变化，具有相同的峰谷对应关系，相关性良好；从位势过程线和位势值的变化分析，蓄水初期位势有缓慢升高趋势，1985 年后趋于稳定，1999 年后以 $0+023$ 上$_{1.1}$ 代替 $0+025$ 上$_{1.1}$，又出现缓慢下降趋势，但变幅不大，如上$_{1.1}$ 管、下$_{10}$ 管位势从初期的 89%、87%增大到 1989 年的 92%、90%，到 2002 年上$_{1.1}$ 管位势维持在 90%左右，下$_{10}$ 管位势维持在 88%左右，该断面基岩内渗流性态基本正常。

　　河槽 $0+229$ 断面。该断面仅设 $0+229$ 上$_{0.8}$ 一根测压管（图 4.2-6），位于与坝轴线正交的 B_{b-1} 裂隙密集带中，透水性较大（$q=32.8Lu$）。管水位与库水位峰谷基本一致，个别年份如 1983 年、1984 年的管水位峰谷滞后库水位 4~5 个月；从位势过程线可看出，其位势从蓄水初期 1980 年的 49%逐渐下降到 1990 年的 15%，随后又突升至 55%左右。1997 年该管报废，1999 年以后，以 0+230.5 上 $_{0.8}$ 代替 0+229 上 $_{0.8}$，其位势也较 1991～1996 年位势高，每次位势增高后位势值都较前次高，总体表现为升高趋势。坝基基岩内已发生渗透变形，且有继续发展趋势，渗流性态不安全。

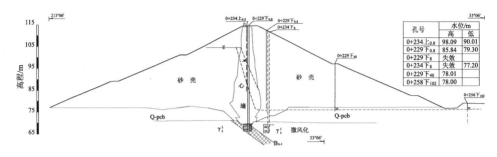

图 4.2-6　0+229 断面钻孔及水位

河槽 0+297 高位势区。该区位于 0+290～0+305 小错动密集带上，平面上呈楔形，上游宽 23m，下游宽约 14m。0+297 断面共 2 根测压管(图 4.2-7)，分别位于上 1.1m 和下 8m，管底高程分别为 63.42m(岩面下 4.23m)和 59.82m(岩面下 7.99m)。两管都随库水位变化而变化，峰谷同步，线性关系良好；0+297 上 $_{1.1}$ 管，从蓄水初期到 1983 年位势稳定在 84%上下，之后至 1992 年该管报废前位势一直呈下降趋势，至 1991 年降低为 76%左右，降幅不大；1998 年埋设 0+295 上 $_{1.1}$ 代替 0+297 上 $_{1.1}$ 管，从 1999 年 9 月开始观测至 2003 年 2 月，库水位在 91～105m，管水位在 78.5～83.5m 变化，在库水位基本相同的情况下较 0+297 上 $_{1.1}$ 管水位低 10～15m，其位势仅 18%～24%，不及 0+297 上 $_{1.1}$ 管位势的 1/3，表明尽管两管

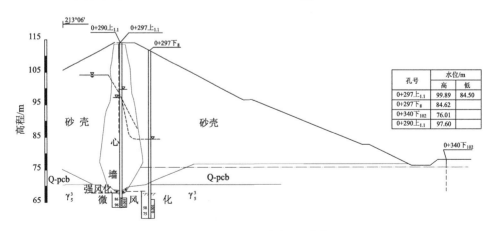

图 4.2-7　0+297 断面钻孔及水位

相距 2m，但两处基岩透水性差别较大。0+297 下$_8$管，位势从 1979 年的 29.4%上升至 1990 年的 32.2%，仅上升了 2.8%，至 1998 年位势又降至 29%左右，位势基本稳定，该断面坝基渗流性态基本正常。

河槽 0+450 断面。仅在轴线上游 1.1m 处有一根测压管(图 4.2-8)，其管水位与库水位峰谷对应，同步变化，但在相同库水位下管水位有升高的趋势，在相同库水位下，1995 年以后管水位较以前升高 2m 左右；从位势过程线看，蓄水初期至 1990 年间位势总体呈上升趋势，年平均位势从 1980 年的 46%增大到 1990 年的 62%，增大了 16%，1991 年又降至 44%，1995 年后又增大，平均值在 68%左右，且变化幅度大，总体表现为上升趋势，说明坝基已发生渗透变形。

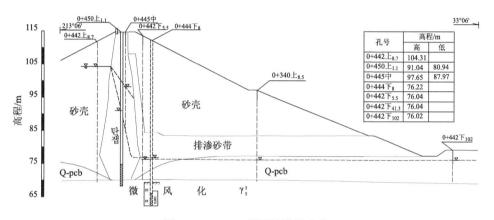

图 4.2-8　0+450 断面钻孔及水位

左坝肩 0+570 高位势区。右起 F_{b-4} 断层带，向左与左岸丘陵坝段相连，平面上呈三角形，F_{b-4} 断层在 0+559 处与坝轴线斜交，夹角 37°，倾向上游，上盘岩石破碎，呈中等透水性，下盘岩石完整，呈极微透水，对断层两侧连通试验，发现上盘孔间水力联系较强，下盘孔间水力联系较弱，而两盘孔间水力联系极微，断层上下盘分属两个水文地质单元，当年施工开挖时沿断层边缘有渗水，最大一处流量为 0.08～0.17L/s。断层上、下盘，局部亦有水力联系，例如，0+570 下$_{22}$孔基岩地下水明显受上盘补给，管水位高出周围地下水位约 6.0m，并显示承压。在紧靠断层两侧的 5 对钻孔中，也有 0+565 下$_3$-0+561 下$_3$、0+580 下$_{17}$-0+570 下$_{22}$ 两对钻孔显示水力联系。很明显，高位势成因主要为 F_{b-4} 断层阻水，左岸地下水分水岭水位又高，形成排泄不畅。在高位势区内，存在两条相对强透水带，一条位于断层上盘影响带[A—B 剖面，图 4.2-9(a)]，另一条位于 0+617.5 下$_{34}$—0+645 下$_{25}$—坝上游冲沟一线[D—E 剖面，图 4.2-9(b)]，后者连通试验时反应最为强烈，于 0+617.5 下$_{34}$孔抽水，当水位降深 11m 时，0+645 下$_{25}$孔水位随之下降 2.28m，对工程影响较大。0+617.5 下$_{34}$孔水位在库水位 104m 时，即高出地表时，依据该孔水位与库水位关系曲线推测，在兴利水位及设计水位时，其承压水位将达 102m 及 106m，在下游坝脚可能产生 5～9m 承压水头。经观测，位于断层上盘的 0+570 下$_4$、0+570 下$_{10}$、0+740 上$_{1.1}$、0+740 下$_8$、0+820 上$_{1.1}$、0+820 下$_6$ 各管位势达到 90% 以上，0+740 下$_{20}$、0+617.5 下$_{34}$ 两管位势也在 80% 以上，其中 0+565 下$_3$、0+740 上$_{1.1}$、0+820 上$_{1.1}$ 位势在 96% 以上。以 0+570 断面、0+617.5 断面和 0+740 断面为例分析该区位势的变化趋势。

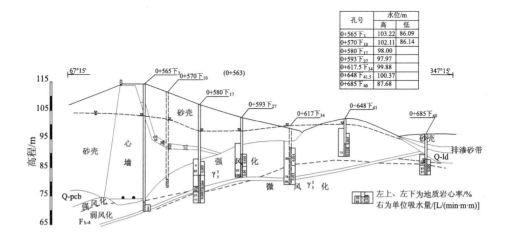

孔号	水位/m	
	高	低
0+565 下$_3$	103.22	86.09
0+570 下$_{10}$	102.11	86.14
0+580 下$_{17}$	98.00	
0+593 下$_{27}$	97.97	
0+617.5 下$_{34}$	99.88	
0+648 下$_{41.5}$	100.37	
0+685 下$_{40}$	87.68	

(a) A—B 剖面

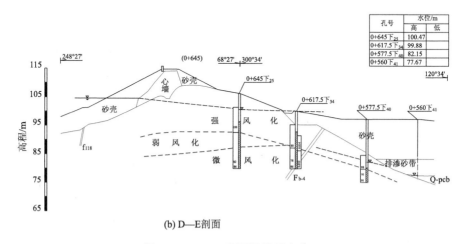

孔号	水位/m	
	高	低
0+645 下$_{25}$	100.47	
0+617.5 下$_{34}$	99.88	
0+577.5 下$_{40}$	82.15	
0+560 下$_{41}$	77.67	

(b) D—E 剖面

图 4.2-9　0+570 断面钻孔及水位

　　左坝肩 0+740 断面。有 3 根测压管(图 4.2-10)，分别位于轴线下 3m、下 10m、下 22m 处，其中下$_3$、下$_{10}$ 管位于 F$_{b-4}$ 断层上盘，管水位随库水位的变化而变化，两者峰谷对应同步变化，两者线性关系良好；位势也较稳定，下 $_3$ 管位势在 97% 左右，下 $_{10}$ 管位势一般在 92%～96%，变化幅度小，下 $_{22}$ 管位于断层下盘，其管水位与库水位有峰谷对应关系，但管水位过程线变化幅度小，一般在 87～88.5m 变化，位势在 38%～46%，变幅不大，渗流性态是正常的。

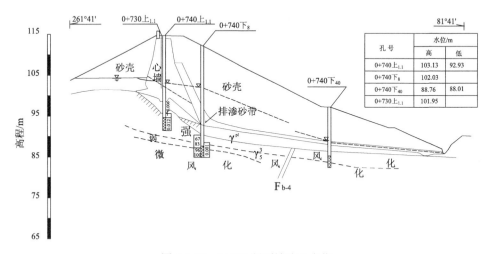

图 4.2-10　0+740 断面钻孔及水位

左坝肩 0+617.5 断面。仅一根测压管，位于轴线下游 34m 断层上盘，基岩面高程 94.41m，管底高程在基岩面以下 14.91m，管水位随库水位的变化而变化，管水位与库水位峰谷同步，线性关系良好，1998 年 5 月 13 日库水位 107.34m 时，管水位 101.66m，高出坝基岩面 7.25m，低于坝坡仅 0.71m（坝坡坡面高程 102.37m），推测库水位 111.27m 和 114.37m 时，管水位将高出坝坡 2.4m 和 4.5m，对坝坡的稳定是不利的。该管位势过程线呈波状起伏，变化大，波谷 82% 左右，波峰 98% 左右，平均在 89% 左右，考虑到其位置和位势，渗流性态异常。

左岸丘陵 0+740 断面。共 4 根测压管，分别位于轴线上游 1.1m、下 8m、下 20m、下 40m 处，上 $_{1.1}$ 管、下 $_8$ 管、下 $_{20}$ 管水位与库水位同步变化，线性关系良好，而下 $_{40}$ 管水位基本不随库水位变化；心墙附近坝基测压管水位偏高，其主要是坝下游 F_{b-4}、F_{c-1} 等平行坝轴线断层阻水所致。从位势过程线看，上 $_{1.1}$ 管位势基本在 96%～99% 波动，下 $_8$ 管位势在 92%～98% 波动，变幅小，渗流性态基本正常；下 $_{20}$ 管 1993 年以前位势平均值 85%，1993 年到 1996 年 6 月间位势平均值94%，之后又降至 87%，位势增减幅均不大。

通过上述分析，河槽 0+297 高位势区是因小错动密集带所形成，目前渗流性态基本正常。河槽 0+229、0+450 断面测压管位势变化不稳定，有升高的趋势，说明坝下基岩内部的裂隙充填物已发生了渗透变形（内部管涌）。考虑到主坝高蓄水位的运行及长久的安全性，应采取一定的加固措施，以确保大坝的安全运行。

右岸 0+025 高位势区、左岸 0+570、0+617.5、0+740 高位势区成因分别为 F_{a-1}、F_{b-4} 断层及下游存在相对隔水岩体阻水。其中 0+617.5 断面坝轴线下游 34m 测压管位势高，渗流性态异常，其余高位势区目前渗流性态虽基本正常，但以后可能会发展为不利的情况。

3）渗流量分析

在位于原冲沟底部的两岸丘陵坝段 0+720、0-100、0-217、0-400 四处下游坝脚渗水点安装了测流设施。两岸丘陵坝段渗流量甚小，随库水位的变化而有所变化，但变幅不大，且当库水位低于山体地下水位时，仍有渗水现象。考虑到水库施工时沿断层壁也有泉水流出，说明下游观测渗流量包括部分两岸山体地下水。

4）坝基砂、卵石层对裂隙充填物及构造岩的反滤性能

为了解坝基覆盖层对裂隙充填物及构造岩的反滤性能，对坝基砾石、砾砂、砾质粗砂及基岩强风化带中的裂隙充填物、构造岩进行了颗分试验，试验结果列于表 4.2-4。依据《碾压式土石坝设计规范》(SL 274—2020) 反滤层设计原则，当被保护土为黏性土，且小于 0.075mm 颗粒含量为 15%～39% 时，第一层反滤层的保土性应满足 $D_{15} \leq 1/25 (40-A)(4d_{85}-0.7)+0.7mm$，$A$ 为小于 0.075mm 颗粒含量；按此标准核算砾石对断层带和裂隙充填物的保土性，并按最差条件考虑，即选用被保护土 d_{85} 的最小值，保护土 D_{15} 的最大值，计算结果如表 4.2-5 所示。可见，河槽砾石层对断层带及裂隙充填物有反滤保护作用，砾砂、砾质粗砂之 D_{15} 均小于砾石，其对断层带及裂隙充填物亦有反滤保护作用。

5）允许渗透坡降和实际渗透坡降分析

试验得强风化花岗岩渗透临界比降 2～2.5，构造岩渗透临界比降 3.33，根据《水利水电工程地质勘察规范》(GB 50487—2008)，对特别重要工程取 2.5 的安全系数，强风化花岗岩允许渗透坡降为 0.8，构造岩允许渗透坡降为 1.32。根据监测数据分析，各高位势断面和位势变化异常断面的水平渗透坡降及出逸坡降如下。

0+025 断面。在库水位 105.87m 时，上 $_{1.1}$～下 $_{10}$、下 $_{20}$～下 $_{40}$、下 $_{40}$～下 $_{60}$ 水平坡降分别为 0.04、0.04、0.12，出逸坡降分别为 0.8（下 $_{20}$ 管）、1.2（下 $_{40}$ 管）、0.6（下 $_{60}$ 管），推测设计库水位 111.27m 时水平坡降为 0.04、0.04、0.15，出逸坡降为 1.6、1.8、0.8，介于构造岩允许渗透坡降和临界渗透坡降之间。

0+297 断面。在库水位 105.87m 时，两管间水平坡降 1.44，出逸坡降（下 $_8$ 管）1.3，推测设计水位 111.27m 时两管间水平坡降 2.4，出逸坡降 1.6，介于构造岩允许渗透坡降和临界渗透坡降之间。

0+570 断面。在库水位 105.87m 时，下 $_3$～下 $_{10}$ 管间水平坡降为 0.19，出逸坡降分别为 7.1（下 $_{10}$ 管）、1.9（下 $_{22}$ 管），推测设计水位 111.27m 时相应水平坡降 0.22，出逸坡降 8.7 和 2.8，大于临界比降。

表 4.2-4　坝基裂隙充填物、构造岩及砾石颗粒级分成果(平均值)

类别	组数	颗粒含量/%					特征粒径/mm					不均匀系数	曲率系数
		>20mm	2~20mm	0.05~2mm	0.005~0.05mm	<0.005mm	d_{10}	d_{15}	d_{30}	d_{60}	d_{85}		
裂隙充填物	14	—	19.3	51	21.6	8.1	0.017	0.021	0.097	0.72	2.59	83.7	7.9
糜棱岩	20	0.6	27.7	54.5	12.6	4.9	0.043	0.099	0.531	1.64	4.43	61.4	7.5
断层泥	2	—	9.5	58.5	20	12	0.005	0.009	0.044	0.32	1.56	10.1	0.3
砾石	9	28.4	30.2	41.3	—	—	0.54	0.74	1.64	10	41.1	17.4	0.46
砾砂	10	11.9	20.8	67.6	—	—	0.33	0.43	0.67	1.65	20.5	4.8	0.83
砾质粗砂	10	4.9	11.1	84	—	—	0.28	0.35	0.51	0.87	2.19	3.16	1.08

表 4.2-5　坝基覆盖层对断层带物质及裂隙充填物的保土性评价

序号	被保护土/保护土	D_{15}/mm	d_{85}/mm	A/%	$1/25(40-A)(4d_{85}-0.7)+0.7$	保土性评价
1	裂隙充填物	—	1	29.7	2.05	满足
	砾石	1.4	—	—	—	
2	糜棱岩	—	1.1	17.5	4.03	满足
	砾石	1.4	—	—	—	
3	断层泥	—	1.12	32	1.91	满足
	砾石	1.4	—	—	—	

0+617.5 断面。库水位 105.87m 时，下 $_{34}$ 管出逸坡降 1.7，推测设计水位 111.27m 时出逸坡降为 2.1。

0+740 断面。在库水位 105.87m 时，上 $_{1.1}$～下 $_8$、下 $_8$～下 $_{20}$、下 $_{20}$～下 $_{40}$ 水平坡降分别为 0.14、0.28、0.57，出逸坡降为 2.0（下 $_{20}$ 管），推测设计水位 111.27m 时，各管间相应水平坡降为 0.21、0.33、0.71，出逸坡降 2.4（下 $_{20}$ 管）。

从上述典型断面实际渗透坡降看，不论是河槽段还是两岸丘陵坝段，均出现实际坡降大于允许坡降的情况，存在发生渗透变形破坏的水力条件。

6）心墙与基岩结合面的接触冲刷分析

根据心墙与基岩接触冲刷试验，建议采用干密度 1.65g/cm^3、缝宽 10mm、缝深 5mm 之试验成果作为设计依据，安全系数采用 3，其允许不冲刷流速为中粉质壤土≤0.26m/s，重粉质壤土≤0.77.88m/s，黏土≤1.0m/s。利用放射性同位素对坝基实际渗透流速进行了观测，在库水位 103～104m 时，高位势区渗透流速在 10^{-3}～10^{-2}cm/s，位势不高的裂隙破碎带渗透流速在 10^{-1}cm/s 左右，均远小于允许冲刷流速，最大流速出现在基岩面以下 30～40cm 处，不在心墙与基岩的结合面位置，产生接触冲刷破坏的可能性很小。

7）坝基基岩渗流安全评价

0+125 以右、0+575 以左的两岸丘陵坝段，心墙底部已按强风化花岗岩允许渗透坡降核算加宽，水平向渗透坡降小于允许渗透坡降，心墙下游出逸比降超过允许比降，但其上有厚的坝壳砂料覆盖，对裂隙充填物起反滤保护作用，下游风化基岩之上普遍铺设有排水砂层，对基岩地下水可能起到排渗降压作用，并保护基岩不发生管涌破坏，从两岸渗流量分析，渗流量不大，渗流场基本稳定，但局部地段目前坝基渗流已出现异常，如 0+617.5 下 $_{34}$ 管附近管水位较高、位势大且不稳定，推测设计库水位 111.27m 时，管水位将高出坝坡 2.4m，对坝坡稳定不利；0+740 下 $_{20}$ 管渗流性态出现异常且有恶化的趋势，未来高水位下可能会加剧。河槽右段截水槽底为微风化花岗岩，岩石坚硬完整，裂隙不发育，渗透坡降小，不存在渗透稳定问题。河槽左段、中段，起调水位 105.87m 条件下基岩内实际渗透坡降已超过构造岩和强风化花岗岩允许渗透坡降，在 0+229 上 $_{0.8}$、0+450 上 $_{1.1}$ 两管处坝基位势出现突变现象且有升高的趋势，说明坝基已发生渗透变形且有继续恶化的趋势。

在水库大坝除险加固审查期间，审查专家认为解决坝基渗透问题，需对坝基防渗加固处理，但考虑到心墙为窄心墙，坝基灌浆可能会对基岩与心墙接触面产生接触冲刷破坏，仅批复了对左岸 0+420～0+850 段进行帷幕灌浆处理。

4.2.2.3 副坝坝体渗流安全隐患与成因分析

经 1982 年、1992 年、2001 年多次加固改造，副坝的渗流安全性大大提高。

但是，在 27 座副坝中没有经过蓄水考验的尚有 19 座，这些副坝有可能存在渗流问题。另外，由于副坝存在严重的白蚁现象，给副坝渗流安全带来极大威胁。

1. 12-1#副坝

1) 地质勘察成果

如图 4.2-11 所示，坝址附近出露地层有新元古界信阳群龟山组浅变质岩、燕山期岩浆岩及第四系土层。

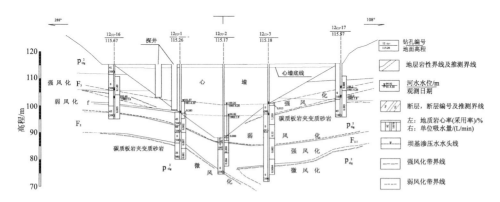

图 4.2-11　12-1#副坝地质坝轴线纵剖面图

新元古界信阳群岩层，走向 280°～300°，与坝轴线近于平行，倾向南西（上游），倾角 60°～80°。角闪片岩夹变质砂岩，分布于坝脚下游排水沟外，表层已强风化，呈黄绿色及褐黄色，具片状构造，性软近土状，强风化厚度大于 6m，所夹变质砂岩，呈灰白色，接近微风化，岩石坚硬较完整。碳质板岩夹变质砂岩，分布于心墙底及其上游，宽约 100m，表层强风化，呈青灰色及锈黄色，片理特别发育，性软松碎，多呈碎屑及碎块状，厚 3～7m。弱风化岩石呈灰黑色，部分层面显锈黄色，片理较发育，岩石尚坚硬，但易沿层面破裂，岩心多呈碎块状及薄板状，厚 8～12m。微风化呈黑灰色，具板状构造，岩石较坚硬，岩心多呈薄板状及短柱状。其中所夹变质砂岩，均较同一风化带的碳质板岩坚硬完整。

燕山期煌斑岩岩脉，沿断层下盘侵入，分布于坝脚排水沟附近，宽约 10m。表层已强风化呈姜黄色，近土状，厚约 8m，弱风化呈灰白色，岩石较坚硬完整。

第四系土层，残坡积黏性土夹碎石，分布于坝基，厚度一般不足 1m，心墙底部范围内已被清除；淤泥质中壤土，分布于下游坝外冲沟，极软，厚 4～5.5m；人工堆积主要为碎石渣，分布于坝外两岸及上下游冲沟表层，厚度不等。

近东西向区域大断裂(观庙铺—大马店断裂)纵穿坝基，坝址附近岩层挤压严重，岩石较为破碎。坝址附近有大小断层约 12 条，呈叠瓦式构造，规模较大者 4

条,其产状、性质及构造岩特征均较近似。小断层宽 0.2～0.5m、大断层宽 2～30m。其中 4 条大断层情况如下。

F_1 断层(区域性大断裂),分布于下游心墙脚至排水沟附近,宽约 30m,走向 275°～300°,倾向南西(上游),倾角 65°～80°,基本上顺层面断裂,在平面及剖面上均呈舒缓波状。属压扭性,构造岩母岩为碳质板岩,经动力作用后大部分为角砾岩、片岩、少量为糜棱岩及断层泥,并夹有其定向排列的构造透镜体,岩石挤压严重、扭曲揉皱发育,多已强烈风化、松软破碎,其中片岩近似黑泥。F_2、F_3、F_4 断层宽度达 2～7m,与 F_1 断层平行,构造岩特征大体同 F_1。

裂隙较为发育,多相互切割,但规模都短小,产状较零乱,分布无规律。以层面裂隙为主,宽度小于 2mm,充填铁锰质及钙质薄膜。

12-1#副坝基岩表层及断层带透水性中等,单位吸水量 ω 大于 0.1L/(min·m·m) 的约占 50%,特别是两岸坝肩,其中右坝肩已作一排试验性灌浆,在 90.4～110.8m 高程范围内,ω=0.12～1.34L/(min·m·m)。两坝肩表层与黏土心墙结合部位岩体透水性偏大。微风化带岩石透水性较微弱。

12-1#副坝坝基地下水为裂隙承压水,其渗透主要受裂隙控制。自坝基或两岸基岩裂隙中直接或绕渗到下游渗出,因受上覆风化岩或淤泥质覆盖土层所阻,排滞不畅,形成坝后承压现象。

据观测,当库水位低于下游坝脚高程 96.65m,两岸坝头基岩地下水位达 102.00m,下游坝脚排水沟处的承压水位为 96.30m,高出排水沟底 0.8m,渗流量约 0.06L/s,此时承压水受两岸山体地下水补给;当库水位高于下游坝脚高程时,坝基承压水主要受库水位补给,承压水头及渗水量亦增大。例如,当库水位为 104m 时,坝脚排水沟的右端可见冒水泉眼,渗水量加大至 0.7L/s。据监测资料推算库水位上升至设计水位时,承压水位将达 98.00m 高程,高出排水沟底 2.5m。另外,下游坝脚淤泥未全部清除,不利于排渗。1982 年 4 月对坝脚及坝后背水坡出现的渗水问题采取了加固措施。在坝脚下游开挖一导渗沟,高程 94.00m 以上为明沟,以下为 25 眼排水砂井。经过以上处理以后病险现象已基本解决。

渗流监测资料分析表明,加固处理后坝基 3 个断面的测压管水位及位势变化不大,无明显上升或下降现象,说明坝基渗流稳定,但基岩仍有承压现象。

2)安全监测资料分析

1977 年在 12-1#副坝上埋设了基岩测压管 21 根,浸润线观测管 5 根。由于 12-1#副坝坝基渗流属有压-无压渗流,即部分(心墙)为有压,部分为无压(心墙下游)为无压。此区渗流主要受丘陵区固有的地下水位的影响,因此,对此区的测压管水位 h' 与库水位 H_1 进行相关性分析。另外,考虑到在有压-无压渗流中,位势不是常数,而是随 H_1 的减小而增大,故不能作位势过程线。由于 h'-H_1 关系在一定的库水位变化范围内是直线,可用直线方程 $h'=a+b\times H_1$ 表示。若渗流场无变化,则由历年的监测数据点绘制的直线应重合。因此，作比值 $v'=(h-a)/H_1$ 的过程线也可以判断渗流场的变化情况，其作用与位势过程线相同。

基岩内有 13 根测压管有实测资料，可分成 3 个断面。

0+023～0+026 断面。0+023～0+026 断面有 5 根测压管，分别位于轴线中 (0+024)、下 12.6m(0+026)、下 15m(0+026)、下 44m(0+024.5)、下 55.7m(0+023) 处。轴线中、下 15 管的 h'-H_1 关系如图 4.2-12 和图 4.2-13 所示。可看出，各管有一个共同特点，即当 H_1<97m 时都有基本不变的管水位，轴线中的水位约为 98m，下 12.6 和下 15 约为 96.5m，下 44 和下 55.7 为 96m 左右，此基本不变的水位应为固有的地下水位，它还会受到两岸山头地下水变化(受降雨影响)的影响。当 H_1 大于 97m 时，h 随 H_1 的上升而线性上升。各管的比值 v' 也基本上不随时间而变。各管间的水平渗透坡降(H_1=105.87m 时)从上游到下游分别是 0.03(轴线上游)、0.28、0.05、0.07、0.03；推测设计水位时坡降分别为 0.06(轴线上游)、0.38、0.04、0.11、0.06。以上坡降值均小于允许渗透坡降 0.8。

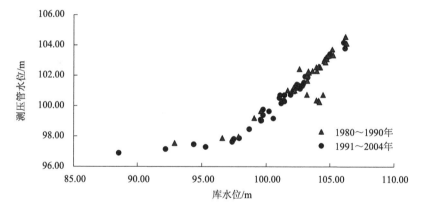

图 4.2-12　12-1#副坝 0+024 测压管与库水位关系散点图

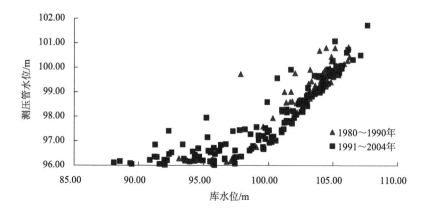

图 4.2-13　12-1#副坝 0+026 下游 15m 测压管与库水位关系散点图

　　0+043 断面。0+043 断面有 3 根测压管，分别位于轴线中、下 15m、下 30m 处。轴线中 $h'\text{-}H_1$ 的关系如图 4.2-14～图 4.2-17 所示。各种情况和前一断面相似。当 $H_1<97$m 时 3 根管的不变水位为 96.3m 左右。各管水位的变差不大，v' 基本不随时间而变。各管间的水平渗透坡降分别为 0.06（轴线上游）、0.17、0.04，预测设计水位时分别为 0.09、0.25、0.07。以上坡降值均小于允许渗透坡降。

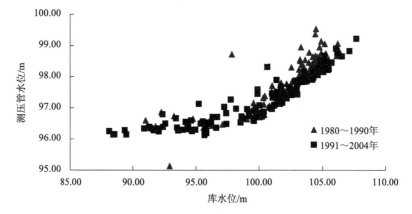

图 4.2-14　12-1#副坝 0+043.7 下游 30m 测压管与库水位散点图

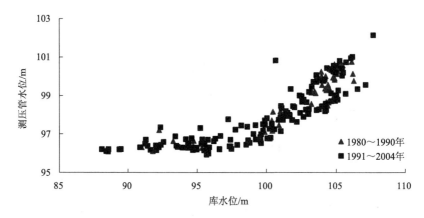

图 4.2-15　12-1#副坝 0+045 下游 14.6m 测压管水位与库水位散点图

　　0+060 断面。0+060 断面有 4 根测压管，分别位于轴线中、下 12m、下 15m、下 44m（0+58.5）处。轴线下 15m、12m 处两管的 $h'\text{-}H_1$ 的关系如图 4.2-18 和图 4.2-19 所示。当 $H_1<(97～98)$m 时，基本不变的管水位都为 96.5m 左右。管水位的变差不大，比值 v' 基本不随时间而变。各管间的水平渗透坡降分别为 0.03（轴线上游）、0.15、0.05、0.16，预测正常水位时分别为 0.05、0.02、0.08、0.27。以上坡降值均小于允许渗透坡降。

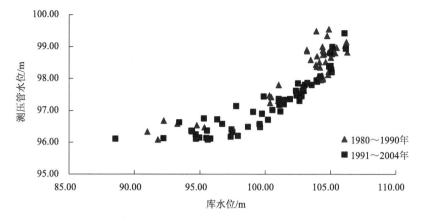

图 4.2-16　12-1#副坝 0+045.9 下游 30m 测压管水位与库水位散点图

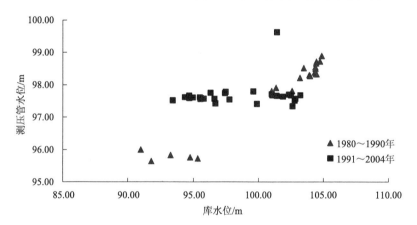

图 4.2-17　12-1#副坝 0+046 下游 44m 测压管水位与库水位散点图

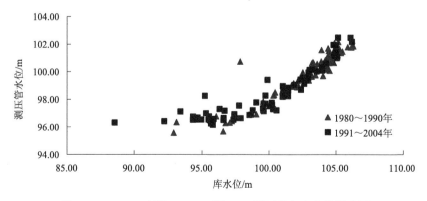

图 4.2-18　12-1#副坝 0+060 下游 15m 测压管与库水位散点图

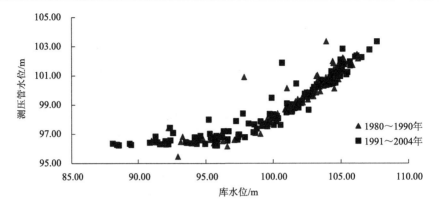

图 4.2-19　12-1#副坝 0+060 下游 12m 测压管水位与库水位散点图

2. 12-2#副坝

坝基位于石炭系地层与新元古界信阳群地层接触带上，坝基左段为泥质粉砂岩及含云母石英砂岩，右段为碳质板岩、石英片岩及云母石英片岩。基岩走向垂直坝轴。基岩风化破碎严重，强风化带厚 12～18m。弱风化带厚 2～4m，弱风化岩面高程为 88.50～96.00m，微风化岩面高程为 86.00～91.00m。

坝址附近主要有 F_1、f 两条断层，走向垂直坝轴。F_1 为区域性大断裂，从右坝肩穿过；f 断层从坝下通过，在坝下游出露地表，斜穿坝轴，断层带宽度大于 5m，属压扭性，挤压破碎严重，主要为角砾岩。

由于有 F_1 大断裂及岩脉分布，基岩破碎严重，岩脉走向亦垂直坝轴。岩石表层单位吸水量 ω 高达 0.275～2.142L/(min.m.m)，为中等—强透水。工程地质条件较差，高库水位运行时可能存在渗漏及渗透变形问题。

12-2#副坝坝高较低(最高处 11m)，未曾经过较高蓄水的考验，在运行过程中未暴露异常问题，应急加固时仅对坝顶垂直加高并设防浪墙。

1984 年检测结果表明，12-2#副坝心墙为粉质黏土夹杂少量风化砂或岩屑(块)，坝壳为砾质土。心墙干密度合格率为 72%(设计干密度 1.65g/cm³)，填筑质量稍差，渗透系数 $1.64×10^{-7}$～$2.76×10^{-5}$cm/s，为极微—弱透水性。坝壳填筑质量较心墙差，且压实不均匀，渗透系数 $4.26×10^{-5}$～$3.69×10^{-4}$cm/s，属中等透水—弱透水性。

4.2.3　除险加固主要内容与实施情况

除险加固主体工程于 2007 年 11 月 11 日～2010 年 10 月 30 日实施。

4.2.3.1　除险加固的主要内容

对主坝坝基进行渗漏处理；上游坝坡干砌块石护坡翻修，主坝典型断面除险加固措施见图 4.2-20。具体地，在 0+420～0+850 段平行老坝轴线上游 1.6m 布置一排灌浆孔，采用套管压入法，灌浆压力通过试验确定，灌浆主材用普通水泥，灌浆帷幕的设计标准按灌后基岩透水率 $q \leqslant 3Lu$ 控制，帷幕灌浆计算长度 0+420～0+550 取 20m，0+550～0+624 取 15m，0+624～0+850 取 18m(穿过强风化带，进入弱风化带)。钻孔深度为帷幕底面至坝顶，钻孔间距 1.5m，单排布置，断层裂隙密集部位增加一排孔。钻孔总进尺约 12 759m，灌浆深度 5781m。

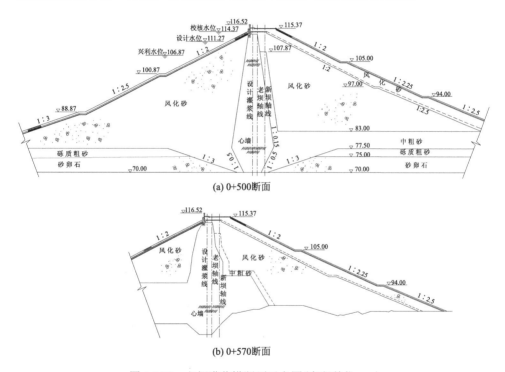

(a) 0+500断面

(b) 0+570断面

图 4.2-20　主坝灌浆横断面示意图(高程单位：m)

12-1#副坝坝坡稳定处理，12-2#副坝帷幕灌浆，23#副坝药室封堵，15#～20#副坝上游坡 100.87m 高程以上表层干砌块石护坡翻修；11#副坝白蚁防治。

12-1#副坝的处理措施见图 4.2-21，具体地，将上游坝坡率自 103.87m 平台以上由 1：2 放缓至 1：2.25，原坝顶防浪墙拆除，坝轴线后移。因原坝体防浪墙未坐落在心墙内，故本次加固重粉质壤土心墙由原 112.37m 接高至 115m。新修坝顶"L"形防浪墙，防浪墙底高程为 114.37m，使坝顶防浪墙与黏土心墙紧密结合。坝顶宽度 5m。坝下游坡采用坡率 1：2 贴坡加固至下游 104.87m 平台，填筑砂卵石，其下与原坝坡平顺连接。上游 103.87m 平台以上护坡为干砌块石护坡，厚 40cm。其下设两层反滤，上层为 $d=2\sim8cm$ 碎石厚 30cm，第二层为 $d=0.2\sim2cm$ 碎石厚 10cm。坝顶宽 5m，坝顶高程 115.37m。新修下游护坡采用干砌块石护坡，厚 30cm。下游导渗沟浆砌块石拆除，恢复其下两层反滤层，改砌干砌块石，利于坝面和坝体排水。

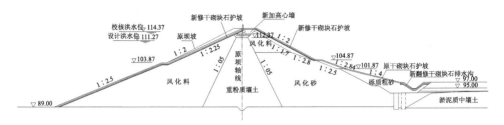

图 4.2-21 12-1#副坝加固布置图(高程单位：m)

12-2#副坝位于水库右岸，最大坝高 11m，坝顶高程 115.37m，坝顶长度 91m，设计坝型为黏土心墙坝。坝基位于石炭系地层与新元古界信阳群地层接触带上，坝基左段为泥质粉砂岩及含云母石英砂岩，右段为碳质板岩、石英片岩及云母石英片岩。基岩走向垂直坝轴。基岩风化破碎严重，强风化带厚 12～18m。弱风化带厚 2～4m，弱风化岩面高程为 88.5～96.0m，微风化岩面高程为 86～91m。

为彻底消除坝基渗透变形隐患，本次加固设计对 12-2#副坝坝基进行帷幕灌浆(图 4.2-22)，在平行坝轴线上游 0.5m 布置一排灌浆帷幕，采用套管压入法，灌

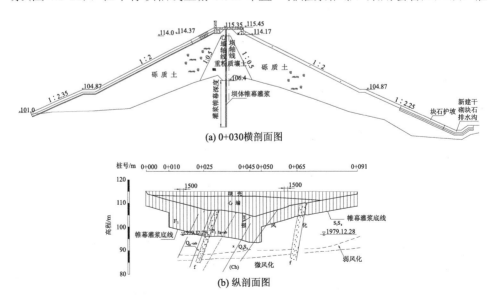

图 4.2-22 12-2#副坝帷幕灌浆纵横断面

浆压力通过试验确定，灌浆主材用超细水泥，化学灌浆做加密措施，灌浆帷幕的设计标准按灌后基岩透水率 $q{\leqslant}3Lu$ 控制，帷幕灌浆计算长度 0+000～0+010 取 5m，0+010～0+050 取 11m，0+050～0+910 取 5m。钻孔深度为帷幕底面至坝顶，钻孔间距 1.5m，钻孔总进尺约 820m，灌浆深度 595m。

此外，还采取了其他除险加固措施，包括：①溢洪道进口引渠加高，闸室控制段加固，尾水渠整治；②泄洪洞进口进水塔加固，进口混凝土碳化处理，洞身气蚀及止水处理，出口工作门闸墩加固处理，出口挡墙加固处理；③下马河灌溉洞翻修启闭机室，进口闸室排架及交通桥混凝土碳化处理；④机电、金属结构更新改造；⑤防汛公路加固改善；⑥工程管理设施改善。

4.2.3.2　除险加固实施情况

1）透水率试验

将透水率按照微弱区＜1Lu、较弱区 1～3Lu、弱区 3～10Lu、较强区 10～50Lu、强区 50～100Lu、极强区＞100Lu，划分为 6 个区段。

主坝帷幕灌浆各次序孔灌前压水频率分布及累计频率曲线见表 4.2-6 和图 4.2-23。主坝加密孔帷幕灌浆各次序孔灌前压水频率分布及累计频率曲线见表 4.2-7 和图 4.2-24。加密孔共 35 孔，灌前压水试验 186 段的透水率均小于设计防渗标准（≤3Lu），说明帷幕灌浆的效果好，增强了坝体的防渗性能。

表 4.2-6　主坝帷幕灌浆各次序孔灌前压水频率分布统计表

灌浆次序	孔数	总段数	透水率平均值/Lu	透水率区间［段数(频率/%)］					
				＜1Lu	1～3Lu	3～10Lu	10～50Lu	50～100Lu	＞100Lu
Ⅰ	72	497	28.50	0(0.00)	73(14.69)	199(40.04)	147(29.58)	54(10.86)	24(4.83)
Ⅱ	72	449	18.27	1(0.22)	72(16.04)	224(49.89)	103(22.94)	44(9.80)	5(1.11)
Ⅲ	144	900	13.07	4(0.44)	228(25.33)	403(44.78)	197(21.89)	67(7.45)	1(0.11)

表 4.2-7　主坝加密孔帷幕灌浆各次序孔灌前压水频率分布统计表

灌浆次序	孔数	总段数	透水率平均值/Lu	透水率区间［段数(频率/%)］					
				＜1Lu	1～3Lu	3～10Lu	10～50Lu	50～100Lu	＞100Lu
Ⅰ	9	47	1.96	4(8.51)	43(91.49)	0(0.00)	0(0.00)	0(0.00)	0(0.00)
Ⅱ	8	43	1.70	11(25.58)	32(74.42)	0(0.00)	0(0.00)	0(0.00)	0(0.00)
Ⅲ	18	96	1.48	33(34.38)	63(65.63)	0(0.00)	0(0.00)	0(0.00)	0(0.00)
合计	35	186	—	48(25.81)	138(74.19)	0(0.00)	0(0.00)	0(0.00)	0(0.00)

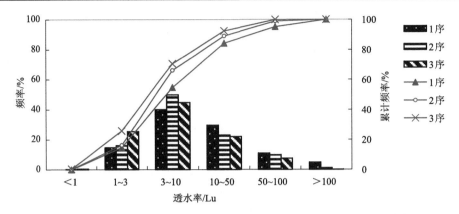

图 4.2-23 主坝帷幕灌浆各次序孔灌前透水率频率分布及累计频率曲线图

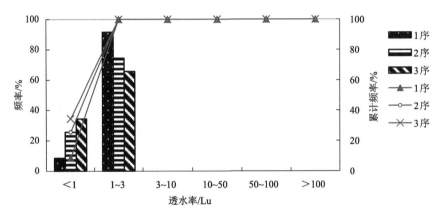

图 4.2-24 主坝加密孔帷幕灌浆各次序孔灌前透水率频率分布及累计频率曲线图

12-2#副坝帷幕灌浆各次序孔灌前压水频率分布见表 4.2-8。

表 4.2-8 12-2#副坝帷幕灌浆各次序孔灌前压水频率分布统计表

灌浆次序	孔数	总段数	透水率平均值/Lu	透水率区间［段数（频率/%）］					
				<1Lu	1～3Lu	3～10Lu	10～50Lu	50～100Lu	>100Lu
I	16	66	1.96	0(0.00)	16(24.24)	18(27.27)	32(48.49)	0(0.00)	0(0.00)
II	15	51	1.70	0(0.00)	15(29.41)	8(15.69)	26(50.98)	2(3.92)	0(0.00)
III	31	107	1.48	0(0.00)	35(32.71)	37(34.58)	35(32.71)	0(0.00)	0(0.00)

2）单位注入量分析

将各孔段的单位注灰量的分布按照＜20kg/m、20～50kg/m、50～100kg/m、100～500kg/m、500～1000kg/m、＞1000kg/m 六个区段划分。通过对各次序孔透水率频率曲线的分析，随着施工中孔序的逐渐加密，透水率明显呈逐渐减小的趋势，符合灌浆的一般规律。

主坝帷幕灌浆各次序孔单位注灰量频率分布及累计频率曲线图见表 4.2-9 和图 4.2-25。平均单位注灰量为 78.08kg/m，其中Ⅰ序孔、Ⅱ序孔和Ⅲ序孔单位注入量分别为 141.26kg/m、79.02kg/m 和 41.89kg/m。

表 4.2-9　主坝帷幕灌浆各次序孔单位注灰量频率分布

灌浆次序	孔数	单位注入量/(kg/m)	单位注入量区间［段数（频率/%）］					
			总段数	<20kg/m	20~50kg/m	50~100kg/m	100~500kg/m	500~1000kg/m	>1000kg/m
Ⅰ	72	141.26	497	76(15.29)	28(5.64)	133(26.76)	210(42.25)	40(8.05)	10(2.01)
Ⅱ	72	79.02	449	89(19.82)	97(21.60)	98(21.83)	150(33.41)	14(3.12)	1(0.22)
Ⅲ	144	41.89	900	395(43.89)	225(25.00)	79(8.78)	199(22.11)	2(0.22)	0(0.00)
合计	288	78.08	1846	560(30.34)	350(18.96)	310(16.79)	559(30.28)	56(3.03)	11(0.60)

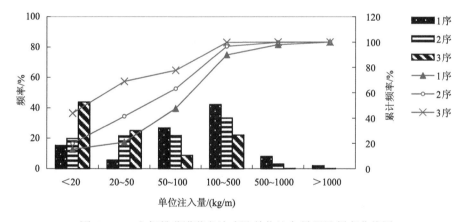

图 4.2-25　主坝帷幕灌浆各次序孔单位注灰量累计频率曲线图

主坝加密孔帷幕灌浆各次序孔单位注灰量频率分布及累计频率曲线图见表 4.2-10 和图 4.2-26。平均单位注灰量为 12.75kg/m，其中Ⅰ序孔、Ⅱ序孔和Ⅲ序孔单位注入量为 21.75kg/m、10.95kg/m 和 9.19kg/m。

表 4.2-10　主坝加密孔帷幕灌浆各次序孔单位注灰量频率分布

灌浆次序	孔数	单位注入量/(kg/m)	单位注入量区间［段数（频率/%）］					
			总段数	<20kg/m	20~50kg/m	50~100kg/m	100~500kg/m	500~1000kg/m	>1000kg/m
Ⅰ	9	21.75	47	44(93.62)	2(4.25)	0(0.00)	1(2.13)	0(0.00)	0(0.00)
Ⅱ	8	10.95	43	43(100.00)	0(0.00)	0(0.00)	0(0.00)	0(0.00)	0(0.00)
Ⅲ	18	9.19	96	96(100.00)	0(0.00)	0(0.00)	0(0.00)	0(0.00)	0(0.00)
合计	35	78.08(平均)	186	183(98.39)	2(1.07)	0(0.00)	1(0.54)	0(0.00)	0(0.00)

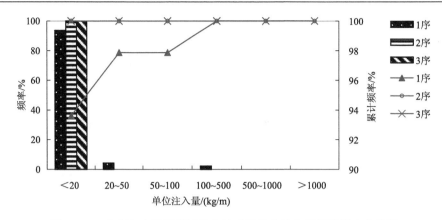

图 4.2-26　主坝加密孔帷幕灌浆各次序孔单位注灰量累计频率曲线图

12-2#副坝帷幕灌浆各次序孔单位注灰量频率分布见表 4.2-11。通过对各次序孔单位注入量频率曲线的分析，平均单位注灰量为 83.96kg/m，Ⅰ序孔、Ⅱ序孔和Ⅲ序孔单位注入量为 92.44kg/m、94.25kg/m 和 73.31kg/m。Ⅱ序孔单位平均注灰量比Ⅰ序孔多了 1.81kg/m，与灌浆未入岩有关，且受灌区范围内的地层为泥质粉砂岩及含云母石英砂岩，可灌性比较差。Ⅲ序孔单位平均注灰量较Ⅰ、Ⅱ序孔有明显的降低，说明灌浆起到了一定的效果，基本符合灌浆的一般规律。

各序孔单耗情况满足施工逐序加密、单位注灰量逐渐减小的灌浆规律。通过对各次序孔单位注入量频率曲线的分析，随着施工的逐序加密，各孔序单位注入量逐渐减小，也符合灌浆的一般规律。

表 4.2-11　12-2#副坝帷幕灌浆各次序孔单位注灰量频率分布

灌浆次序	孔数	单位注入量/(kg/m)	总段数	单位注入量区间［段数(频率/%)］					
				<20kg/m	20~50kg/m	50~100kg/m	100~500kg/m	500~1000kg/m	>1000kg/m
Ⅰ	16	92.44	66	13(19.70)	7(10.61)	14(21.21)	32(48.48)	0(0.00)	0(0.00)
Ⅱ	15	94.25	51	12(23.53)	6(11.77)	4(7.84)	29(56.86)	0(0.00)	0(0.00)
Ⅲ	31	73.31	107	40(37.38)	4(3.74)	22(20.56)	41(38.32)	0(0.00)	0(0.00)
合计	62	83.96	224	65(29.02)	17(7.59)	40(17.86)	102(45.53)	0(0.00)	0(0.00)

3) 检查孔成果分析

主坝和 12-2#副坝检查孔压水试验成果见表 4.2-12 和表 4.2-13。依据表 4.2-12，对主坝检查孔透水率频率分布的分析可知，主坝检查孔除 W-J-6(桩号 0+759.25)孔第 3 段透水率为 3.66Lu(>3Lu)外，其他各段次透水率均达到<3Lu 的设计要求，且 52.3%的孔段透水率<1Lu；检查孔岩心中发现水泥结石，岩石裂隙充填饱满，强度高，同岩体胶结致密。通过检查孔的质量检查分析，充分说明了帷幕灌浆的

效果良好，显著增强了坝基岩体的防渗性能。分析可知，12-2#副坝检查孔透水率均达到<3Lu 的设计要求，且 65.0%的孔段透水率<1Lu。充分说明了帷幕灌浆的效果良好，显著增强了坝基岩体的防渗性能。

表 4.2-12　主坝检查孔透水率频率分布

检查孔数	压水试验段数	透水率频率分布						设计防渗标准/Lu	大于防渗标准的试验结果
		<1Lu		1~3Lu		>3Lu			
		段数	频率/%	段数	频率/%	段数	频率/%		
29	176	92	52.27	83	47.16	1	0.57	≤3.0	—

表 4.2-13　12-2#副坝检查孔透水率频率分布

检查孔数	压水试验段数	透水率频率分布						设计防渗标准/Lu	大于防渗标准的试验结果
		<1Lu		1~3Lu		>3Lu			
		段数	频率/%	段数	频率/%	段数	频率/%		
6	20	13	65.0	7	35.0	0	0	≤3.0	—

4.2.4　除险加固效果分析

2008 年 8 月 18 日灌浆试验成果通过专家论证，2008 年 8 月 27 日～12 月 26 日完成基本孔及检查孔施工，主坝左岸帷幕灌浆试验孔 9 个，基本孔 269 个，检查孔 28 个。为评价主坝灌浆效果，对位势较高或位势变化大的观测管灌浆前后位势进行对比。选取观测分析时段为灌浆前(1997 年 1 月～2008 年 6 月)、灌浆后(2008 年 6 月～2011 年 7 月)，部分观测管由于观测不连续或存在误差只选取了该时间段的有效数据。对左岸桩号 0+570 断面、0+617.5 断面、0+740 断面三个断面6 个坝基基岩测压管灌浆前后监测情况进行对比分析。

1. 0+570 高位势区

对位于断层上盘的 0+570 断面下$_6$、下$_{12}$两根测压管灌浆前后监测资料分析，结果见表 4.2-14、表 4.2-15 和图 4.2-27、图 4.2-28。管水位随库水位的变化而变化，管水位与库水位峰谷同步，线性关系良好。

0+570 下$_6$、0+570 下$_{12}$两根测压管灌浆前、灌浆后位势变化均达到 90%以上；灌浆后库水位最高 106.26m 时位势 95.63%，灌浆前库水位 106.26m 时位势 94.73%，灌浆前、灌浆后测压管平均位势总体变化不大。

表 4.2-14　0+570 下 $_6$ 观测管灌浆前后位势表

库水位/m	灌浆前				灌浆后				灌浆后与灌浆前位势对比/%
	观测次数	平均下游水位/m	位势/%	平均位势/%	观测次数	平均下游水位/m	位势/%	平均位势/%	
90.0～100.0	31	76.0	93.3～97.8	95.9	1	76.1	99.7	99.7	+3.8
100.1～101.0	2	76.5	92.2～94.8	93.5	—	—	—	—	—
101.1～102.0	7	76.2	93.9～99.2	95.7	8	75.7	97.4～98.1	97.6	+1.9
102.1～103.0	39	76.3	91.3～96.2	94.7	18	76.2	95.9～98.2	96.7	+2.0
103.1～104.0	39	76.4	89.5～95.6	94.3	13	76.8	95.9～97.6	96.7	+2.4
104.1～105.0	44	76.5	92.8～96.9	94.5	16	76.4	95.1～98.0	96.4	+1.9
105.1～106.0	44	76.4	91.1～95.8	94.5	11	76.6	95.2～96.4	96.0	+1.5
106.1～107.0	12	76.4	93.9～94.3	94.5	3	76.8	95.6～96.7	96.0	+1.5
107.1～108.0	3	76.9	93.9～94.3	94.1	—	—	—	—	—
108.1～109.0	7	77.1	93.4～96.6	94.3	—	—	—	—	—

表 4.2-15　0+570 下 $_{12}$ 观测管灌浆前后位势表

库水位/m	灌浆前				灌浆后				灌浆后与灌浆前位势对比/%
	观测次数	平均下游水位/m	位势/%	平均位势/%	观测次数	平均下游水位/m	位势/%	平均位势/%	
90.0～100.0	31	76.0	89.4～96.5	93.2	4	76.5	97.6～99.4	98.6	+5.4
100.1～101.0	2	76.5	89.4～90.5	89.9	—	—	—	—	—
101.1～102.0	7	76.2	88.8～91.6	90.6	8	75.7	93.9～94.8	94.2	+3.6
102.1～103.0	39	76.3	86.6～95.1	91.1	18	76.2	92.1～94.9	92.9	+1.8
103.1～104.0	41	76.4	82.4～93.8	89.5	13	76.2	90.6～93.1	92.4	+2.9
104.1～105.0	41	76.5	86.8～91.9	89.1	16	76.4	78.1～93.6	91.0	+1.9
105.1～106.0	46	76.4	85.6～96.7	89.1	11	76.6	90.5～91.7	91.1	+2.0
106.1～107.0	12	76.4	87.7～89.8	88.5	3	76.7	90.6～90.7	90.6	+2.1
107.1～108.0	3	76.9	88.3～88.6	88.4	—	—	—	—	—
108.1～109.0	7	77.1	86.1～88.2	87.7	—	—	—	—	—

　　根据地质资料，0+570 高位势区右起 F_{b-4} 断层带，向左与左岸丘陵坝段相连，平面上呈三角形，F_{b-4} 断层在 0+559 处与坝轴线斜交，夹角 37°，倾向上游，上盘岩石破碎，中等透水，下盘岩石完整，极微透水，断层两侧连通试验发现上盘孔间水力联系较强，下盘孔间水力联系较弱，而两盘孔间水力联系极微，断层上下盘分属两个水文地质单元，断层带及下盘阻水是形成该区高位势的主要原因。

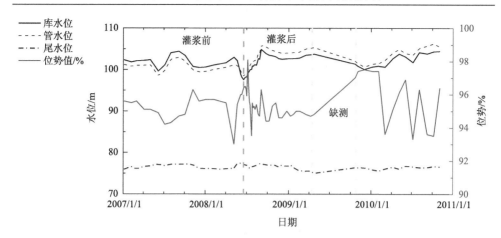

图 4.2-27　0+570 下$_6$灌浆前后位势图

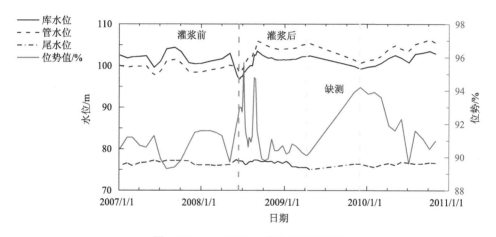

图 4.2-28　0+570 下$_{12}$灌浆前后位势图

2. 0+617.5 高位势区

对 0+617.5 断面下$_{34}$、0+614 下$_{36}$两根测压管灌浆前、灌浆后监测资料分析，结果见表 4.2-16、表 4.2-17 和图 4.2-29、图 4.2-30。管水位随库水位的变化而变化，管水位与库水位峰谷同步，线性关系良好。灌浆前、灌浆后测压管平均位势总体变化不大。

位于断层上盘的 0+617.5 下 $_{34}$管灌浆后测压管平均位势基本维持在 80.2%～95.3%，灌浆前管平均位势基本在 83.6%～93.1%；灌浆后库水位最高 106.26m 时位势为 80.0%，灌浆前库水位 106.26m 时位势为 88.1%。

表 4.2-16　0+617.5 下 34 观测管灌浆前后位势表

库水位/m	灌浆前				灌浆后				灌浆后与灌浆前位势对比/%
	观测次数	平均下游水位/m	位势/%	平均位势/%	观测次数	平均下游水位/m	位势/%	平均位势/%	
90.0～100.0	32	76.3	86.1～99.8	93.1	7	76.8	89.9～99.8	95.3	+2.2
100.1～101.0	18	76.2	85.9～95.3	90.5	6	76.3	86.1～87.7	86.9	−3.6
101.1～102.0	22	76.0	86.4～94.5	90.2	16	76.0	85.0～87.9	86.0	−4.2
102.1～103.0	51	76.3	82.9～99.4	91.8	21	76.3	83.6～89.0	84.7	−7.1
103.1～104.0	57	76.4	84.6～96.3	88.5	17	76.3	67.0～90.0	83.6	−4.9
104.1～105.0	66	76.4	82.6～91.5	86.9	20	76.5	81.4～89.8	83.3	−3.6
105.1～106.0	51	76.4	81.6～90.5	86.8	14	76.7	80.6～86.9	82.1	−4.7
106.1～107.0	15	76.5	82.4～88.7	85.9	3	76.8	80.0～80.4	80.2	−5.7
107.1～108.0	5	76.9	82.0～86.4	83.7	—	—	—	—	—
108.1～109.0	3	77.0	81.4～85.6	83.6	—	—	—	—	—

表 4.2-17　0+614 下 36 观测管灌浆前后位势表

库水位/m	灌浆前				灌浆后				灌浆后与灌浆前位势对比/%
	观测次数	平均下游水位/m	位势/%	平均位势/%	观测次数	平均下游水位/m	位势/%	平均位势/%	
90.0～100.0	19	76.3	82.1～99.3	90.2	2	77.2	89.7～90.4	90.1	−0.1
100.1～101.0	5	76.5	81.7～86.7	85.1	4	76.2	90.7～93.8	91.8	+6.7
101.1～102.0	9	76.1	81.9～86.1	84.4	15	76.0	83.1～90.6	88.7	+4.3
102.1～103.0	41	75.1	78.6～86.8	84.0	21	76.3	83.3～88.8	86.9	+2.9
103.1～104.0	40	76.4	78.3～83.1	81.3	16	76.3	80.3～86.8	85.2	+3.9
104.1～105.0	44	76.5	77.3～81.3	79.6	20	76.5	80.2～84.7	83.1	+3.5
105.1～106.0	46	76.4	75.2～81.5	78.6	14	76.7	74.2～82.7	80.9	+2.3
106.1～107.0	12	76.5	74.9～78.6	77.5	3	76.7	80.6～80.9	80.7	+3.2
107.1～108.0	3	76.9	75.0～75.7	75.4	—	—	—	—	—
108.1～109.0	7	77.1	73.2～74.9	74.3	—	—	—	—	—

0+614 下 36 管灌浆后测压管平均位势基本维持在 80.7%～91.8%，灌浆前管平均位势基本在 74.3%～90.2%；灌浆后库水位最高 106.26m 时位势为 80.6%，灌浆前库水位 106.26m 时位势为 78.2%，灌浆前、灌浆后测压管平均位势略有上升。

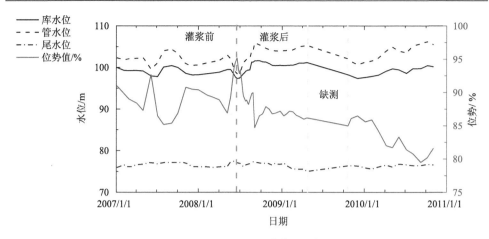

图 4.2-29　0+617.5 下 $_{34}$ 灌浆前后位势图

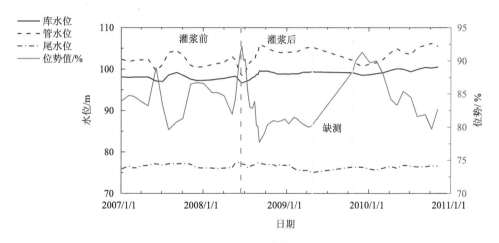

图 4.2-30　0+614 下 $_{36}$ 灌浆前后位势图

3. 0+740 高位势区

对 0+740 断面上 $_{1.1}$、0+740 下 $_8$ 两根测压管灌浆前后监测资料分析，结果见表 4.2-18 和表 4.2-19。管水位随库水位的变化而变化，管水位与库水位峰谷同步，线性关系良好。灌浆前、灌浆后测压管平均位势变化不大。

0+740 上 $_{1.1}$ 管灌浆后测压管平均位势基本维持在 95.5%～99.6%波动，灌浆前管平均位势基本在 94.3%～98.1%波动；灌浆后库水位最高 106.26m 时位势 95.37%，灌浆前库水位 106.26m 时位势 95.98%。

0+740 下 $_8$ 管灌浆后测压管平均位势基本维持在 94.0%～97.2%波动，灌浆前管平均位势基本在 91.4%～95.2%；灌浆后库水位最高 106.26m 时位势 93.08%，灌浆前库水位 106.26m 位势 93.4%，灌浆前、灌浆后测压管平均位势变化不大。

表 4.2-18　0+740 上 $_{1.1}$ 观测管灌浆前后位势表

库水位/m	灌浆前				灌浆后				灌浆后与灌浆前位势对比/%
	观测次数	平均下游水位/m	位势/%	平均位势/%	观测次数	平均下游水位/m	位势/%	平均位势/%	
90.0～100.0	18	76.2	90.9～99.9	96.1	—	—	—	—	—
100.1～101.0	10	76.1	88.2～99.9	97.5	4	76.1	99.1～99.9	99.6	+2.1
101.1～102.0	15	76.1	89.3～99.9	97.6	7	76.1	98.7～99.7	99.3	+1.7
102.1～103.0	38	76.3	90.6～99.7	98.1	18	76.2	98.1～99.7	98.9	+0.8
103.1～104.0	56	76.4	87.4～99.7	97.2	11	76.1	73.3～99.4	95.5	−1.7
104.1～105.0	61	76.4	94.9～99.2	97.0	13	76.4	98.0～99.9	98.6	+1.6
105.1～106.0	51	76.4	92.1～99.3	96.2	10	76.6	98.2～98.9	98.6	+2.4
106.1～107.0	15	76.5	86.0～97.9	95.7	3	76.7	95.4～99.1	97.6	+1.9
107.1～108.0	5	76.9	93.5～98.1	96.4	—	—	—	—	—
108.1～109.0	3	77.0	90.9～98.8	94.3	—	—	—	—	—

表 4.2-19　0+740 下 $_8$ 观测管灌浆前后位势表

库水位/m	灌浆前				灌浆后				灌浆后与灌浆前位势对比/%
	观测次数	平均下游水位/m	位势/%	平均位势/%	观测次数	平均下游水位/m	位势/%	平均位势/%	
90.0～100.0	31	76.3	69.5～99.9	94.9	6	77.1	92.4～99.9	94.9	+0.0
100.1～101.0	18	76.2	86.9～98.0	94.6	6	76.3	96.3～98.7	97.2	+2.6
101.1～102.0	23	75.9	88.6～96.1	94.7	12	76.0	87.0～97.0	94.8	+0.1
102.1～103.0	51	76.3	86.9～99.9	95.2	21	76.3	93.5～96.7	95.8	+0.6
103.1～104.0	57	76.4	86.3～95.8	93.7	17	76.3	71.8～98.6	94.5	+0.8
104.1～105.0	67	76.4	91.7～96.0	93.5	20	76.5	92.9～97.3	95.2	+1.7
105.1～106.0	51	76.4	89.7～96.8	93.7	13	76.6	93.9～96.8	94.8	+1.1
106.1～107.0	15	76.5	92.0～94.8	93.4	3	76.8	93.1～94.5	94.0	+0.6
107.1～108.0	5	76.9	92.1～92.9	92.5	—	—	—	—	—
108.1～109.0	3	77.1	86.2～96.1	91.4	—	—	—	—	—

　　主坝 0+420～0+850 段坝基灌浆处理后，坝基测压管位势总体变化不大，部分坝基段位势稍有下降，但总体仍然偏高。考虑到主坝坝基分布有多条断层带及 4 处裂隙密集带，局部坝段裂隙间互相连通，要彻底处理坝基渗流问题较为困难。主坝坝基长 1.44km，坝基各坝段均不同程度出现高位势或位势变化，本次除险加固仅对桩号 0+420～0+850 段（长度仅 430m）进行坝基处理，其余高位势区及位势

变化坝段未进行处理,使得 0+420~0+850 段周围坝基仍可能存在渗流通道未封闭,导致加固灌浆效果不理想。

鉴于主坝存在坝基河槽段 0+229、0+297,左岸 0+450~0+740 及右岸 0+025 等区域基岩观测管水位及位势较高,建议后续对桩号 0+420~0+850 段两侧坝基进行封闭帷幕灌浆处理,同时对高位势区进行加强安全监测。

4.3　铁佛寺水库

4.3.1　工程概述

铁佛寺水库位于淮河流域灌河右支陶家河上,坝址位于信阳市商城县城东南 1km,水库控制流域面积 50.0km²,是一座以防洪、灌溉为主,兼顾水产养殖、发电、城市供水、休闲旅游等综合利用的中型水库。水库主体工程主要由主坝、左副坝、右副坝、周湾副坝、溢洪道、输水洞、泄洪闸(7 孔)等组成,工程等级为 Ⅲ 等,主体工程按 3 级建筑物设计。

水库始建于 1958 年,1960 年 5 月施工中因溃坝停建,1965 年开始复建,1968 年 12 月基本建成。"75·8"洪水后,1976~1980 年对水库进行了加固,防洪标准提高至 100 年一遇洪水设计、10 000 年一遇洪水校核,总库容 3777 万 m³。

主坝为黏土心墙砂壳坝(图 4.3-1),坝顶高程 109.50m,坝长 543.0m,最大坝高 26.5m,顶宽 6.0m。迎水坡 93.00m,高程设有 2.0m 宽戗台,戗台以下坡比 1:3.5,以上 93.00~100.00m 坡比 1:3.0,100.00~109.50m 坡比 1:2.7。背水坡 93.00m 高程亦设有 2.0m 宽戗台,戗台以上坡比 1:2,以下坡比 1:2.5。上游干砌石护坡,厚 0.3m,下部铺筑有 0.15m 厚的砂卵石垫层;下游坝坡为草皮护坡;主坝坝基中部设置有矩形混凝土截水墙,墙厚 0.8m,墙高 1.5m,底部位于弱风化花岗岩内 0.5m 处;坝后老河槽未设排水体,沿 93.00m 戗台及坝脚处设有 0.3m× 0.3m 的纵向排水沟一道,垂直坝轴线方向每隔 200.0m 设有横向排水沟一道。

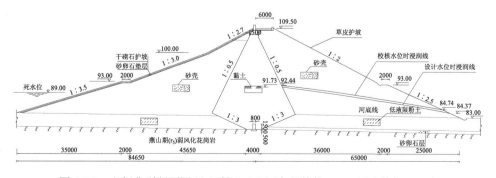

图 4.3-1　主坝典型断面图(主河槽 0+065)(高程单位:m;尺寸单位:mm)

左副坝为黏土心墙坝(图 4.3-2),坝顶高程 110.50m,坝高 9.0m,坝顶长 48.0m,顶宽 6.0m,砂土路面。上游坝坡 1:3,干砌石护坡;下游坝坡 1:2.5,草皮护坡。右副坝为黏土心墙坝(图 4.3-3),坝顶高程 110.50m,坝高 19.0m,坝顶长 170.0m,坝顶宽 6.0m,砂土路面。上游坝坡坡比 1:3,干砌石护坡;下游坝坡坡比 1:2.5,草皮护坡。周湾副坝为黏土斜墙坝,坝前设黏土铺盖长 10.0m,坝顶高程 108.40m,坝高 4.4m,坝顶长 152.0m,坝顶宽 3.0m。上游坝坡坡比 1:2.0,干砌块石护坡,下游坝坡坡比 1:2.5,草皮护坡。

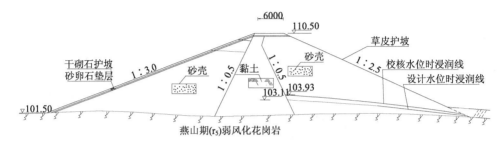

图 4.3-2　左副坝典型横断面图(单位高程为 m,长度为 mm)

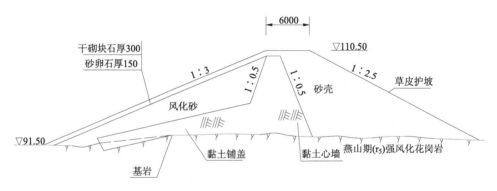

图 4.3-3　右副坝典型横断面图(单位高程为 m,长度为 mm)

溢洪道位于大坝左岸 200.0m 处,为开敞式溢洪道,堰顶形式为宽顶堰,上建闸控制。由闸前引水渠、闸室控制段、闸后渐变段、陡槽及尾水渠等组成。进口段为 50.0m 长引水渠与水库相连,梯形断面,紧接闸室段底部设有 10.0m 长的黏土铺盖,铺盖上部采用 0.3m 厚浆砌石护面。闸室控制段净宽 12.9m,设 3 孔 4.3m×3.6m(宽×高)闸门,闸室底板高程 102.00m,闸室长 8.8m,闸墩为钢筋混凝土结构。闸室后为陡坡和挑流式消能工,陡坡段全长 60.0m,平分为 5 段,矩形断面,钢筋混凝土护底,厚 0.5m,两岸侧墙均为 M7.5 浆砌石重力式挡土墙。挑流消能,消力池水平段长 12.8m,陡坡末端接挑流鼻坎,挑流鼻坎末端顶部高程 87.00m,挑角为 25°。尾水渠长 373m,右岸有防洪堤与坝区分开,两岸均采用砌石挡土墙，由于渠道狭窄，设计标准低，两岸护坡大面积坍塌。

输水洞位于主坝右端，是压力式坝下涵管，钢筋混凝土结构，分为 3 个部分：进口、洞身和出口。洞身全长 126.3m，直径 3.0m，进口底板高程 89.00m，出口底板高程 88.80m，洞身段每隔 20m 设有一道止水缝，设计洪水时泄量 78.3m³/s，校核洪水时泄量 81.0m³/s。进口安装有拦污栅。进、出口分别安装有平板钢制检修闸门和工作闸门。输水洞设有一个叉洞，供发电、城市供水用。

泄洪闸 (7 孔) 位于输水洞下游，其右侧为渠首闸。主要任务是宣泄输水洞下泄洪水及抬高堰前水位便于渠首引水。泄洪闸 (7 孔) 堰顶高程 (闸室底板高程) 88.40m，闸墩顶部高程 90.40m，工作桥桥面高程 92.40m；闸室长 3.26m，宽 23.34m，共 7 孔，每孔净宽 2.28m，安装有 7 扇钢筋混凝土平板闸门，无启闭机室。闸室下游为二级消力池，一级消力池宽 28.0m，长 7.5m，底板高程 81.13m，采用浆砌石砌筑，上游用 1∶3 的斜坡段同闸室相连；二级消力池为 1976 年加固时接长部分，池宽 28.0m，池长 13.2m，底板高程 78.63m，采用浆砌石砌筑，与一级消力池之间用 20.0m 长浆砌石海漫连接。

4.3.2 大坝主要病险与成因分析

4.3.2.1 大坝主要病险

主坝坝体填筑质量差，坝体渗漏严重，渗流安全不满足规范要求；上游坝坡 93.00m 高程平台以上，尤其是上游坝坡库水位变动区即 100.00～106.00m 范围内，块石塌陷、位移、损坏严重；下游坝坡杂草丛生，坡脚处坑洼不平，排水设施不完善；坝体存在白蚁危害；安全监测设施及管理设施不完善[19-22]。

左副坝下游坝坡绕坝渗漏严重，坝体渗流稳定不满足规范要求；下游坝坡杂草丛生，坡脚处坑洼不平，排水设施不完善；安全监测设施及管理设施不完善。

右副坝上游坝坡凹凸不平、杂草横生；下游坝坡杂草丛生，排水设施不完善；安全监测设施及管理设施不完善。

周湾副坝渗漏严重，坝体渗流安全不满足规范要求；下游坝坡无排水设施；安全监测设施及管理设施不完善。

溢洪道泄洪闸闸后侧墙渗漏严重；溢洪道泄洪闸闸室控制段及上、下游翼墙的稳定安全系数、闸墩顶部高程均满足规范要求，但混凝土闸墩碳化严重；溢洪泄洪闸消能设施满足规范要求，但尾水渠底宽狭窄、不规则，设计标准低，护岸砌筑质量差，下游尾水渠岸坡护砌大面积坍塌，已严重影响水流的平顺下泄；金属结构及机电设备陈旧，老化锈蚀严重。

输水洞洞身结构安全，但混凝土洞身碳化、气蚀严重，局部钢筋裸露锈蚀，危及坝体安全；洞身伸缩缝内止水失效，引起洞身外壁漏水，导致洞身周边存在接触冲刷的可能；输水洞闸室稳定安全系数满足规范要求，但进出口混凝土闸墩碳化严重；输水洞出口工作桥桥面板及混凝土桥墩碳化、裂缝现象较为严重；金属结构及机电设备均为 20 世纪 60、70 年代产品，设备陈旧，老化锈蚀严重。

泄洪闸(7 孔)闸室稳定安全系数满足规范要求，但混凝土闸门、闸墩及露天工作桥碳化、裂缝现象较为严重；无启闭机室；泄洪闸(7 孔)消力池长度和深度满足规范要求，但下游二级消力池浆砌石底板及边墙淘蚀、变形严重，存在有多处空洞，致使砌体强度降低，影响泄洪闸(7 孔)的安全运用；泄洪闸(7 孔)下游尾水渠底宽不规则，影响了水流的平顺下泄；金属结构及机电设备均为 20 世纪 60、70 年代产品，设备陈旧，老化锈蚀严重。

4.3.2.2　主坝坝体渗漏安全隐患与成因分析

1. 主坝坝基地质条件和坝体工程质量

1)主坝基岩断层及破碎带的处理

水库主坝坝基为弱风化花岗岩(弱风化)，岩层面出露高程 77.50～81.50m，以下岩心较为坚硬、完整，岩心多达 1m 长圆柱状,经压水试验，透水率 4.9～9.3Lu，属于弱透水岩体，无断层及破碎带；坝基清基彻底，在心墙中心位置开挖有齿槽与黏土心墙连接，无软弱夹层与废渣。

2)主坝工程地质及评价

心墙填土以低液限黏土、低液限粉土为主，且夹杂耕种有机质土，心墙填筑压实度低，不满足设计要求。主坝坝体填土在 99.00～109.30m 以上一般均呈中等透水性，渗透系数为 6.09×10^{-4}～7.62×10^{-4}cm/s，0+070 钻孔处稍有异常，92.80m 以上呈中等透水性,渗透系数为 5.3×10^{-4}cm/s, 92.80m 以下渗透系数为 7.11×10^{-7}～5.05×10^{-5}cm/s，属于微弱透水性特征。综上，坝体存在渗漏问题。设计采用劈裂灌浆对坝体渗漏问题进行处理，帷幕厚 0.15m，桩号 0+000～0+400 段上至坝顶下入坝体弱透水层 3.0m；桩号 0+400～0+543 段上至坝顶下入基岩以下 1.0m。

复建初期，未埋设监测设施。为监测大坝渗流状况，1981 年在 0+065、0+175 和 0+290 断面等断面增设浸润线监测断面，每个断面分别于坝顶、下游坝坡高程 105.00m 处、下游 93.00m 高程平台处埋设坝体浸润线观测管。但近年来观测管大部分损坏，下游未设量水堰，给渗流分析造成了一定困难。

2. 坝体渗漏与成因分析

当库水位达 104.50m 时，主坝下游坝坡坡脚处潮湿现象明显，尤其在 0+065 下游坡脚 84.60～84.90m 高程处，水草茂盛，渗漏明显，该段坝体渗流量随时间的推移逐渐增大。分段注水试验表明，主坝存在渗漏问题，在高程 99.00～109.50m

一般呈中等透水性。

历年浸润线监测数据可靠性不高,采用较完整且较可靠的 1988~1999 年的实测数据进行分析。桩号 0+065 断面处观测管水位与库水位关系密切,随库水位升降而升降,滞后不明显,且水位呈逐年上升趋势。

勘探资料揭示,坝基清基彻底,无软弱夹层与废渣,且在坝基底部布置有混凝土截水墙,运行以来,坝基渗流性态表现正常。

可见,坝体渗漏的主因是心墙填筑质量差,上部渗透系数不满足规范要求。

4.3.2.3　左右副坝坝体渗漏安全隐患与成因分析

1. 坝基工程地质条件和坝体工程质量

左副坝坝层为花岗岩(强风化),裂隙发育,岩石风化强烈,岩心多粗砂状,采用帷幕灌浆进行防渗处理,深入基岩以下 5m;右副坝坝基清基彻底,基础地质为燕山期花岗岩(强风化)组成,坝基岩石风化强烈,岩心呈粗砂状,透水率 0.46Lu,弱透水性,无断层及破碎带;周湾副坝坝基为花岗岩(强风化),岩石风化强烈,裂隙发育,岩心粗砂状,透水率为 0.26~5.02Lu,弱透水性,无断层及破碎带,坝基不存在渗流安全问题。

左副坝心墙填土高 8.0~9.0m,以黄色低液限黏土、低液限粉土为主,但碾压不密实,根据 5 组取土测试结果,干密度 1.54~1.62g/cm^3,均小于设计要求值 1.65g/cm^3 的标准,标准贯入值 4~6 击,钻孔注水试验渗透系数为 $3.2×10^{-4}$~$8.1×10^{-4}$cm/s,呈中等透水性。

右副坝坝基清基彻底,基础地质为燕山期花岗岩(强风化)组成,左、右坝肩开挖有齿墙与黏土心墙连接。心墙填土高 4.4~19.0m,坝基岩石风化较强烈,合金易钻,钻后岩心呈粗砂状,据钻孔注水试验,渗透系数 $4.6×10^{-6}$cm/s,为弱透水性。坝体填土以黄色低液限黏土为主,碾压密实,标准贯入值 8~10 击,干密度 1.62~1.65g/cm^3,渗透系数 $3.92×10^{-6}$~$4.3×10^{-5}$cm/s,弱透水性,右副坝基础地质情况良好,坝基及岸坡处理得当,坝体填筑质量符合设计要求,运行以来右副坝未发现渗漏隐患。

2. 左副坝坝体渗漏与成因分析

由于坝体填筑质量不高,两端包山工程处理不彻底,建成后,该副坝段的坝体后坡绕渗、漏水现象一直十分严重。在距坝坡坝脚的 13m、32m 处,分别在高程 101.7m、100.30m 处长年有渗流,漏水量在 0.85L/s 左右,随库水位增减。水色锈黄,夹有细砂颗粒,出水处呈沼泽状,存在渗流安全隐患。

4.3.2.4　周湾副坝坝体渗漏安全隐患与成因分析

周湾副坝坝基为花岗岩(强风化)，岩石风化强烈，裂隙发育，岩心为粗砂状，透水率为 0.26～5.02Lu，弱透水性。填筑土高 4m，填筑土料以低液限黏土、低液限粉土为主，内含大量花岗岩强风化砂，标准贯入值 3～5 击，干密度 1.53～1.54g/cm^3，渗透系数 3.9×10^{-4}～7.9×10^{-4}cm/s，中等透水性，坝体渗漏严重，填土底部与基岩接合处多充填有草根、树枝等有机质软土，清基质量较差。

4.3.3　除险加固主要内容与实施情况

水库主体工程除险加固于 2008 年 10 月 20 日～11 月 30 日实施，并于 2011 年 5 月 14 日通过工程验收；周湾副坝及输水洞等加固工程未完成。

4.3.3.1　除险加固的主要内容

1. 主坝

最大坝高 26.5m，坝体应力情况较简单，采用劈裂灌浆对主坝坝体渗漏问题进行处理，坝体劈裂灌浆范围为桩号 0+000～0+543 段。根据工程经验，距防浪墙 1.0m 单排布孔，分两序孔施灌，最终孔距为 3.0m，黏土浆灌注。根据基础情况，0+000～0+400 段灌浆孔钻至进入弱透水层 3.0m 处结束；0+400～0+543 段钻孔钻至黏土心墙坝体与花岗岩坝基接触面以下 1.0m 处。

坝体内某点最大可能水压力用下式表示：

$$\gamma_w h_w = \sigma_3 + |\sigma_t| \tag{4.3-1}$$

式中，$\gamma_w h_w$ 为坝体内某点最大可能水压力(kPa)；h_w 等于库水位与该点间的水压力；σ_t 为坝体土体单轴抗拉强度(kPa)，取 σ_t=13kPa；σ_3 为坝体土体小主应力，经试验确定 σ_3=138kPa。

假定 $\gamma_w h_w$、σ_t 为常数，坝体小主应力 σ_3 用下式表示：

$$\sigma_3 = k_3 \gamma h \tag{4.3-2}$$

式中，γh 为坝体内某点土柱压力(kPa)；k_3 为坝体横向侧压力系数。

假定坝体土不发生弱应力破坏所要求的最小横向侧压力系数为 k_4，则

$$k_4 = \frac{\gamma_w h_w - |\sigma_t|}{\gamma h} \tag{4.3-3}$$

取河槽段 0+065 断面进行验算，$k_3 < k_4$，坝体土处于小主应力不足状态。

起始劈裂压力 Δp_1 按下式控制：

$$\Delta p_1 = k_3 \gamma H + \sigma_t - 0.9 \gamma' h' \tag{4.3-4}$$

式中，γ 为坝体土湿容重，取 19.7kN/m³；γ' 为浆体容重，取 14kN/m³；考虑基础 0.5m，坝高 H=27.0m；h' 为滑动面以上泥浆柱高度(m)，h'=7.5m，Δp_1=108.7kPa。

最大允许注浆压力 ΔP 用下式计算：

$$\Delta P = \alpha\sigma_3 - \sigma_2 + \sigma_t - \gamma'h \qquad (4.3\text{-}5)$$

式中，σ_3 为作用在钻孔平面上劈裂点处的最小主应力(kPa)；σ_2 为延钻孔平面劈裂点处三向应力状态的中间主应力(kPa)，在河槽段 $\sigma_2=\mu(\sigma_1+\sigma_3)$，$\mu$ 为泊松比，取 0.35；σ_1 为三向应力状态的最大主应力(kPa)，近似取 0.9 倍土柱重；σ_t 为土体的单轴抗拉强度(kPa)，取 13.0kPa；α 为圆孔应力集中系数，取 2.5；h 为全孔灌浆时注浆管高度(m)；γ' 为浆体容重，取 14kN/m³。

经计算，ΔP=183.5kPa。

灌浆帷幕厚度按不透水地基条件下土坝心墙计算公式求得，为简化计算，根据坝体与浆体渗透系数的比值 k/k' 将浆体厚度折算与坝体相同渗透系数的厚度。

土坝的渗流量由以下公式计算：

$$\frac{q}{k} = \frac{H_1^2 - h_0^2}{2(L_1 - m_2 h_0)} \qquad (4.3\text{-}6)$$

$$\text{当下游无水时，} \quad h_0 = \frac{q}{k}(m_2 + 0.5) \qquad (4.3\text{-}7)$$

式中，$L_1=\Delta L+L$；$L=L_3+k\delta_{cp}/k'+L_2$；$L_3=b/2+(H-H_1)m_1$；$\Delta L+=H_1[m_1/(2m_1+1)]$；$\Delta L$ 为上游等效虚拟矩形宽度(m)；h_0 为下游特征水深(m)，下游无水时为出逸点高度；b 为坝顶宽度(m)；H 为最大坝高(m)；H_1 为坝的最高设计水位(m)；m_1 为上游边坡系数；m_2 为下游边坡系数；k 为坝体土渗透系数(cm/s)；k' 为浆体帷幕渗透系数(cm/s)；δ_{cp} 为浆体帷幕平均厚度(m)；L_2 为下游半坝宽度(m)。

当上游 H_1=22.16m 时，帷幕 14.8cm 厚可满足防渗要求。帷幕厚度的渗透破坏验算：

$$J \leqslant J_{允} \qquad (4.3\text{-}8)$$

式中，J 为浆体帷幕中的渗透坡降，$J=\Delta H/\delta$（ΔH 为帷幕上下游水位差）；$J_{允}$ 为固结后的浆体在有保护条件下的允许渗透坡降，取 $J_{允}$=150。

帷幕上、下游水位差 ΔH=22.16m。$J=\Delta H/\delta$=22.16/0.148=149.7< $J_{允}$=150，满足要求。为确保工程处理效果，选定帷幕灌浆厚度为 0.15m。

主坝除险加固主要内容和布置见图 4.3-4。

2. 左副坝

1) 坝基防渗加固

对左副坝 0+000～0+050 共 50m 范围内坝基进行帷幕灌浆防渗处理，灌注水泥浆孔距上游坝肩 1.0m，采用单排灌浆，三序孔施灌，水泥浆为 425#，灌浆压力控制在 0.5～1MPa 范围，自上而下以 5～7m 的段长分段施灌，灌浆孔要达基岩以下 5m，共 25 孔，终孔孔距 2.0m，孔径不小于 75mm。

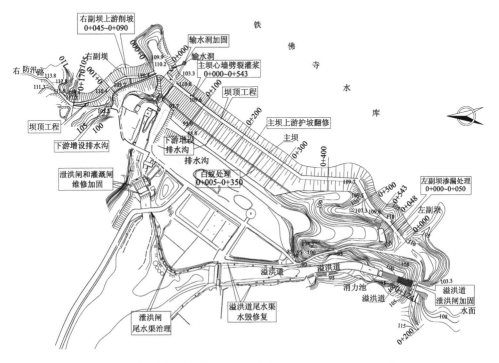

图 4.3-4　主坝及部分副坝除险加固平面布置图（单位：m）

2) 坝体防渗加固

左副坝心墙填土以黄色低液限黏土、低液限粉土为主，但碾压不密实，渗透系数为 $3.2×10^{-4}～8.1×10^{-4}$cm/s，呈中等透水性。在距坝脚 13m、32m 处，分别在高程 101.70m、100.30m 处长年有渗水，漏水量在 0.85L/s 左右，随库水位增减。水色锈黄，夹有细砂颗粒，出水处呈沼泽状，对水库大坝的安全造成隐患。

加固处理范围为左副坝 0+000～0+050 段，采用劈裂黏土灌浆。单排布孔，布置在据上游坝肩 1.0m 处，分两序孔施灌，设计最终孔距为 3.0m，黏土浆灌注，钻孔钻至黏土心墙坝体与花岗岩坝基接触面处。计算方法及公式同主坝。经计算，起始劈裂灌浆压力 ΔP_1=171.5kPa；设计帷幕灌浆厚度为 0.15m；选用高液限黏土作为浆料，泥浆密度采用 1.4～1.6g/cm³；水与干土质量比为 0.8：1～1：1。经计算得最大允许注浆压力 ΔP=171.5kPa。

灌浆帷幕厚度按不透水地基条件下土坝心墙的计算公式求得，为简化计算，可根据坝体与浆体渗透系数的比值 K/K' 将浆体厚度折算与坝体相同渗透系数的厚度。经计算，当上游最大水头 H_1=16.87m 时，帷幕厚度 12.6cm 即可满足防渗要求。为确保处理效果，选定设计帷幕灌浆厚度为 0.15m。

3. 周湾副坝

结合坝体防渗及大坝防洪能力要求，对原坝体加高培厚，将坝顶加高至108.90m 处，坝顶长 160.0m，顶宽 6.0m，坝顶路面为 0.2m 厚 C20 混凝土结构。培厚前，将强风化花岗岩表层清除 0.50m 并清洗干净，坝体上游坡坡度 1：3，用干砌石护砌，厚 0.4m，下垫碎石厚 0.2m；且在坝前设黏土截渗槽，截渗槽深 2.0m，截渗槽与原坝体黏土防渗铺盖紧密结合。坝体下游坡坡度 1：2.5，草皮护坡。下游坝脚设横向排水沟四道，C15 混凝土结构，断面尺寸为 0.3m×0.3m；坝脚设纵向排水沟一道，总长 150m，外坡 1：2 采用干砌石护砌，沟底为 C15 混凝土结构。

4.3.3.2　除险加固实施情况

1. 主坝

主坝劈裂灌浆工程于 2009 年 3 月 10 日～6 月 15 日实施。主要内容：黏土心墙采用劈裂灌浆，灌浆范围为桩号 0+000～0+543，劈裂灌浆采用自上而下灌浆法灌注黏土浆，距上游防浪墙 1m 单排布孔，分二序孔施灌，最终孔距 3m，桩号0+000～0+400 灌浆孔钻至弱透水层 3.0m，桩号 0+400～0+543 灌浆孔钻至坝体与坝基接触面以下 1.0m 处。

2. 副坝

副坝工程于 2009 年 10 月 15 日～11 月 30 日实施。主要内容：左副坝 0+000～0+050 基岩灌浆采用单排水泥帷幕灌浆，分三序孔施工，终孔孔距 2m，终孔孔径不小于 75mm，钻孔深度达坝体基岩以下 5m，坝体采用心墙劈裂黏土灌浆，单排布孔，布置在距上游坝肩 1.0m 处，分二序孔施灌，终孔距离 3m，灌浆孔钻至坝体与坝基接触面处，帷幕灌浆底界伸入相对隔水层不少于 5m，相对隔水层透水率 $q \leqslant 10Lu$，设计防渗标准为 $q \leqslant 10Lu$。下游坝坡增加纵向排水沟 1 条，长 50m，过水断面 0.4m×0.3m(宽×深)，下游坝坡草皮护坡。

采用分段卡塞单点压水试验法检查，检查孔数不少于总孔数的 10%，帷幕灌浆共 101 孔，设计透水率≤5.0Lu，共布置 10 个检查孔，压水试验 30 段，压水试验段透水率的合格率为 100%。从帷幕灌浆质量检查统计及帷幕灌浆检查孔压水试验统计分析可看出，从灌浆前后透水率的变化来看，灌浆的效果是比较明显的，灌浆后的透水率较灌浆前有明显下降。

4.3.4　除险加固效果分析

4.3.4.1　安全监测资料分析

大坝建成时未设置任何安全监测设施，1981 年曾选择 0+065、0+175 和 0+290 断面埋设坝体浸润线观测管，共 3 排 12 个点，除险加固前已损坏。除险加固阶段对主坝渗流监测设施进行了重新布设。设计在桩号 0+065、0+160、0+260 各增设一排共 15 根浸润线观测管，在左副坝 0+028 增设一排共 4 根浸润线观测管，在右副坝 0+060、0+110 各增设一排共 8 根浸润线观测管，在周湾副坝 0+045、0+095 各增设一排共 6 根浸润线观测管。其中，主坝各断面分别在心墙中部和下游侧设置 1 个测点，在下游砂壳设置 3 个测点；副坝各断面分别在心墙中部和下游侧设置 1 个测点，在下游砂壳设置 2 个测点，每测点埋设一根观测管。同时，为了监测主坝和周湾副坝渗流量，在主坝和周湾副坝坝脚排水沟汇流处各增设三角形量水堰 1 个，其中主坝三角形量水堰设置在坝脚 0+200 排水沟汇合处。

除险加固设计浸润线观测管 33 个，仅完成主坝及左右副坝测压管 21 个，具体为主坝桩号 0+065、0+160、0+260 处共设 15 根浸润线观测管，右副坝桩号 0+060、0+110 处共设 4 根浸润线观测管，左副坝桩号 0+028 处浸润线观测管 2 根，其余未实施。主坝浸润线观测管布置见图 4.3-5。

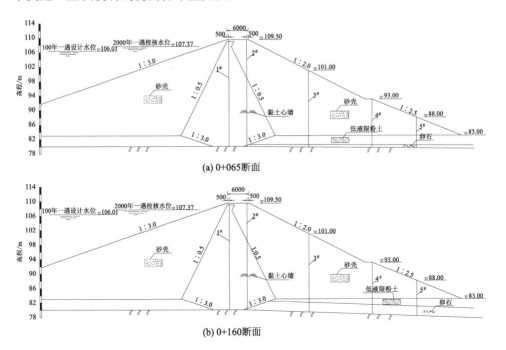

(a) 0+065断面

(b) 0+160断面

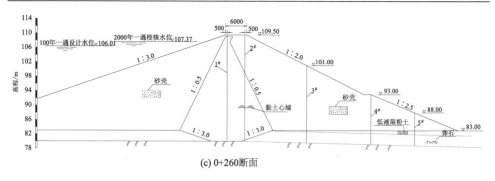

图 4.3-5　主坝浸润线监测断面布置图(高程单位：m；尺寸单位：mm)

浸润线观测管埋设完成后多年未取得监测数据，2019 年 3 月 21 日开始对主坝浸润线观测管开始观测，观测频次为 2～5 次/月，至 2020 年 7 月 22 日共获得观测数据 48 组。各根观测管测值过程线如图 4.3-6～图 4.3-8 所示。

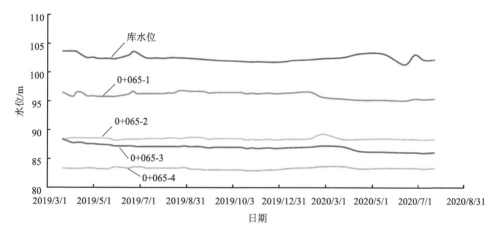

图 4.3-6　主坝 0+065 断面测压管测值序列过程线

浸润线观测管管水位总体变化不大，除埋设于心墙部位的 0+065-1 受库水位影响明显外，其余测点保持平稳，主坝渗流性态总体稳定。不同断面测压管水位变化有一定差异。0+160 断面不论是心墙还是下游坝壳内测压管水位均较低，黏土心墙消减水头明显，消减水头约为 85%，心墙防渗效果好。0+065 断面心墙内测压管水位较高，但心墙下游侧及下游坝壳内测压管水位均较低，黏土心墙消减水头约为 74%，心墙防渗效果也较好。0+260 断面心墙内及心墙下游侧测压管水位均较高，黏土心墙消减水头约为 57%，防渗效果一般；下游坝壳内测压管较低，但有缓慢增长趋势，监测以来水头已增加近 1.5m。

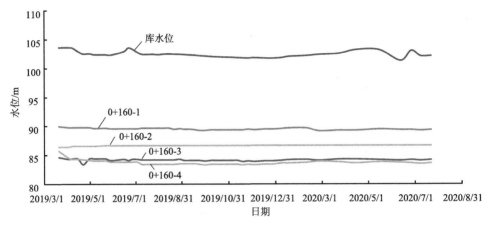

图 4.3-7　主坝 0+160 断面测压管测值序列过程线

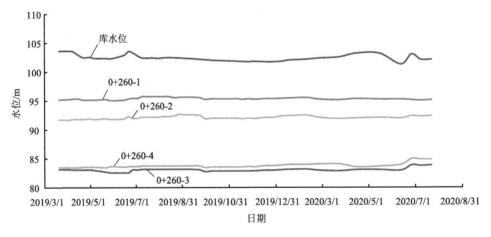

图 4.3-8　主坝 0+260 断面测压管测值序列过程线

除险加固前 0+065、0+175 和 0+290 断面，每个断面分别于坝顶、下游坝坡高程 105.00m 处、下游 93.00m 高程平台处埋设坝体浸润线观测管，共 3 排 12 根，采用较完整且较合理的 1988～1999 年的监测数据进行对比分析。

除险加固前库水位与观测管水位过程线见图 4.3-9～图 4.3-11，对比图 4.3-6～图 4.3-11 可以看出：坝体心墙灌浆处理后，0+065～0+175 断面心墙渗流较除险加固前降低明显，心墙防渗性能明显改善；对比 0+260 和 0+290 断面，坝体渗透压力无明显变化，除险加固后心墙后坝体渗透压力仍较大，说明该区域坝体灌浆未起到明显的防渗效果，大坝仍存在局部渗流的薄弱部位。

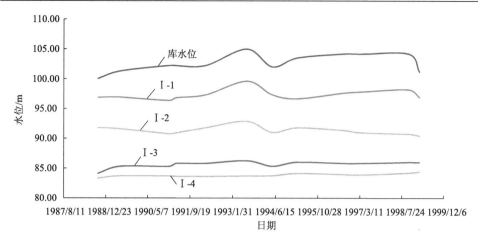

图 4.3-9　0+065 断面库水位与测压管水位过程线图

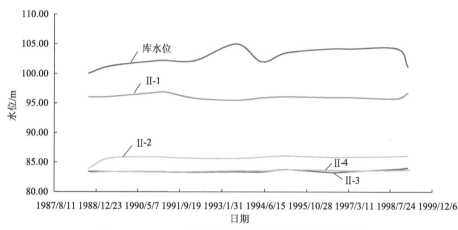

图 4.3-10　0+175 断面库水位与测压管水位过程线图

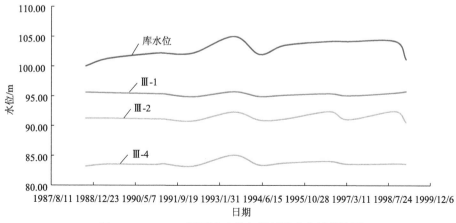

图 4.3-11　0+290 断面库水位与测压管水位过程线图

4.3.4.2　数值分析

分别选取 0+065 和 0+260 断面进行渗流计算分析。

1. 数值计算模型和结果

除险加固后，水库保持在较低库水位运行，为预测未来高水位情况下的大坝渗流状态，采用有限元进行渗流计算分析。分别选取主坝(0+065 和 0+260 断面)、左副坝、右副坝、周湾副坝典型断面进行渗流有限元计算分析，根据除险加固地质勘察资料，对坝体断面进行分区，建立有限元模型分别如图 4.3-12～图 4.3-15 所示。

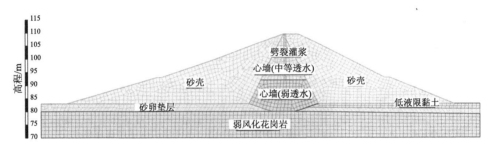

图 4.3-12　主坝典型断面有限元网格

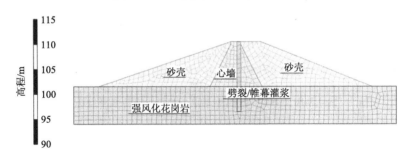

图 4.3-13　左副坝典型断面有限元网格

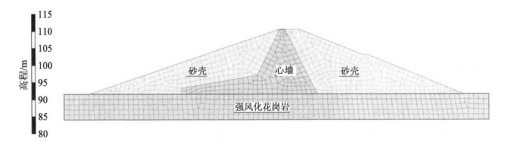

图 4.3-14　右副坝典型断面有限元网格

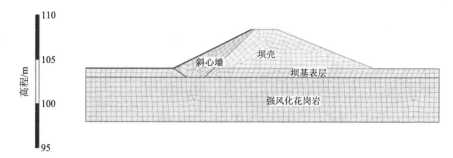

图 4.3-15　周湾副坝典型断面有限元网格

计算断面各区渗透系数参照除险加固地质勘察资料与补充勘测资料、试验数据及工程经验确定，综合分析选取的渗透参数见表 4.3-1。

表 4.3-1　大坝典型断面各分区材料采用渗透系数　　　　　　（单位：cm/s）

断面	材料号	渗透系数分区	渗透系数		孔隙率/%
			k_x	k_y	
主坝	1	心墙 1(中等透水层)	7.0×10^{-4}	7.0×10^{-4}	42
	2	心墙 2(弱透水层)	6.0×10^{-6}	6.0×10^{-6}	42
	3	砂壳	5.4×10^{-3}	5.4×10^{-3}	37
	4	坝基 1(低液限黏土)	1.0×10^{-4}	1.0×10^{-4}	42
	5	坝基 2(砂卵垫层)	1.0×10^{-3}	1.0×10^{-3}	37
	6	坝基 3(弱风化花岗岩)	1.0×10^{-6}	1.0×10^{-6}	31
	7	劈裂灌浆	1.0×10^{-7}	1.0×10^{-7}	—
左副坝	1	心墙	6.0×10^{-4}	6.0×10^{-4}	45
	2	砂壳	7.4×10^{-3}	7.4×10^{-3}	27
	3	坝基(强风化花岗岩)	4.6×10^{-6}	4.6×10^{-6}	31
	4	劈裂/帷幕灌浆	1.0×10^{-7}	1.0×10^{-7}	—
右副坝	1	心墙	5.0×10^{-5}	5.0×10^{-5}	40
	2	砂壳	7.4×10^{-3}	7.4×10^{-3}	26
	3	坝基(强风化花岗岩)	4.6×10^{-6}	4.6×10^{-6}	31
周湾副坝	1	斜墙	5.9×10^{-4}	5.9×10^{-4}	40
	2	砂壳	7.4×10^{-3}	7.4×10^{-3}	26
	3	坝基 1(表层)	1.0×10^{-3}	1.0×10^{-3}	41
	4	坝基 2(强风化花岗岩)	1.0×10^{-5}	1.0×10^{-5}	31

参考《碾压式土石坝设计规范》（SL 274—2020），确定大坝渗流性态分析的计算工况包括：正常蓄水位 105.35m、设计洪水位 106.01m、校核洪水位 107.37m

及相对应的下游相应水位。渗流监测资料分析表明，主坝不同断面存在渗流差异性，主坝渗流有限元计算分析中对 0+065 断面考虑劈裂灌浆效果，对 0+260 断面不考虑劈裂灌浆，分别进行渗流分析。计算主、副坝典型断面在上述工况下相应部位的渗流要素，列于表 4.3-2。

表 4.3-2 计算断面不同工况下关键部位渗流要素表 ［单位：m³/(m·d)］

计算断面	计算工况	渗透坡降	发生部位	允许渗透坡降	渗流量
主坝 (0+065)	正常蓄水位 105.35m	0.41	心墙(劈裂灌浆后)	0.69	0.950
		1.30	心墙(截水槽底部)	0.69	
		66	灌浆帷幕	150	
		0.14	坝基砂卵石层	0.20	
	设计洪水位 106.01m	0.43	心墙(劈裂灌浆后)	0.69	1.005
		1.33	心墙(截水槽底部)	0.69	
		71	灌浆帷幕	150	1.005
		0.15	坝基砂卵石层	0.20	
	校核洪水位 107.37m	0.50	心墙(劈裂灌浆后)	0.69	1.153
		1.41	心墙(截水槽底部)	0.69	
		82	灌浆帷幕	150	
		0.16	坝基砂卵石层	0.20	
主坝 (0+260)	正常蓄水位 105.35m	0.78	心墙(上部)	0.69	3.976
		1.28	心墙(截水槽底部)	0.69	
		0.15	坝基砂卵石层	0.20	
	设计洪水位 106.01m	0.83	心墙(上部)	0.69	4.306
		1.30	心墙(截水槽底部)	0.69	
		0.16	坝基砂卵石层	0.20	
	校核洪水位 107.37m	0.92	心墙(上部)	0.69	5.838
		1.36	心墙(截水槽底部)	0.69	
		0.17	坝基砂卵石层	0.20	
左副坝	正常蓄水位 105.35m	0.06	心墙	0.52	0.014
		22	灌浆帷幕	150	
	设计洪水位 106.01m	0.07	心墙	0.52	0.018
		26	灌浆帷幕	150	
	校核洪水位 107.37m	0.10	心墙	0.52	0.026
		34	灌浆帷幕	150	
右副坝	正常蓄水位 105.35m	0.36	心墙	0.57	0.103

续表

计算断面	计算工况	渗透坡降	发生部位	允许渗透坡降	渗流量
右副坝	设计洪水位 106.01m	0.38	心墙	0.57	0.114
	校核洪水位 107.37m	0.43	心墙	0.57	0.141
周湾副坝	正常蓄水位 105.35m	0.18	斜墙	0.53	0.154
		0.13	坝壳	0.20	
	设计洪水位 106.01m	0.35	斜墙	0.53	0.329
		0.20	坝壳	0.20	
	校核洪水位 107.37m	0.87	斜墙	0.53	1.096
		0.27	坝壳	0.20	

2. 计算结果分析

坝体土体渗透破坏的临界水力坡降由下式计算：

$$J_{cr} = (G_s - 1)(1 - n), n = \frac{e}{1 + e}, e = \frac{G}{\rho_d} \gamma_w - 1 \qquad (4.3\text{-}9)$$

式中，J_{cr} 为临界水力坡降；G 为土粒的比重，取 2.73；G_s 为土的颗粒密度与水的密度之比；ρ_d 为土粒的干密度，加固后取 $\rho_d = 1.62\text{g/cm}^3$；$\gamma_w$ 为水的容重，$\gamma_w = 1.0\text{g/cm}^3$；$e$ 为土的孔隙比；n 为土的孔隙率(%)。

代入计算得主坝 $J_{cr} = 1.04$，渗透安全系数取 1.5，计算得允许渗透坡降为 0.69；左副坝心墙填筑土的孔隙比 e 取 0.82，渗透安全系数取 1.8，允许渗透坡降为 0.52；右副坝心墙填筑土的孔隙比 e 取 0.65，渗透安全系数取 1.8，允许渗透坡降为 0.57。劈裂灌浆固结后的浆体在有保护条件下的允许渗透坡降，由试验确定，参照多座水库劈裂灌浆试验值，取 $J_{允} = 150$。

主坝 0+260 断面及左右副坝典型计算断面坝体坝基部位的渗透坡降基本均小于其允许值。主坝心墙(截水槽底部)渗透坡降较大，根据地质勘察资料，坝基清基较为彻底，且坝基底部布置有混凝土截水墙，认为渗流稳定总体满足规范要求。主坝 0+260 断面因劈裂灌浆效果不佳，主坝心墙的渗透坡降在各工况下均大于其允许值，坝体渗流稳定不满足规范要求。

周湾副坝坝体和坝基表层防渗性能较差，渗透系数不满足规范要求，在坝前水位升高后大坝渗透坡降和渗流量迅速增大，校核洪水位工况时斜墙和坝壳出逸渗透坡降均大于允许值，存在渗透破坏安全隐患，渗流稳定不满足规范要求。

4.3.4.3 综合分析

主坝坝基防渗效果整体较好,局部残留有含砾中粗砂;黏土心墙填筑质量较差,压实度和渗透系数不符合规范要求,除险加固劈裂灌浆后局部仍存在渗漏隐患。左副坝坝基裂隙发育,心墙填筑质量较差,渗透系数不满足规范要求,除险加固采用坝基和坝肩帷幕灌浆、坝体劈裂灌浆防渗处理,现状桩号 0+037 坝脚100.40m 高程有 1 处渗水点。右副坝坝基弱透水,坝体心墙填筑质量基本符合设计要求。周湾副坝坝基清基不彻底,坝体填筑质量差,压实度和渗透系数均不满足规范要求,原拟做爆破室的洞室直接废弃未做处理,存在渗流安全隐患。

渗流监测资料分析表明,主坝渗流性态总体稳定,局部区域(0+260 断面附近)心墙灌浆处理后防渗效果无明显改善,反映主坝仍存在渗流薄弱部位。有限元计算分析表明,主坝 0+065 断面及左、右副坝各典型计算断面坝体坝基部位的渗透坡降基本均小于其允许值,渗流稳定总体满足设计要求;主坝 0+260 断面坝体渗流稳定不满足规范要求。周湾副坝坝体和坝基防渗性能差。溢洪道右岸下游翼墙高水位运行时渗水明显。

4.4　澎 河 水 库

4.4.1　工程概述

澎河水库位于鲁山县城东南 17.5km 处的马楼乡宋口村南澎河上,坝址以上控制流域面积 209.2km², 控制河道长度 34km。水库除险加固前总库容为 6020 万 m³, 除险加固后总库容为 7015 万 m³, 是一座以防洪、灌溉、发电为主,兼顾水产养殖等综合利用的中型水库。

枢纽工程由大坝、溢洪道、输水洞组成。

大坝河槽段 0+106.3~0+366.3 段为黏土斜墙砂壳坝,其余坝段为均质土坝。坝顶高程 157.00m,最大坝高 32m,坝顶宽 5m,坝长 630.30m,防浪墙顶高程158.20m。大坝上游坡为干砌石护坡,坡比自上而下分别为 1:2.5、1:3.5,在高程 140.00m 设 2m 宽平台;下游坡为干砌石护坡,坡比自上而下分别为 1:2、1:2.5,在高程 149.00m 处设 2m 宽平台。

溢洪道位于右岸,距右坝肩约 100m 处,溢洪道控制段设有 WES 型溢流堰,堰底板高程 143.50m,堰顶高程 147.50m,堰顶长 82m,采用内浆砌石外混凝土结构,设计最大泄量 2090m³/s。出口建有折线形实用堰,堰底高程 143.50m,堰顶高程 145.50m,堰下游为陡坡及挑流鼻坎。

输水洞位于左岸台地上,坝顶桩号 0+438.5 处。由进口连接段、闸室段、洞身段、出口段等部分组成，1978 年采用钢丝水泥衬砌，变无压洞为有压洞，出口安装直径 1.0m 的工作闸阀，改启闭塔平板直升钢闸门为检修闸门。洞身结构为直径 1.4m 的有压钢筋混凝土圆涵。洞身长 207m，进口底部高程 131.50m，出口高程 130.00m，洞长 207m，输水洞最大泄量 11m³/s。

水库于 1958 年春动工兴建，1959 年底基本建成，后经 1962～1967 年续建，坝顶高程 153.50m，最大坝高 28.5m，坝顶宽 3.5m，坝顶长 517m，河槽段 0+106.3～0+366.3 段为黏土斜墙砂壳坝，其余坝段为均质土坝。"75•8"大洪水后，于 1976 年将大坝加高 3.5m，坝顶高程 157m，最大坝高 32m，坝顶宽 5m，坝顶长 630.3m，其中右坝段加长约 62m，左坝段加长约 51m，防浪墙顶高程 158.20m。除险加固后，水库防洪标准为 100 年一遇，2000 年一遇洪水校核标准。

4.4.2　大坝主要病险与成因分析

4.4.2.1　大坝主要病险

大坝填筑质量差，多处出现塌坑，上下游坝坡坍塌变形明显，护坡块石风化破损严重，坝顶及防浪墙出现多条裂缝；坝基清基不彻底，坝体渗透系数大、反滤层破坏，导渗沟和排水沟倒塌、淤积严重，下游坝坡散浸，坝脚多处渗水，渗透坡降不能满足防渗要求；溢洪道地质条件差，进口段无护坡，溢流堰两边坡高程低，消能设施不完善，出口下游两岸冲刷严重；输水洞施工质量差，洞身漏水严重，渗透破坏性大；安全监测设施老化、不完善，缺乏管理设施[23,24]。

大坝上游坡启闭塔旁，桩号 0+423 附近、高程 141.00m 左右，有一处 4m×5m 塌坑，坑深 0.4m。坝左端下游坝坡有一处 5m×5m 塌陷区。坝左端下游坡脚，桩号 0+431 处，高程在 143.00m 左右，有一处集中渗漏。2005 年 8 月因水库上游连降暴雨，库水位上涨 146.47m，大坝 0+400 下游坝坡、高程 143.00m 处发现散浸区，面积 200m²。坝体沉降裂缝，防浪墙裂缝 40 余条，最大缝宽 1.2cm。大坝上下游坡干砌块石护坡大部分为 15～30cm，粒径偏小，风化较严重，且出现塌坑、隆起，反滤体被冲刷掏空；下游排水沟倒塌、变形；坝脚导渗沟砌体倒塌、淤积。

溢洪道进口段岸坡及底板均未护砌，岸坡高程低，不满足防洪要求。新修溢流堰两岸边坡高程低于校核水位 155.35m，左岸山坳高程 150.91～159.86m，右岸山坳高程 151.67～160.70m，泄流时冲刷两岸边坡。溢流堰至挑流鼻坎段边坡和底板无护砌，下游底板水毁严重。挑流鼻坎下游两岸坍塌 200m 长，冲毁严重。

输水洞洞身为钢筋混凝土管涵，原闸门为混凝土预制闸门，由于漏水严重，1978 年春节完成了输水洞加固工程，内壁挂钢筋网喷涂混凝土，变无压洞为有压洞，闸门改为平板钢闸门，从运行看，未从根本上解决问题，进出口漏水严重。

水库管理设施不完善，无安全监测设施，防汛仓库破损。

4.4.2.2　成因分析

1. 坝基工程地质条件

大坝坝基由左坝肩、左岸阶地、河槽段及右坝肩组成。

1) 左坝肩(桩号 0+634.3～0+454.3)

左岸山体较雄厚,坡度较缓,自然边坡 10°～15°,山顶高程约 176.74m。地层岩性为元古界震旦系安山玢岩,其中强风化厚 1.0～2.8m,弱风化揭露厚度 7.7～10.7m,上部岩石透水率 11.44～12.35Lu,中等透水,存在绕坝渗漏问题,在坝下游昭平台南干渠坡脚岩石裂隙中,有多处渗水明流,流量有逐年增大趋势。

2) 左岸阶地(桩号 0+454.3～0+326.4)

该段地层岩性上部为第四系上更新统冲洪积粉质黏土,厚 3.8～8.7m,压缩系数 α_{V1-2}=0.20MPa^{-1},中等压缩性,渗透系数 k=8.66×10^{-7}cm/s,极微透水;该层标准贯入击数为 7 击,承载力特征值为 190kPa。下部为元古界震旦系安山玢岩,其中强风化岩石揭露厚度 0.6～3.3m,弱风化岩石揭露厚度 4.0～7.0m,岩石透水率 8.25Lu,弱透水,工程地质条件较好。

3) 河槽段(桩号 0+326.4～0+166)

该段地层岩性上部为第四系全新统冲洪积砾砂及上更新统冲洪积粉质黏土;其中砾砂揭露厚度 0.5～4.3m,其控制粒径 d_{60}=2.03mm,d_{30}=0.57mm,平均粒径 d_{50}=1.26mm,有效粒径 d_{10}=0.16mm,不均匀系数 C_u=15.34,曲率系数 1.27,级配良好,该层标贯试验杆长修正后击数为 11 击,承载力特征值为 194kPa,渗透系数 k=6.58×10^{-2}cm/s,属强透水,允许渗透坡降 0.15,抗剪强度指标黏聚力 C=0kPa,内摩擦角 φ=29.5°;粉质黏土分布于河槽左侧桩号 0+294.3～0+231.8 段,厚度自左向右逐渐变薄,在河槽中尖灭,揭露最大厚度 4.9m,压缩系数 α_{V1-2}=0.20MPa^{-1},中等压缩性,渗透系数 k=8.66×10^{-7}cm/s,极微透水,承载力特征值为 190kPa。中部地层岩性为第四系上更新统冲洪积粗砂,揭露厚度 1.5～5.0m,根据室内颗分试验,泥质含量 11.0%,控制粒径 d_{60}=0.85mm,d_{30}=0.40mm,平均粒径 d_{50}=0.66mm,有效粒径 d_{10}=0.05mm,不均匀系数 C_u=18.5,曲率系数 4.09,级配不良,该层标准贯入击数为 13 击,承载力特征值为 220kPa,渗透系数 k=3.47×10^{-2}cm/s,属强透水,允许渗透坡降 0.18,抗剪强度指标 C=0kPa,φ=30.0°。下部为元古界震旦系安山玢岩,岩石呈弱风化,揭露厚度 7.2～10.0m,岩石透水率 5.43～8.65Lu,弱透水。

该段施工时,因河床粗砂层厚度较大,清基时涌水量大,受当时条件限制未清基至基岩。为了防止渗透,采用截水槽及坝前铺盖防渗,截水槽长 150m,截水槽与砂卵石之间未设反滤层,坝前铺盖长 88.6m,最前端厚 1.0m,根部为 2.0m。

经计算，铺盖与坝体斜墙接触处在设计水位时铺盖的水力坡降为 11.3，大于黏土铺盖的允许水力坡降 5～10，存在铺盖被击穿的可能，而且铺盖长度不够；在大坝下游设量水堰 1 个，经多年观测，渗流量逐年增大，渗流量由过去 13L/s 增至 61L/s。坝下游河槽段常年积水，形成沼泽地。河槽段存在坝基渗漏问题。

4) 右坝肩（桩号 0+166～0+000）

该段山体雄厚，自然边坡 15°～20°，山顶高程 162.62m。地层为元古界震旦系安山玢岩，岩石呈强—弱风化状，其中强风化岩石揭露厚度约 3.1m，下部弱风化岩石揭露厚度 9.9～11.0m，岩石透水率 5.24～9.51Lu，弱透水，工程地质条件较好。

2. 坝体质量评价

共布置钻孔 7 个，并参考 2007 年的 7 个勘察钻孔，由室内颗分试验成果，两坝肩、坝体斜墙及河槽段高程 148.70～151.00m 以上坝体填筑材料为粉质黏土，河槽段高程 148.70～151.00m 以下坝体填筑材料为砾砂。

1) 坝体填筑质量评价

根据室内土工试验成果，坝体填筑质量评价如下。

均质坝填筑料。坝体粉质黏土干密度范围值 1.543～1.707g/cm³，平均值 1.632g/cm³，其中 $\rho_d \geq 1.651$g/cm³ 的占总数的 36.0%，1.651g/cm³ > $\rho_d \geq$ 1.600g/cm³ 的占总数的 43.5%，$\rho_d <$ 1.600g/cm³ 的占总数的 20.5%。

坝体斜墙填筑料。斜墙粉质黏土干密度范围值 1.637～1.638g/cm³，平均值 1.657g/cm³，其中 $\rho_d \geq 1.651$g/cm³ 的占总数的 66.7%，1.651g/cm³ > $\rho_d \geq$ 1.600g/cm³ 的占总数的 33.3%。

砂壳坝填筑料。砂壳坝干密度范围值 1.584～1.673g/cm³，平均值 1.637g/cm³；相对密度范围值 D_r=0.558～0.846，平均值 0.740，$D_r \geq 0.7$ 的占总数的 85.7%。

受当时施工条件和技术力量限制，坝体压实不均匀。砂壳坝填筑质量较好，坝体斜墙填筑质量次之，均质坝填筑质量较差。

2) 坝体材料物理力学参数

根据室内压缩试验、室内抗剪强度试验、土料颗粒分析、室内渗透试验和钻孔注水试验成果，坝体材料的物理力学性质如下。

均质坝填筑料。坝体粉质黏土压缩系数范围值 0.12～0.35MPa⁻¹，平均值 0.21MPa⁻¹，压缩模量范围值 4.96～14.0MPa，平均值 9.04MPa，中等压缩性。坝体粉质黏土饱和固结快剪指标平均值 C=55.5kPa，φ=18.7°，小值平均值 C=38.2kPa，φ=16.9°。坝体粉质黏土砂粒含量（0.075～2mm）占 14.4%，粉粒含量（0.005～0.075mm）占 48.7%，黏粒含量（<0.005mm）占 36.9%，渗透系数平均值 4.16×10⁻⁶cm/s，大值平均值 5.63×10⁻⁶cm/s；钻孔注水试验渗透系数平均值 4.83×10⁻⁵cm/s，大值平

均值 $5.89×10^{-5}$ cm/s，属弱透水。

坝体斜墙填筑料。斜墙粉质黏土压缩系数范围值 $0.19～0.23$MPa^{-1}，平均值 0.21MPa^{-1}，压缩模量范围值 $7.02～8.58$MPa，平均值 7.81MPa，中等压缩性。斜墙粉质黏土饱和固结快剪指标平均值 $C=49.3$kPa，$\varphi=17.1°$，小值平均值 $C=40.3$kPa，$\varphi=15.6°$。斜墙粉质黏土砂粒含量（$0.075～2$mm）占 12.7%，粉粒含量（$0.005～0.075$mm）占 49.5%，黏粒含量（<0.005mm）占 37.8%，渗透系数平均值 $7.75×10^{-6}$cm/s，大值平均值 $8.66×10^{-6}$cm/s；钻孔注水试验渗透系数平均值 $5.47×10^{-5}$cm/s，大值平均值 $5.78×10^{-5}$cm/s，属弱透水。

砂壳坝填筑料。砂壳坝压缩系数范围值 $0.12～0.16$MPa^{-1}，平均值 0.14MPa^{-1}，压缩模量范围值 $10.58～13.35$MPa，平均值 12.1MPa，中等压缩性。根据成果，砂壳坝自然快剪指标平均值 $C=0.0$kPa，$\varphi=31.0°$，小值平均值 $C=0.0$kPa，$\varphi=30.4°$。砂粒含量（>0.075mm）占 92%，粉黏粒含量（$0.005～0.075$mm）占 8%，渗透系数平均值 $3.85×10^{-2}$cm/s，大值平均值 $6.88×10^{-2}$cm/s；注水试验渗透系数平均值 $1.68×10^{-2}$cm/s，大值平均值 $2.57×10^{-2}$cm/s，属强透水。

3. 成因分析

综上分析，坝基截水槽处理不彻底，坝前铺盖不符合规范要求，存在坝基渗透破坏隐患，左岸坝肩岸坡较陡，岸坡岩石破碎、裂隙发育，存在坝肩绕渗，产生接触冲刷隐患；大坝坝体填筑质量差，坝体干密度偏低，施工分期多，碾压不均匀，存在较明显的水平软弱带，多次出现塌坑、漏水等异常现象；大坝护坡明显变形，护坡块石粒径偏小，块石风化，有几处沉陷坑，深度大约 0.7m，反滤层破坏，排水沟、导渗沟倒塌、淤积，排水体损坏。坝下输水洞漏水严重。

大坝存在诸多渗流不安全因素，局部已产生渗透破坏，坝基渗透坡降不满足设计要求，坝体渗透坡降小于允许渗透坡降；坝体浸润线偏高，出逸点在下游坡上。输水洞施工质量差，漏水严重，存在安全隐患。

4.4.3　除险加固主要内容与实施情况

除险加固工程于 2014 年 10 月 28 日～2018 年 4 月 11 日实施。

4.4.3.1　大坝除险加固措施

除险加固工程内容（图 4.4-1～图 4.4-3）主要包括：①大坝加固，包括坝顶加固工程、坝顶防浪墙工程、上游护坡翻修、下游护坡局部翻修工程、坝基帷幕灌浆工程、坝体高喷灌浆工程、坝顶路面硬化工程、排水沟和踏步拆除重建工程、新建排水体工程等；②溢洪道加固，溢洪道工程内容包括进口段、实用堰维修加固段、泄槽段、消能防冲段等；③输水洞加固，输水洞洞身进行钢板内衬及接缝灌浆等；④工程管理措施，防汛仓库、监测设施配套完善及自动化管理设备等。

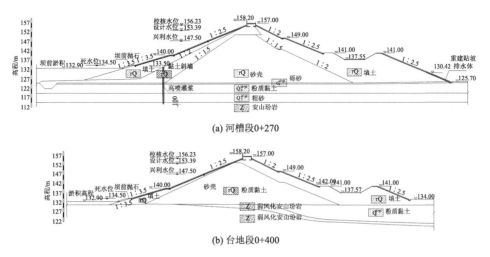

(a) 河槽段0+270

(b) 台地段0+400

图 4.4-1 大坝除险加固措施布置图

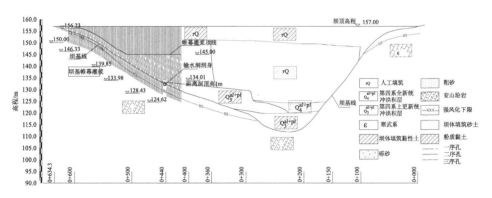

图 4.4-2 帷幕灌浆图

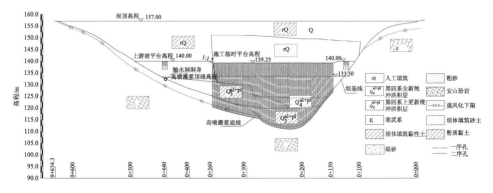

图 4.4-3 高压旋喷灌浆图

1. 河槽段坝基渗漏处理方案

针对河槽段粗砂层及砂砾层，采用高喷灌浆方案进行防渗处理。对河槽段黏土斜墙砂壳坝范围的坝基渗漏进行高喷灌浆处理，范围为 0+150～0+360，向下深入岩石强弱风化分界线以下 1m，向上至坝体高程 133.50m。

考虑到与大坝斜墙结合，将防渗墙布置在上游平台处。由于高压旋喷桩施工场地宽度应不小于 5m，而上游平台宽度仅为 2m，在上游坝坡建立施工临时平台。高喷灌浆在大坝上游坡临时平台沿轴线从中间向两侧施工。分两序孔施工，一序孔间距 3m，二序孔间距 3m，终孔间距 1.5m。

高压旋喷灌浆采用单管高压水泥浆泵旋喷，形成柱列式防渗帷幕。采用强度等级为 R42.5 的普通硅酸盐水泥，浆液水灰比为 0.6∶1～1.5∶1，密度为 1.4～1.7g/cm³；对于黏性土，塑性指数不小于 14；对于砂，最大粒径不宜大于 2mm；气压 0.6～0.8MPa，气流量 0.8～1.2m³/min；提升速度 5～10cm/min，转速 20r/min。

2. 坝肩接触渗漏处理方案

针对大坝左端下游坡脚集中渗漏，以及大坝 0+400 下游坡、高程 143.0m 处的散浸区，采用帷幕灌浆方案处理。帷幕灌浆顶部与坝体连接，底部深入相对不透水岩层一定深度，以阻止或减少地基中地下水的渗透。帷幕灌浆范围在大坝左坝肩桩号 0+414～0+438、0+442～0+610 坝轴线处设一排灌浆孔，终孔间距 2m。为了减少渗流量或者扬压力，形成防水幕，桩号 0+414～0+510 深入坝体至高程 145m，桩号 0+510～0+610 上部深入坝体 3m；桩号 0+414～0+610 下部深入不透水层 5m。

输水洞自大坝桩号 0+440 轴线位置与帷幕灌浆工程平面轴线相交，灌浆钻孔应避开洞身位置，洞身部分上部灌浆底线高程为 134.01m，距洞顶 1m。

4.4.3.2　大坝除险加固措施实施

高喷灌浆和帷幕灌浆的质量通过检查孔压水试验，并结合钻孔取芯评价。检查孔数量按灌浆孔总数的 10%设置。高喷灌浆检查孔最大透水率为 3.1Lu，最小透水率为 0.7Lu，均小于设计标准 5.0Lu。帷幕灌浆检查孔最大透水率为 3.9Lu，最小透水率为 0.48Lu，均小于设计标准 5.0Lu。

4.4.4　除险加固效果分析

桩号 0+200、0+346.6 和 0+458.7 三个渗流监测断面，每个断面分设 4 根浸润线管和 4 根坝基测压管，共计 12 根坝体浸润线管和 12 根坝基测压管。另在桩号 0+276.8 处坝脚设置三角形量水堰监测渗流量。安全监测设施布置图见图 4.4-4。

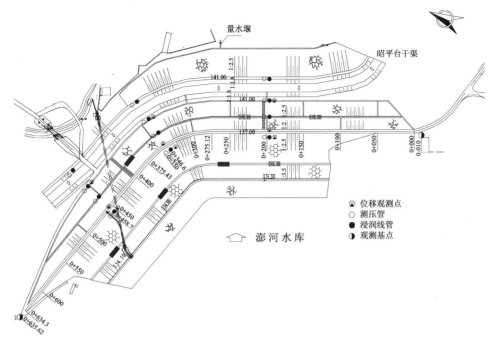

图 4.4-4　大坝安全监测设施布置图

2017 年 7 月～9 月进行了库水位的观测，其过程线如图 4.4-5 所示。

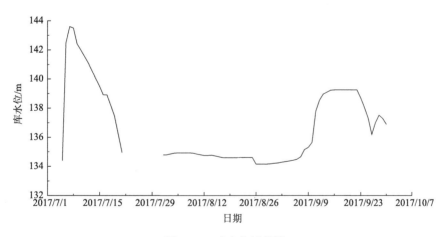

图 4.4-5　库水位过程线

浸润线和坝基测压管观测频次为 1 次/月，各监测断面浸润线测值过程线见图
4.4-6。可以看出，各处浸润线高程基本稳定，坝体渗流性态正常。进入 2017 年
后，浸润线水位随库水位变动出现少许波动，随后保持稳定。

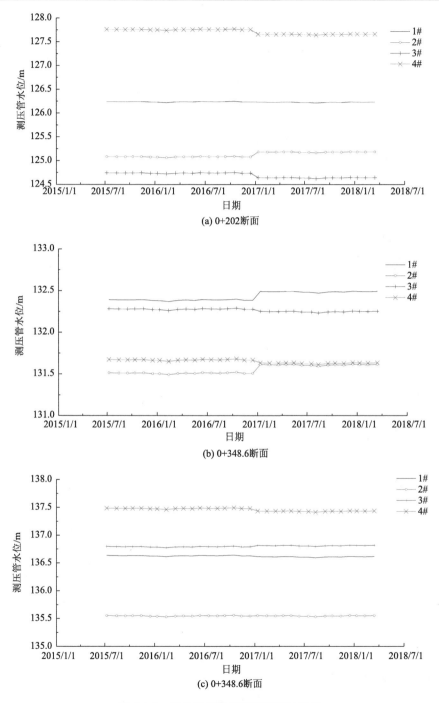

(a) 0+202断面

(b) 0+348.6断面

(c) 0+348.6断面

图 4.4-6　坝体浸润线监测管测值过程线

参 考 文 献

[1] Chun B S, Yong J L, Chung H I. Effectiveness of leakage control after application of permeation grouting to earth fill dam[J]. KSCE Journal of Civil Engineering, 2006, 10(6): 405-414.

[2] Razavi S K, Hajialilue-Bonab M, Pak A. Design of a plastic concrete cutoff wall as a remediation plan for an earth-fill dam subjected to an internal erosion[J]. International Journal of Geomechanics, 2021, 21(5): 04021061.

[3] Rochytka D, Magdaléna K. Options for the remediation of embankment dams using suitable types of alternative raw materials[J]. Construction and Building Materials, 2017, 143: 649-658.

[4] Adalier K, Sharp M K . Embankment dam on liquefiable foundation—dynamic behavior and densification remediation[J]. Journal of Geotechnical and Geoenvironmental Engineering, 2004, 130(11): 1214-1224.

[5] Richards K S, Reddy K R . Critical appraisal of piping phenomena in earth dams[J]. Bulletin of Engineering Geology and the Environment, 2007, 66(4): 381-402.

[6] 河南省汤阴县琵琶寺水库除险加固工程初步设计报告[R]. 安阳: 河南省豫北水利勘测设计院, 2002.

[7] 汤阴县琵琶寺水库大坝工程——水文地质勘察报告[R]. 安阳: 河南省豫北水利勘测设计院, 2001.

[8] 胡江, 李子阳, 马福恒, 等. 汤阴县琵琶寺水库渗流安全评价报告[R]. 南京: 南京水利科学研究院, 2015.

[9] 宁清立, 查文. 琵琶寺水库坝基渗漏分析[A]. 河南省科学技术协会. 科技、工程与经济社会协调发展——河南省第四届青年学术年会论文集(上册)[C]. 河南省科学技术协会, 2004.

[10] 郝深志, 陈世刚, 陈平货. 琵琶寺水库Ⅰ标段灌浆试验分析[J]. 河南水利与南水北调, 2008, (6): 49-50.

[11] 邓世顺. 汤阴县琵琶寺水库坝基天然覆盖层分析与研究[J]. 山西建筑, 2011, 37(13): 214-215.

[12] 李涛, 张玉杰. 琵琶寺水库渗流有限元分析[J]. 河南科技, 2019, (22): 92-96.

[13] Hu J, Ma F. Evaluation of remedial measures against foundation leakage problems of earth dams on pervious conglomerate strata: A case study[J]. Bulletin of Engineering Geology and the Environment, 2015, 75(4): 1-22.

[14] 马福恒, 胡江, 周保中, 等. 信阳市鲇鱼山水库除险加固工程蓄水安全鉴定报告[R]. 南京: 南京水利科学研究院, 2016.

[15] 马福恒, 胡江, 蔡跃波, 等. 信阳市鲇鱼山水库除险加固工程竣工验收技术鉴定报告[R]. 南京: 南京水利科学研究院, 2018.

[16] 李凤稳, 李永新, 高英, 等. 河南省鲇鱼山水库除险加固工程初步设计阶段工程地质勘察报告[R]. 郑州: 河南省水利勘测总队, 2004.

[17] 王春磊, 李冠杰, 张亚辉, 等. 信阳市鲇鱼山水库除险加固工程蓄水安全鉴定设计自检报

告[R]. 郑州: 河南省水利勘测设计研究有限公司, 2015.

[18]　河南省信阳市鲇鱼山水库除险加固一期工程施工第Ⅲ标段施工自检报告[R]. 郑州: 中国水电基础局有限公司, 2015.

[19]　马福恒, 胡江, 蔡跃波, 等. 河南省信阳市商城县铁佛寺水库除险加固工程蓄水安全鉴定报告[R]. 南京: 南京水利科学研究院, 2015.

[20]　李娟, 张强, 陈琦, 等. 河南省信阳市商城县铁佛寺水库除险加固工程蓄水安全鉴定设计工作报告[R]. 信阳: 信阳市水利勘测设计院, 2014.

[21]　刘勇, 刘宏. 河南省信阳市商城县铁佛寺水库除险加固工程蓄水安全鉴定施工自检报告[R]. 郑州: 河南天禹水利工程建设有限责任公司, 2014.

[22]　李子阳, 霍吉祥, 牛志国, 等. 河南省信阳市商城县铁佛寺水库大坝安全评价报告[R]. 南京: 南京水利科学研究院, 2020.

[23]　马福恒, 胡江, 盛金保, 等. 河南省鲁山县澎河水库除险加固工程蓄水安全鉴定报告[R]. 南京: 南京水利科学研究院, 2018.

[24]　何生虎, 雷雨, 丁建彬, 等. 河南省鲁山县澎河水库除险加固工程蓄水安全鉴定设计自检报告[R]. 南阳: 河南灵捷水利勘测设计研究有限公司, 2016.

第5章　混凝土坝和砌石坝病险成因与除险加固效果案例分析

我国已建大中型水库中，混凝土坝占 10.6%；坝高 50m 以上的已建大中型水库中，混凝土坝占 25.9%；坝高 70m 以上的已建大中型水库中，混凝土坝占 38.9%。混凝土坝在采取必要的技术措施后能长期服役，但是混凝土坝在长期服役过程中发挥巨大工程效益的同时，也存在一定的风险，一旦溃决失事，不仅大坝损毁，还会给下游带来严重灾害[1,2]。1928 年，美国 St. Francis 重力坝溃决失事，造成 400 余人死亡[3]；1959 年，法国 Malpasset 拱坝溃决失事，造成 500 多人死亡和失踪，财产损失约 300 亿法郎[4]。同时，我国已建砌石坝 5656 座，是世界上砌石坝数量最多的国家。随运行时间增长，砌石坝裂缝、渗漏、溶蚀、冻融剥蚀及强度衰减等老化病害问题越来越严重，须及时治理加固。全面了解混凝土坝和砌石坝存在的病害，深入分析病害成因，有针对性地提出加固和处理措施，不仅有利于开展除险加固工作，也有利于实现混凝土坝和砌石坝长效服役。本章以西溪水库、石漫滩水库混凝土坝和南江水库砌石坝为例，深入分析病害及其成因，介绍除险加固技术，跟踪分析除险加固效果。

5.1　西　溪　水　库

5.1.1　工程概述

西溪水库位于浙江省宁海县境内的白溪支流大溪上，水库为多年调节，是一座以防洪、供水为主，兼顾灌溉、发电的中型水库。水库正常蓄水位 147.00m，相应库容 0.71 亿 m³，设计洪水位 152.02m，校核洪水位 152.45m，总库容 0.85 亿 m³。水库枢纽主要由拦河坝、溢洪道、引水系统及发电厂房等组成。

拦河坝为碾压混凝土重力坝，坝顶高程为 153.00m，最大坝高 71m，坝顶总长 243m，共分 13 个坝段，大坝平面布置图见图 5.1-1。左岸 1#～5#坝段为挡水坝段，河床 6#坝段为引水坝段，7#坝段为挡水坝段，河床 8#、9#坝段为溢流坝段，右岸 10#～13#坝段为挡水坝段。河床溢流坝段横断面如图 5.1-2 所示。工程 2005 年 7 月 26 日下闸蓄水。

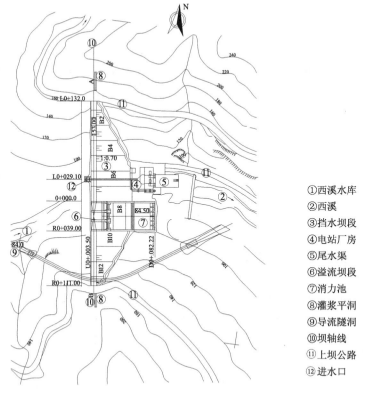

①西溪水库
②西溪
③挡水坝段
④电站厂房
⑤尾水渠
⑥溢流坝段
⑦消力池
⑧灌浆平洞
⑨导流隧洞
⑩坝轴线
⑪上坝公路
⑫进水口

图 5.1-1　西溪水库大坝平面布置图(单位：m)

坝址区位于峡谷段，河床宽 60～130m，河谷呈宽展"V"形谷。坝趾处出露的地层为上侏罗统(J_3x)火山碎屑岩、上侏罗统次火山岩以及第四系全新统松散堆积物。坝址区构造发育，主要表现为断层和节理裂隙，相互切割严重。枢纽区共发现断层 52 条(图 5.1-3)，但一般延伸短、宽度窄，延伸长达百米以上及破碎带宽 1.0m 以上的较大断层不到 10 条。断层走向主要是 NNW 和 NW 向，其次是 NNE 和 NE 向，倾角绝大多数大于 50°，断层充填断层角砾岩、糜棱岩等。坝址区出现多组节理，以构造节理为主，主要节理产状左岸、河床、右岸均不相同，走向以 NW 和 NE 为主，倾角以陡倾角为主，缓倾角节理不发育。近地表风化裂隙发育，并有部分卸荷裂隙。

基岩裂隙水为本区地下水的主要含水层，其埋深随裂隙发育程度、连通程度及所在部位不同而变化较大。左岸、右岸地下水埋深一般为 9～37m、4.9～36m。在弱风化—微风化带上部，岩体透水率一般为 1.0～5.4Lu，微风化带下部一般为 0.1～2.3Lu。左右岸相对隔水层($q \leqslant 3Lu$)顶板埋深为 4.4～22.2m。河床相对隔水层顶板埋深为 2.3～16m。河床相对隔水层顶板为 2.3～16m。

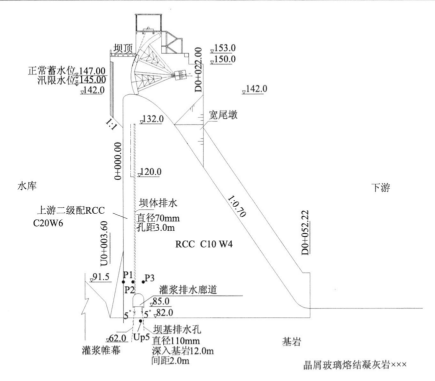

图 5.1-2　大坝典型坝段剖面图(高程单位：m)

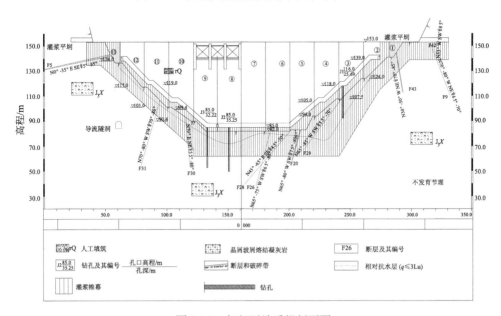

图 5.1-3　枢纽区地质纵剖面图

5.1.2　大坝主要病险与成因分析

5.1.2.1　大坝主要病险

　　大坝挡水运行后,在3#、9#和11#坝段有4个排水孔出水量较大,为查明原因,2009年5月对这4个排水孔进行了钻孔电视观察,结果表明孔内局部岩体破碎,裂隙发育但基岩本身新鲜且无风化现象,混凝土和坝基接触面无异常。

　　2010年4月15日开始,8#和9#坝段坝基扬压力测孔测值突然增加,扬压力折减系数最大时为0.354,大于规范值0.25,至2010年5月26日以后,回落到0.25以下;相应时段坝基渗漏量增大明显,3#、4#、8#~10#等坝段排水孔出水量较大,坝基渗漏量最大值为10.8L/s[5-12]。

　　由于地质条件的复杂性,很难预测帷幕灌浆和排水孔幕的实际效果。建坝运行后,一些不利于大坝长期安全运行的问题将逐渐暴露,如新安江、水口、古田溪四级等大坝都存在坝基扬压力异常的现象。坝基局部扬压力异常成因存在不确定性。采用单一的分析方法很难准确、全面地挖掘异常成因。为此,提出采用综合分析方法:根据坝址区具体的地质、水文地质条件及防渗排水措施,从扬压力监测资料的定性和定量分析、渗流有限元分析以及现场钻探取样试验(包括压水试验、钻孔电视)等多个方面综合分析坝基局部扬压力异常成因和影响等。

5.1.2.2　病险成因的安全监测资料分析

　　如图5.1-4所示,大坝沿灌浆廊道在12#~2#坝段共设置11个测压管,测压管孔深至建基面下1.0m,测点编号为UP1~UP11。在坝下8.5m处交通廊道集水井左、右侧约各设一个量水堰,为WE1、WE2,观测大坝左、右段的渗漏量,据此计算坝基总渗漏量。此外,还布设有环境量监测仪器,包括库水位、雨量、库水温及气温等,水库在7#坝段上游坝面设置有4支库水温度计(TS1~TS4);在大坝右岸平洞顶设有一个气温箱,装有气温计Tq。

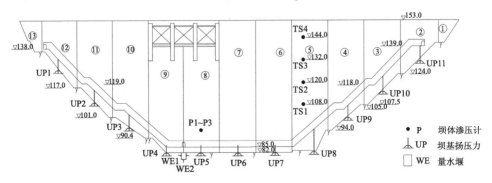

图5.1-4　大坝渗流和库水温安全监测设施布置图(高程单位：m)

　　库水位和降雨量、库水温、坝体内部混凝土温度等环境量的过程线见图5.1-5～图5.1-7，扬压力的过程线见图5.1-8。选取2010年4月26日、2012年3月10日计算扬压力折减系数，并绘制其纵向分布图(图5.1-9)。UP4、UP5测点与库水位、环境温度的关系见图5.1-10和图5.1-11。

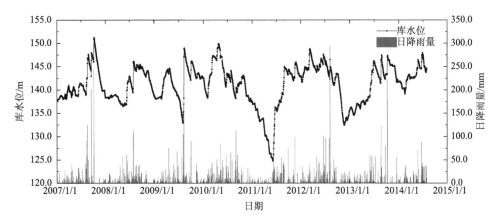

图 5.1-5　库水位和降雨量过程线

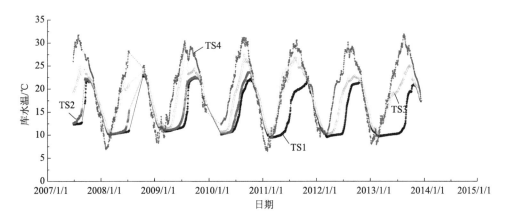

图 5.1-6　库水温测值过程

　　从图5.1-6和图5.1-7可以看出，环境量呈一定的周期性变化规律。库水位年变幅为10～20m，在2010年3～5月、2012年2～6月维持在较高水位。气温的年最高值多出现在6～7月，年最低值出现在1～2月、12月。表层库水温年变幅较大且与气温变化同步性较好；越往下层库水温的最高温度越低、年变幅越小；滞后于气温变化时间越长。

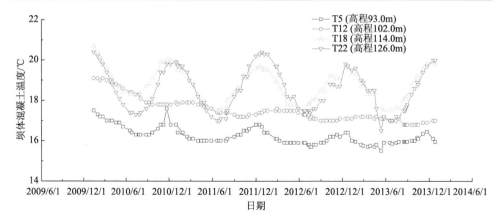

图 5.1-7 坝体内部混凝土温度计测值过程线

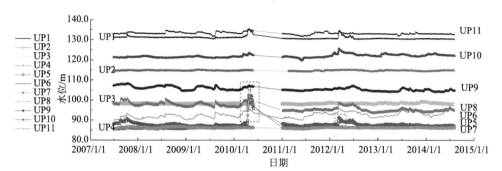

图 5.1-8 坝基扬压力测点过程线

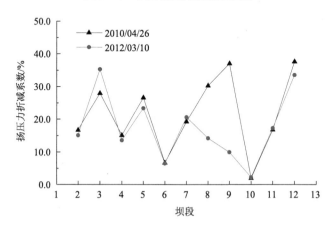

图 5.1-9 扬压力折减系数分布图

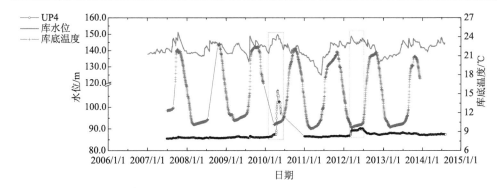

图 5.1-10　扬压力测点 UP4 测值过程和库水位、库水温的关系

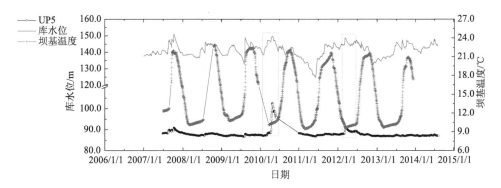

图 5.1-11　扬压力测点 UP5 测值过程和库水位、库水温的关系

　　WE1、WE2 两个测点过程线图见图 5.1-12 和图 5.1-13，时间序列为 2007 年 6 月 25 日～2014 年 8 月 8 日。

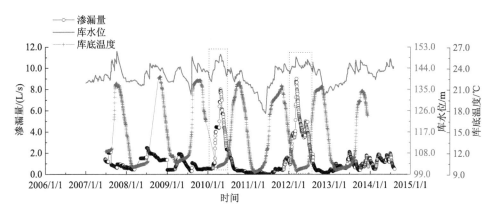

图 5.1-12　坝基渗漏量 WE1 测值过程和库水位、库底温度的关系

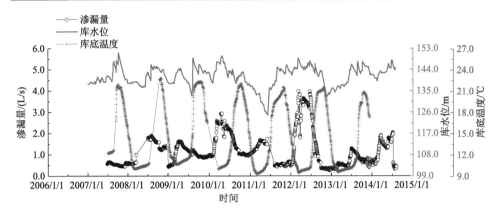

图 5.1-13　坝基渗漏量 WE2 测值过程和库水位、库底温度的关系

　　从图 5.1-8、图 5.1-10 和图 5.1-11 可以看出，除 12#坝段的 UP1、8#和 9#坝段的 UP4、UP5 这三个测点外，其余测点测值呈现一定的年周期性变化规律，坝基扬压力沿坝轴线的总体分布特征呈左、右坝肩部位测值高、河床部位测值低。从图 5.1-12 看，坝基总渗漏量在 2012 年 3 月 13 日总渗漏量达到历史最大值，为 12.99L/s，渗漏量偏大。

　　为量化各影响因素对坝基扬压力、渗漏量的影响程度，建立了相应的统计模型。坝基扬压力测孔孔水位 H 主要受水位、温度、降雨量和时效等影响。因此，采用如下统计模型：

$$H = a_0 + H_h + H_T + H_P + H_\theta \tag{5.1-1}$$

式中，a_0 为常数；H 为坝基扬压力测压孔水位的拟合值；H_h、H_T、H_P 和 H_θ 分别为水位、温度、降雨量和时效分量。

　　各分量的表达式如下：

$$H_h = \sum_{i=1}^{3} a_i(h_i - h_0) \tag{5.1-2}$$

$$H_T = \sum_{i=1}^{2} b_i \overline{T}_i \tag{5.1-3}$$

$$H_P = \sum_{i=1}^{3} c_i P_i \tag{5.1-4}$$

$$H_\theta = d_1 \theta + d_2 \ln \theta \tag{5.1-5}$$

式中，a_i、b_i、c_i、d_1 和 d_2 为回归系数；h_i 为监测日当天、监测日前 1～4 天、前 5～10 天的平均库水位（$i=1\sim3$）；h_0 为测孔的建基面高程；$\overline{T}_i$ 为监测日当天、监测日前 1～4 天的平均基岩温度；P_i 为监测日当天降雨量、监测日前 1～4 天、前 5～10 天降雨量均值（$i=1\sim32$）；θ 为始测日至监测日累计天数 t 除以 100。

扬压力统计模型由水压力、温度、降雨和时效四个分量构成。其中，由于缺乏基岩温度的实测资料，采用靠近库盘基岩的库水温 TS1 代替。

坝基渗漏量其主要受上、下游水深的影响，同时，温度变化引起坝基节理裂隙的宽度变化，从而引起渗漏量的变化；坝前淤积和防渗帷幕随时间的变化，引起渗漏量的变化。因此，混凝土大坝渗漏量的统计模型为

$$Q = a_0 + Q_h + Q_T + Q_P + Q_\theta \tag{5.1-6}$$

式中，Q_h、Q_T、Q_P 和 Q_θ 分别为水位、温度、降雨量和时效分量。

坝基渗漏量与上游水深的一次方、二次方及下游水深的一次方有关水压，其分量可表示为

$$Q_h = \sum_{i=1}^{2} a_{1i} h_1^i + \sum_{i=1}^{3} a_{2i}(h_i - h_0) \tag{5.1-7}$$

式中，a_{1i}、a_{2i} 为回归系数。

考虑到 2010 年监测时间序列中断，选取完整性非常好的 2011～2013 年的时间序列建立统计模型。同时，选取紧靠河床的 UP6 测点为正常点代表，进行对比分析。UP1、UP4 和 UP5 及 WE1、WE2 统计模型的计算结果分别如表 5.1-1 和表 5.1-2 所列，模型的拟合值与实测值过程线如图 5.1-14 和图 5.1-15 所示。河床坝段

表 5.1-1　扬压力统计模型的计算结果

测点编号	a_0	a_1	a_2	a_3	b_1	b_2	c_1
	c_2	c_3	d_1	d_2	R	S/m	
UP1	130.10	0.047	0	0	−0.056	0	−0.002
	0	0	−0.088	0.163	0.818	0.276	—
UP4	86.51	−0.281	0.366	0	0.230	−0.328	0
	0.005	0.001	0.036	0.329	0.861	0.245	—
UP5	88.27	0	0.121	0.001	0.047	−0.106	0
	0	0	−0.186	0.129	0.907	0.205	—

注：a_0、a_1、a_2、a_3、b_1、b_2、c_1、c_2、c_3、d_1、d_2 为系数，R 为复相关系数，S 为标准差。

表 5.1-2　渗漏量统计模型的计算结果

测点编号	a_0	a_{11}	a_{12}	a_{13}	a_{21}	a_{22}	a_{23}	b_1
	b_2	c_1	c_2	c_3	d_1	d_2	R	S/(L/s)
WE1	0.206	−1.130	0.012	0.005	0.007	0.006	−0.194	0
	0	0	0	−0.003	−0.297	0.821	0.936	0.301
WE2	0.454	−1.096	0.011	0	0	0	−0.115	0
	0	0.003	0	0	−0.135	0.142	0.879	0.262

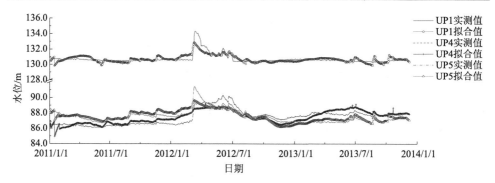

图 5.1-14　坝基扬压力关注测点的统计模型拟合效果

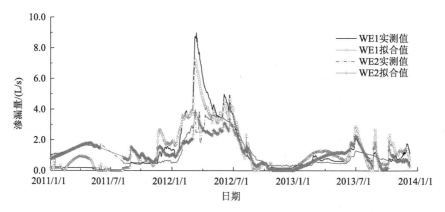

图 5.1-15　坝基渗漏量的统计模型拟合效果

的 UP4 和 UP5 扬压力统计模型复相关系数>0.85，岸坡坝段的稍低，为 0.818；渗漏量统计模型复相关系数为 0.879、0.936；总体上，模型的拟合精度比较高（复相关系数 $R>0.80$），因而是有效的。

　　由统计模型可分析各分量的影响程度，以 2012 年为例，各分量占比列于表 5.1-3。扬压力统计模型均选中了库水位和温度分量，且跟水压和分量分别呈正、负相关关系，即水位上升、温度降低，扬压力增大。为对比分析，将异常测点和正常测点分别分析。河床坝段中的 UP4、UP5 受基岩温度影响接近于水压分量影响，约为四成；同时，岸坡坝段 UP1 还受到降雨量的影响，导致年变幅偏大；河床坝段基本不受降雨影响。河床坝段坝基 UP6 主要受水压的影响，超过七成，其次为温度影响。从统计模型分离出的时效分量看，异常点监测效应量存在一定的时效变化，且受温度影响较大；正常点则主要受水压的影响。

表 5.1-3　2012 年坝基渗流监测效应量各影响分量及其百分比结果

测点	水压分量		温度分量		降雨量分量		时效分量	
	分量值	百分比/%	分量值	百分比/%	分量值	百分比/%	分量值	百分比/%
UP1	1.95m	55.65	0.76m	21.72	0.67 m	19.09	0.12m	3.54
UP4	1.43m	43.00	1.48m	44.49	0	0	0.42m	12.52
UP5	2.00m	52.94	1.30m	34.53	0	0	0.47m	12.53
WE1	4.71L/s	46.59	3.60L/s	35.57	1.51L/s	14.88	0.30L/s	2.96
WE2	2.73L/s	52.52	1.61L/s	30.88	0.53L/s	10.10	0.34L/s	6.50

渗漏量统计模型选中了库水位、温度和降雨量,与降雨量和库水位呈正相关,与温度呈负相关关系。在低温、降雨量较多且库水位较高的季节,坝基渗漏量大;反之亦然。其中,主要为水压和温度分量,两者占年变化量超过 80%。以 WE1测点 2012 年为例,水压、温度分量占渗漏量变幅分别为 46.59%、35.57%,降雨量分量为 14.88%。大坝仍处于运行初期,坝基渗漏量还表现出一定的时效性。

从统计模型可以看出,高水位和低温是坝基扬压力和渗漏量的不利工况。从效应量过程线看,扬压力、渗漏量过程线有两个明显的波峰(异常),即 2010 年 4月中旬~5 月初、2012 年 3 月中旬。从环境量变化过程看,相应时段大坝都遭受持续低温和高水位的耦合作用。具体地讲,2010 年 4~5 月,库水位维持在 148.0m以上,并达到历史较高水位 149.90m(2010 年 4 月 25 日、2010 年 4 月 26 日),库盘水温维持在 10.5℃左右;2012 年 3 月,库水位维持在 145.0m 以上,库盘水温维持在 10.0℃左右,为观测以来的最低温度。UP1、UP4、UP5 等测点扬压力升至历史最大值,即 135.39m(2010 年 4 月 25 日)、107.55m(2010 年 4 月 27 日)、102.52m(2010 年 4 月 25 日)(图 5.1-10);对应的扬压力折减系数分别为 0.38、0.37、0.30;岸坡坝段 UP1、河床坝段坝基 UP4、UP5 测点扬压力分别超过规范允许值0.35、0.25。WE1、WE2 测点最大值,其值为 9.00L/s(2012 年 3 月 13 日)、3.99L/s(2012 年 3 月 10 日)。WE1、WE2 两测点的历史次大值分别为 7.99L/s(2010年 4 月 25 日)、2.949L/s(2010 年 4 月 26 日)。

根据以往类似工程经验,初步推断沿坝轴线局部坝基存在节理、裂隙等缺陷,在低温高水位耦合作用下,裂隙开度增大,坝基渗透性增强。

5.1.2.3　病险成因的局部异常系数分析法

1. 基于时间序列的坝基扬压力测点分区

DTW 算法能最大程度减少时间偏移和失真的影响,允许对时间序列进行弹性变换。它对不同波动幅度、时间尺度的相似形状的检测具有极高效率,具有较好的稳健性。给定长度为 N 的测试时间序列 X、长度为 M 的参考时间序列 Y：

$$X = (x_1, x_2, x_3, \cdots, x_i, \cdots, x_N) \tag{5.1-8}$$

$$Y = (y_1, y_2, y_3, \cdots, y_j, \cdots, y_M) \tag{5.1-9}$$

式中，x_i 和 y_j 分别表示 X 和 Y 两个序列第 i、j 个测点的测量值。

　　DTW 目标是在 $O(NM)$ 时间内找到最优解。序列的最优排列即是通过最小化代价函数(即距离)来排列序列测点。算法首先建立距离矩阵 $C \in \mathbf{R}^{N \times M}$ 来表示 X 和 Y 间成对测点的距离，这个距离矩阵称为 X 和 Y 两个对齐序列的局部成本矩阵，定义为

$$C \in \mathbf{R}^{N \times M}: c_{ij} = \|x_i - y_j\|, i \in [1:N], j \in [1:M] \tag{5.1-10}$$

式中，C 是局部成本矩阵，矩阵的第 (i, j) 元素为 x_i、y_j 间的距离 c_{ij}。

　　当序列相似时，距离函数值小；反之距离函数值大。一旦建立了局部成本矩阵，可找到低成本区域的对齐路径，该对齐路径定义了元素 $x_i \in X$ 到元素 $y_j \in Y$ 的对应关系，边界条件将 X 和 Y 的第一个和最后一个元素指定给彼此。DTW 建立弯曲路径 p 是定义 X 和 Y 间映射的一组连续的矩阵元素集合。p 的第 l 个元素定义为 $p_l = (p_i, p_j) \in [1:N] \times [1:M]$，$l \in [1:K][\max(N, M) \leq K \leq (N+M-1)]$，$K$ 是弯曲路径长度。

　　弯曲路径受以下条件约束：①边界条件，$p_1 = (p_1, p_1)$、$p_K = (p_N, p_M)$，要求弯曲路径从矩阵的对角单元开始和结束；②单调性条件，给定 $p_l = (p_a, p_b)$，则 $p_{l-1} = (p_{a'}, p_{b'})$，其中 $a-a' \geq 0$，$b-b' \geq 0$，要求 p 在时间上是单调间隔；③连续性条件，给定 $p_l = (p_a, p_b)$，则 $p_{l-1} = (p_{a'}, p_{b'})$，其中 $a-a' \leq 1$，$b-b' \leq 1$，限制弯曲路径中允许到相邻单元步数(包括对角相邻单元)。

　　与路径相关联的总成本函数 c_p 定义为

$$c_p(X, Y) = \sum_{l=1}^{K} c(x_{li}, y_{lj}) \tag{5.1-11}$$

式中，$c(x_{li}, y_{lj})$ 是弯曲路径第 l 个元素中两个数据点索引间的距离。

　　序列 X 和 Y 间相似性度量 D_{ij} 是使代价最小化的最佳弯曲路径 p^*。为克服最优路径指数增长，应用动态规划(dynamic programming, DP)得到一定约束条件下的最优匹配：

$$\text{DTW}(X, Y) = c_{p*}(X, Y) = \min \left\{ c_p(X, Y), p \in \mathbf{P}^{N \times M} \right\} \tag{5.1-12}$$

式中，$p^* = \{p_1^*, p_2^*, \cdots, p_l^*, \cdots, p_K^*\}$，$\mathbf{P}^{N \times M}$ 是所有可能弯曲路径的集合，并构建累积成本矩阵或全局成本矩阵 D，其定义如下：

$$D(1, j) = \sum_{k=1}^{j} c(x_1, y_k), j \in [1, M]$$

$$D(i,1) = \sum_{k=1}^{i} c(x_k, y_1), i \in [1, N] \tag{5.1-13}$$

$$\boldsymbol{D}(i,j) = \min\{D(i-1,j-1), D(i-1,j), D(i,j-1)\} + c(x_i, y_j), i \in [1, N], j \in [1, M]$$

　　一旦成本矩阵建立了弯曲路径，就可按贪婪策略从 $\boldsymbol{p}_{\text{end}}=(\boldsymbol{p}_N, \boldsymbol{p}_M)$ 到 $\boldsymbol{p}_{\text{start}}=(\boldsymbol{p}_1, \boldsymbol{p}_1)$ 进行回溯。这种方法会造成时间序列 $\boldsymbol{X}$ 的大量点映射到 $\boldsymbol{Y}$ 的单一点，以致找不到最佳映射。为此，使用 Sakoe-Chuba(S-C)带和 Itakura 平行四边形全局约束来限制允许弯曲路径沿对角线方向来解决。其中，S-C 带沿主对角线 $i=j$ 运行，并在固定宽度 $T_0 \in N$ 时约束弯曲范围。

　　S-C 带限制强制递归路径在某一阈值 T_0 停止，全局成本矩阵 $\boldsymbol{D}$ 计算如下：

$$\boldsymbol{D}(i,j) = \begin{cases} \min\{D(i-1,j-1), D(i-1,j), D(i,j-1)\} + c(x_i, y_j), & |i-j| < \delta \\ \infty, & \text{其他} \end{cases} \tag{5.1-14}$$

　　S-C 带在 $N \sim M$ 时工作良好。一般地，S-C 宽度取时间序列长度的 10%。在安全监测中，变量具有特殊物理特性。以混凝土重力坝为例，渗流一般滞后于库水位 5~30 天，S-C 宽度初定 15，并通过改变带宽来确定 S-C 最佳弯曲宽度。

　　以库水位、UP7 测点及 UP4、UP5 两测点为例，DTW 结果见图 5.1-16 和图 5.1-17。在 DTW 相似性度量基础上进行层次聚类。具体步骤：采用 DTW 计算序列间距离，得到初始距离矩阵；基于 Huygens 定理的 Ward 标准确定分组，Huygens 定理允许分解组间、组内方差，Ward 准则使聚合两组时每步总方差增长最小，当 $(Q-1) \sim Q$ 组方差增加远大于 $Q \sim (Q+1)$ 组方差增加时，划分为 Q 组。采用 DTW 相似性度量，利用层次聚类，关注坝基扬压力测点的标准化距离列于表 5.1-4，聚类结果见图 5.1-18，UP3~UP5、UP7 为同一类，且 UP4 和 UP5 相似性极高。

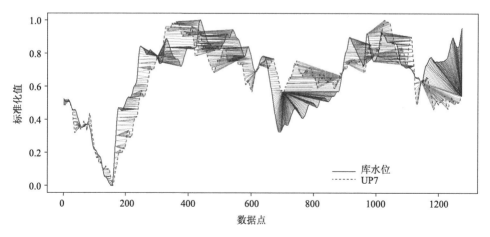

图 5.1-16　库水位和 UP7 测点测值 DTW 曲线

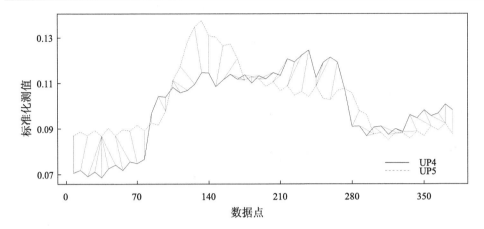

图 5.1-17 UP4 和 UP5 测点测值 DTW 曲线

表 **5.1-4** 关注的坝基测压管间的标准化距离

标准化距离	UP4	UP5	UP6	UP8	UP9
UP4	0	0.72	8.41	12.60	4.26
UP5	—	0	8.37	12.56	4.22
UP6	—	—	0	3.96	3.67
UP8	—	—	—	0	7.89
UP9	—	—	—	—	0

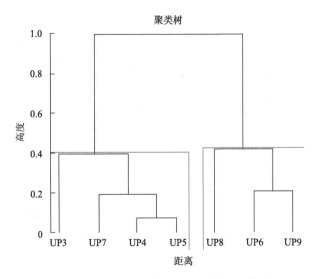

图 5.1-18 关注坝基扬压力测点的分区结果

2. 异常点检测

异常点检测可找出行为不同于预期对象的过程，分监督、无监督方法。无监督检测假定正常对象在某种程度上是聚类的。作为一种无监督方法，基于密度的异常点检测方法精度较高。方法核心是把检测对象周围点的密度同邻域周围点的密度比较，正常点周围点的密度与其邻域周围点的密度相似，而异常点显著不同。基于密度的聚类算法与异常检测相结合，即为 LOF 概念。

对训练集 $X=[x_1, x_2, \cdots, x_N] \in \mathbf{R}^{D \times N}$，可通过下式获得 $x_a (a = 1, 2, \cdots, N)$ 的 k 近邻：

$$d(x_a, x_b) = \sqrt{\sum_{n=1}^{D} |x_{an} - x_{bn}|^2} \ (a \neq b) \tag{5.1-15}$$

x_a 的 k 近邻记为 $\mathrm{KNN}(x_a)$。x_a 的 k 距离记为 $k_d(x_a)$，通过计算 x_a 与 k 近邻距离得到。x_a 与另一个对象 x_b 的可达距离定义为

$$d_r(x_a, x_b) = \max\{k_d(x_b), d(x_a, x_b)\} \tag{5.1-16}$$

从而，局部可达密度定义为 x_a 的 k 近邻的平均可达密度的倒数：

$$l_{dr}(x_a) = \frac{k}{\displaystyle\sum_{x_b \in \mathrm{KNN}(x_a)} d_r(x_a, x_b)} \tag{5.1-17}$$

LOF 可通过计算 x_a 和 x_b 的局部可达密度得

$$\mathrm{LOF}(x_a) = \frac{1}{k} \cdot \sum_{x_b \in \mathrm{KNN}(x_a)} \frac{l_{dr}(x_b)}{l_{dr}(x_a)} \tag{5.1-18}$$

$\mathrm{LOF}(x_a)$ 值越大，越可能是异常值。因为 x_a 和 $\mathrm{KNN}(x_a)$ 的密度相似，如 x_a 不是异常值，$\mathrm{LOF}(x_a)$ 应该接近 1。因为 x_a 和 $\mathrm{KNN}(x_a)$ 的相对密度很小，如 x_a 是一个异常值，$\mathrm{LOF}(x_a)$ 应明显大于 1。特别是，如 x_a 和 $\mathrm{KNN}(x_a)$ 小于或等于 1，那么 x_a 是聚类的核心。LOF 值为 1 表示一个理想的条件，即样本的局部可达密度与其 $\mathrm{KNN}(x_a)$ 的平均密度相同。

LOF 算法从平滑的安全监测序列中检测出异常。步骤如下：对时间序列进行 LOF 计算；从统计值中选择控制限值作为阈值；计算多变量的 LOF 值，比较 LOF 值及其分布，在小时间尺度上发现多变量异常。

采用 LOF 对异常测点进行了识别，识别方法对滑坡的预警预报具有实际参考价值。针对多影响因素，选取不同的划分点进行离群值检验，如在 95%、99% 的置信水平下，将可以判断模型有显著结构变化的点挑选出来，以异常值判断进入阶段演化的依据。库水位、库底温度及 UP4、UP5 的 LOF 值见图 5.1-19，极大值及发生日期与相应库水位和温度列于表 5.1-5。为对比分析，表 5.1-5 还列举了 UP6、

UP7 的 LOF 值。

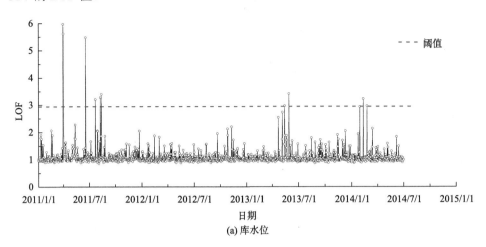

(a) 库水位

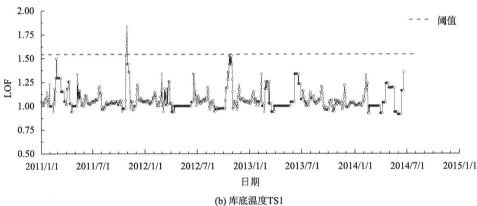

(b) 库底温度TS1

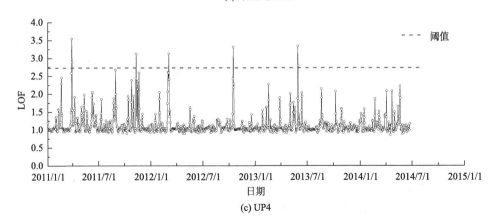

(c) UP4

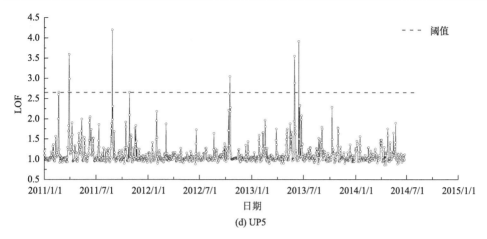

图 5.1-19　各测点的 LOF 值变化过程

5.1.2.4　数值分析

坝基防渗帷幕属于介质特性控制的范畴，而排水孔幕、排水廊道则属于边界条件控制，其边界条件有水头边界条件、潜在溢出边界条件。将排水孔分为两类：第一类是孔内无积水的排水孔，模拟坝体内的排水孔以及位于两岸较高基岩中的排水孔，此类排水孔底端为排水出口处，其特点是整个排水孔壁面为可能逸出面，自由面下、孔壁面上任何一点的水头都等于其位置高程；第二类是孔内注满水的排水孔，模拟坝基排水孔以及位于两岸基岩内位置最低的排水孔，其工作特点是整个排水孔内部的积水都得从孔顶面溢出，此时，壁面上任何一点的水头都等于孔顶的位置高程。对于第一类排水孔，只要不予堵塞，边界条件为可能逸出面，但由于事先不知道自由面的位置，因而事先无法确定排水孔内渗流逸出线的位置，需在迭代过程中逐步进行修正。

排水孔对渗流场水头分布的影响极大，其孔径很小，一般为 5～10cm，孔距也很小，为 2～5m，长度会达十多米甚至几十米。在有限元网格划分时，提出了排水子结构算法，图 5.1-20 给出了在排水孔的空间 8 节点等参元网格。其基本思路是在有限元网格划分时首先根据排水孔的走向布置尺寸较大的母单元，然后对排水孔穿越的母单元划分子单元形成子结构，进而在子结构上凝聚内部自由度及排水孔的边界条件，从而减小有限元网格划分的难度和方程组求解的计算量。

选取河床 8#坝段进行三维有限元分析。上下游长度为 270m，基础深度取距坝基防渗帷幕底部 60m。河床坝段的坝体、坝基防渗排水措施见工程概述。划分的有限元网格模型包括了可影响计算域渗流场的主要边界范围，模拟了工程区岩体、坝体、防渗帷幕和排水孔幕等。图 5.1-21 为有限元网格图，图 5.1-22 为剖分的坝基防渗帷幕和排水孔幕。

表 5.1-5　计算得到的环境量和测值的 LOF 值

项目		异常值 1	异常值 2	异常值 3	异常值 4	异常值 5	阈值
库水位	LOF	5.97	5.61	5.48	3.42	3.4	2.96
	日期	2011/3/31	2011/4/1	2011/6/18	2013/5/29	2011/8/12	—
	数据	132.45	132.17	132.22	138.52	138.51	—
库底温度	LOF	1.53~1.84	1.44~1.53	1.5	1.34	1.26	1.53
	日期	2011/10/27~2011/10/31	2012/10/21~2011/10/31	2011/2/25~2011/2/26	2013/6/5~2013/6/12	2012/3/5~2012/3/10	—
	数据	21.55~21.70	21.50~21.55	9.45	10.15	9.65	—
UP4	LOF	3.55	3.34	3.31	3.3	3.13	2.73
	日期	2011/3/29	2013/5/30	2012/10/16	2012/3/5	2011/11/11	—
	数据	(86.40,132.97,9.60)	(87.76,138.67,10.15)	(87.74,141.10,21.40)	(87.59,146.43,9.90)	(86.59,142.44,21.05)	—
UP5	LOF	4.2	3.78	3.75	3.09	3.07	2.69
	日期	2011/8/27	2013/5/30	2011/3/29	2012/10/16	2011/3/30	—
	数据	(87.55,141.14,19.85)	(86.81,138.67,10.15)	(87.52,132.97,9.60)	(87.54,141.10,21.40)	(87.50,132.72,9.60)	—
UP6	LOF	3.98	3.46	3.02	2.9	2.74	2.47
	日期	2011/8/27	2012/10/16	2013/5/30	2012/10/15	2012/3/5	—
	数据	(92.92,141.14,19.85)	(92.50,141.10,21.40)	(92.84,138.67,10.15)	(92.56,141.36,21.35)	(94.69,146.43,9.90)	—
UP7	LOF	4.2	3.59	3.55	3.05	2.98	2.66
	日期	2011/8/27	2011/3/29	2013/5/30	2012/10/16	2011/3/30	—
	数据	(85.95,141.14,19.85)	(85.93,132.97,9.60)	(86.12,138.67,10.15)	(86.17,141.10,21.40)	(85.92,132.72,9.60)	—

注：库水位（单位：m）、库底温度（单位：℃）。

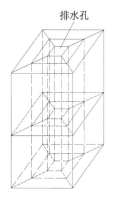

图 5.1-20　排水孔的空间 8 节点等参元网格

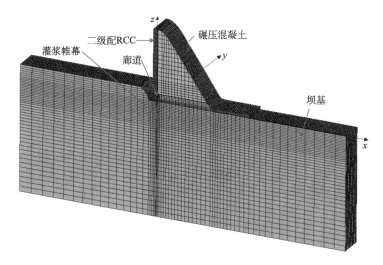

图 5.1-21　坝段的有限元网格图

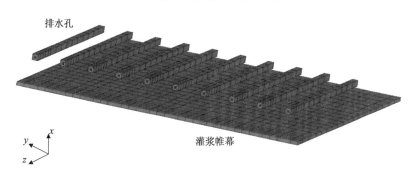

图 5.1-22　坝基的防渗帷幕和排水孔幕

　　渗流分析的边界条件如下：大坝库水位以下的表面节点及下游水位以下的表面节点取为定水头边界；大坝及坝基的前后两侧边界以及坝基底部边界均视为隔

水边界；坝基排水孔幕作为水头边界考虑，其水头值取决于与之相连的排水廊道的底板高程；坝体内的排水孔、排水廊道及其他边界均视为潜在溢出边界。

根据地质勘察、设计资料和大坝混凝土的材料特性，大坝和坝基地层的试算渗流计算参数如表 5.1-6 所示。

表 5.1-6　渗透系数及反演值

分区	设计渗透系数			反演渗透系数		
	k_{xx}	k_{yy}	k_{zz}	k_{xx}	k_{yy}	k_{zz}
防渗二级配 RCC	1.50×10^{-10}	1.50×10^{-10}	5.00×10^{-11}	1.23×10^{-10}	1.23×10^{-10}	4.00×10^{-11}
RCC	1.30×10^{-9}	1.30×10^{-9}	2.50×10^{-10}	1.08×10^{-9}	1.08×10^{-9}	2.20×10^{-10}
帷幕	5.00×10^{-9}	5.00×10^{-9}	5.00×10^{-9}	6.94×10^{-8}	6.94×10^{-8}	6.94×10^{-8}
基岩	1.00×10^{-7}	1.00×10^{-7}	1.00×10^{-7}	4.63×10^{-7}	4.63×10^{-7}	4.63×10^{-7}

为监测建基面的渗透压力，在 8#坝段坝体布置有 P1、P2、P3 三支渗压计，布置如图 5.1-2 和图 5.1-4 所示，渗压计时间序列的过程线如图 5.1-23 所示。

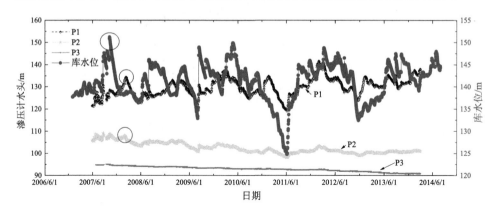

图 5.1-23　坝体渗压计测值过程线

依据 2010 年 4 月 26 日的坝基扬压力、坝体渗透压力、坝基渗漏量等实测数据，反演坝体、坝基各分区渗流参数，当日库水位 149.90m，反演得到持续低温下各区的渗透系数，列于表 5.1-6，坝体渗压计的实测值和计算值列于表 5.1-7。

表 5.1-7　坝体渗压计实测值和计算值

日期	UP5/m		P1/m		P2/m		P3/m		渗漏量/[L/(m·s)]	
	实测值	计算值	实测值	计算值	实测值	计算值	实测值	计算值	实测值	计算值
2010/04/26	102.49	103.10	133.39	132.00	103.26	102.50	93.15	92.70	3×10^{-2}	4×10^{-2}

在正常运行工况下，大坝典型剖面等水头线如图 5.1-24(a)所示，相应的单宽渗漏量为 0.04L/s。当防渗帷幕、坝基岩体为设定值时，坝体内的渗流自由面如图 5.1-24(b)所示，相应的单宽渗漏量为 0.008L/s。

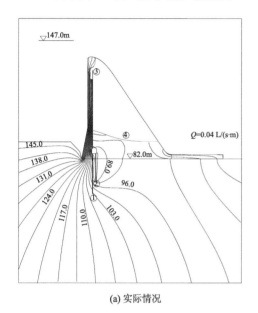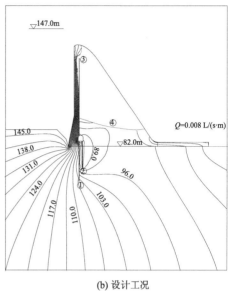

(a) 实际情况　　　　　　　　　　　　　　　　　　(b) 设计工况

图 5.1-24　大坝典型剖面等水头线(单位：m)

渗流经上游排水孔幕的降压作用后，坝体内的渗透压力显著降低，渗流自由面在坝体内部自上游纵向廊道上方急剧下降。由防渗帷幕和排水孔幕组成的防渗排水体系可有效地降低坝基扬压力。防渗帷幕显著雍高了帷幕外侧岩体内的地下水，并使扬压力在其内部大体呈线性降低；排水孔幕可起到显著的排水降压作用，对降低坝基扬压力有着十分显著的作用。

从反演得到的坝体、坝基各分区渗透系数看，坝基防渗帷幕和基岩与设计取值存在一定偏差。从设计和反演系数下的渗流场计算结果对比看，反演得到的坝基部位等水头线分布比防渗帷幕正常工作时稀疏，帷幕后的扬压力水位较防渗帷幕正常工作时高出许多。考虑到反演分析所取的为低温工况，该工况下的坝基岩体的渗透特性与设计取值可能存在一定偏差，推测其原因在于建基面附近岩石在高水压下进一步破碎，渗透系数增大。

5.1.2.5　现场勘探钻孔取样

8#～9#坝段位于河床部位，基岩节理发育，断层少。节理走向多为 NW。9#坝段揭露 F_{30} 断层，规模较小，并做了刻槽处理。

　　大坝挡水运行后，在3#、8#、9#坝段的排水孔出水量较大。为了查明原因，2009年5月21日至22日对其进行了基岩钻孔电视观察，结果表明孔内局部岩体破碎，裂隙发育(但岩基本身新鲜且无风化现象)，混凝土部分和坝基接触面上无异常情况。

　　勘察期间气温为0.9～18.2℃，库水位为145.43～141.88m。在3#、8#、9#坝段各布置1个检查孔(图5.1-3)，进行岩心取样和压水试验，坝基与基岩胶结面、基岩的压水试验成果如表5.1-8和表5.1-9所列。胶结面段3个孔透水率均大于3Lu，属于弱透水—中等透水。坝基中大部分透水率小于3Lu，满足设计要求，但是仍有两处岩体透水率为3.9Lu、10.6Lu，大于防渗设计要求。

表5.1-8　混凝土与基岩胶结面段钻孔压水试验成果

坝段	孔号	孔口高程/m	孔深/m	透水率/Lu
3	J1	118.0	8.20～9.57	65.7
8	J2	85.0	2.50～3.82	8.0
9	J3	85.0	2.60～4.07	13.2

表5.1-9　基岩段钻孔压水试验成果

坝段	孔号	高程/m	孔深/m	透水率/Lu
3#	J1	118.60～103.22	9.40～14.78	10.6
		103.30～97.51	14.70～20.49	1.3
		97.80～92.31	20.20～25.69	2.1
8#	J2	81.30～76.47	3.70～8.53	0.8
		76.60～71.56	8.40～13.44	0.6
		71.80～66.70	13.20～18.30	0.9
		66.80～61.74	18.20～23.26	0.6
		61.85～56.67	23.15～28.33	2.0
		56.80～49.75	28.20～35.35	2.2
9#	J3	80.95～75.24	4.05～9.76	1.1
		75.40～69.91	9.60～15.09	1.2
		70.00～64.33	15.00～20.67	1.9
		64.40～58.81	20.60～26.91	3.9
		58.90～52.78	26.10～32.22	1.0

　　钻孔扬压力水位分别为143.20m、84.74m、96.20m，J1值最大，J2的扬压力水位接近孔口高程，J3值相对大，J1、J3的扬压力折减系数分别为0.98、0.19。值得注意的是，J2、J3两孔扬压力虽未超标，但当钻至建基面以下15～20m时，

孔内水位突然升高，相应的扬压力折减系数分别为 0.39、0.67。

J1、J2、J3 等各个钻孔电视观测成果列于表 5.1-10。根据钻孔电视成果，3# 坝段胶结面段出现蜂窝、胶结差(图 5.1-25)，存在空洞，基岩岩体破碎严重，接触面以下 2～4m 岩体破碎。9#坝段基岩节理裂隙密集分布，且 20.0m 部位的节理宽度较大。

表 5.1-10 钻孔电视观测成果表

坝段	孔号	孔口高程/m	孔深/m	异常情况	尺寸/cm
3#	J1	118.0	6.50～6.60	岩体破碎	脱落区 7.0×3.0
			6.65～6.70	岩体破碎	脱落区 3.0×2.0
			8.60～8.90	岩体破碎	脱落区 8.0×7.0
			9.45～9.80	岩体破碎	脱落区 32.0×17.0
			10.00～10.20	岩体破碎	脱落区 18.0×14.0
8#	J2	85.0	<23.0	节理裂隙	明显增多
9#	J3	85.0	8.10～8.70	节理裂隙	密集分布
			12.60～13.50	节理裂隙	密集分布
			15.40～16.20	节理裂隙	密集分布
			17.10	张裂隙	宽 1.70
			21.20	张裂隙	宽 1.0

图 5.1-25 J1 孔的电视钻孔图像

现场水文地质实验、钻孔电视观测成果与扬压力监测资料分析成果吻合性较好，基岩破碎、存在脱落区处压水试验透水率较大，扬压力较高，渗漏量偏大。

河床坝基承压水所处基岩中的裂隙存在不均匀性，在局部受陡倾角节理裂隙张开，会造成个别坝段的扬压力偏高。根据前述分析，如遭遇长时间低温高水位，坝基扬压力和渗漏量仍可能继续增大。综合时效分量分析，有可能大于设计值和规范允许值。

5.1.3　加固措置措施

8#、9#坝段位于河床部位，清除覆盖层到基岩，岩体以微风化—新鲜基岩为主，节理发育，断层少。节理走向多为 NW，倾角较陡，岩面多铁锰质渲染，宽度较小。9#坝段出露 F30 断层，规模较小，做了刻槽处理，并布设断层处理钢筋及加密固结孔，断层塞混凝土与坝体混凝土一起浇筑。10#坝段位于右岸坝坡，上陡下缓，开挖后多为弱风化晶屑玻屑熔结凝灰岩。断层 F_{30} 延伸至 10#坝段中下部，呈片状，两侧强风化，宽 5～15cm。10#坝段节理不发育，多数较短小。

为此，对 8#～10#坝基帷幕进行补强灌浆。考虑到坝基帷幕一般先在帷幕体下游侧破坏，为安全起见，补强灌浆孔孔位布设在主帷幕孔的下游 0.4m，即距灌浆廊道上游壁 0.9m，灌浆孔孔距为 2.0m，与原有孔位交叉布置。对坝基局部地方存在的断层部位采用布置加强孔和加深等措施。由于坝基下相对隔水层分布无规律，补强灌浆孔孔深按 0.5 倍水头控制。孔倾角基本上与主帷幕灌浆孔相同，倾向上游 5°。灌浆孔应严格控制孔斜，绝对不允许打穿原帷幕而与上游水库连通。孔位具体布置详见图 5.1-26，各坝段补强灌浆孔孔数和孔深见表 5.1-11。

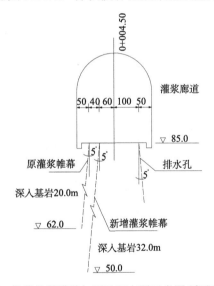

图 5.1-26　帷幕补强灌浆加固处理布置示意图(高程单位：m)

表 5.1-11　坝基帷幕体补强灌浆孔汇总表

坝段	孔数/个	孔深/m	孔底高程/m
8#	10	35.5	49.50
9#	10	31.2～35.5	49.50～61.50
10#	10	27.2～31.3	63.15～78.00

5.2　石漫滩水库

5.2.1　工程概述

石漫滩水库位于河南省舞钢市境内的淮河上游洪河支流滚河上。复建工程坝址东距漯河市 70km，西距平顶山市 75km。水库控制流域面积 230km²。水库总库容 1.2 亿 m³，是一座以工业供水、防洪为主，结合灌溉、旅游、养殖等任务的综合利用的大 (2) 型工程，工程等级为 Ⅱ 等，主要建筑物为 2 级。设计洪水 100 年一遇，校核洪水 1000 年一遇。水库死水位 95.0m，相应死库容 560 万 m³；为满足工业供水要求，水库为多年调节，兴利水位 107.0m，兴利库容为 6260 万 m³；灌溉限制水位 101.25m，相应库容 2968 万 m³；设计洪水位 110.65m，相应库容 10508 万 m³，校核洪水位 112.05m，相应库容 12061 万 m³。

大坝为全断面碾压混凝土重力坝。坝顶高程 112.50m，最大坝高 40.5m，坝顶长度 645m。水库枢纽由右岸非溢流坝段、溢流坝段、左岸非溢流坝段组成，取水建筑物布置在左岸非溢流坝段内。

5.2.2　大坝主要病险与成因分析

5.2.2.1　大坝主要老化病害

水库除险加固前主要存在以下问题[13-25]。

1. 坝体混凝土裂缝

坝体层间及廊道周围混凝土质量较差，坝体混凝土裂缝严重且增加趋势明显。2005 年现场检查发现裂缝 84 条，贯穿性裂缝 8 条，2012 年现场检查发现非溢流坝段裂缝 162 条，溢流坝段裂缝 117 条，贯穿性裂缝 23 条，裂缝数量较 2005 年显著增加。其中，7#~9#坝段坝体表面病害分布见图 5.2-1。对大坝进行了钻孔、压水试验。钻孔压水试验共布设 2 个钻孔，分别在 7#坝段和 8#坝段的典型横向裂缝旁，孔口中心距坝顶下游边 1.6m，向下游倾斜斜率 1/30，钻孔距廊道最近距离约为 1.0m。压水试验及结果列于表 5.2-1。

由表 5.2-1 知，7-1 孔深 23.0~33.5m、33.5~40.3m 两段透水率较大，其中 23.0~33.5m 段透水率达到 52.49Lu。8-1 孔也是在后两段透水率较大。孔深 32~36m 时孔与廊道位置最近(约 1m)。在 7-1 孔 23.0~33.5m 压水试验时，把压水试验用水染成红色(图 5.2-2)，结果均在廊道里发现有大量红水，说明廊道周围部分混凝土不密实，存在贯通的裂隙和缺陷。从压水试验看，在薄弱部位处，坝体渗水进入裂缝，并与廊道周围薄弱部位连通形成渗漏通道，应进行相应加固处理。

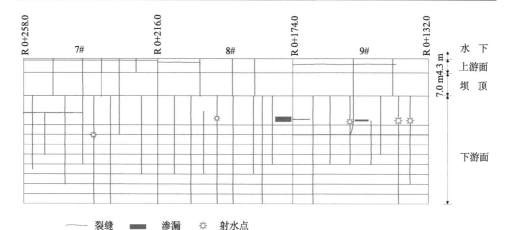

—— 裂缝　■ 渗漏　✺ 射水点

图 5.2-1　7#～9#坝段坝体表面病害分布

表 5.2-1　钻孔压水试验及结果

孔号	孔深范围/m	试段长度/m	全压力/MPa	透水率/Lu	孔号	孔深范围/m	试段长度/m	全压力/MPa	透水率/Lu
7-1	4.9～12.7	7.8	0.30	1.93	8-1	4.5～11.6	7.1	0.25	4.73
	12.7～23.0	10.3	0.33	2.77		11.6～22.7	11.1	0.32	5.15
	23.0～33.5	10.5	0.23	52.49		22.8～30.5	7.7	0.42	6.53
	33.5～40.3	6.8	0.40	11.54		21.1～33.1	12.0	0.31	10.92
	—	—	—	—		28.8～40.8	12.0	0.38	7.89

图 5.2-2　7-1孔 23.0～33.5m 压水试验时廊道漏水情况

2. 坝体渗漏

坝体防渗性能明显下降，坝体坝基渗漏呈逐年增加趋势；下游面多处裂缝及分缝长期渗水，多处射水；廊道渗流明显，且溶出物较多。

大坝运行后即发现，3#、5#、7#~9#等坝段出现横向裂缝，相应坝段下游有渗水现象。1998 年底、1999 年初，对大坝裂缝进行了高压水泥喷射灌浆处理，处理时，廊道及下游面多处有水泥浆流出，推测坝体存在多条贯穿性裂缝。灌浆后直到 1999 年底，坝体无明显渗漏。但 2000 年汛期过后又发现了渗漏现象，到 2004 年时已相当严重，并伴有析出物。目前，大坝裂缝较多，下游面多处裂缝处漏水，局部出现集中射流现象，冬季渗漏更为严重，7#~9#坝段尤其严重。

坝体渗漏量主要受温度变化影响，温度降低，渗漏量增大，最大渗漏量出现在每年冬季的 1~3 月，夏季 7 月和 8 月渗漏量较小；2005 年后坝体渗漏量有所增大。坝体渗漏量还受到库水位影响，库水位上升，渗漏量有所增加。坝体渗漏量最大值为 4.33L/s（1999 年 1 月 6 日）、最大年均值 1.37L/s（2011 年）。

3. 混凝土病害

交通桥、闸墩、溢流面和挑流鼻坎混凝土不同程度碳化，局部钢筋外露、锈蚀严重；防浪墙裂缝。下游坝面混凝土冻融破坏、露石、混凝土剥落严重。

4. 其他方面

大坝上游部分库岸坍塌，安全监测部分测点损坏。

5.2.2.2　水质和析出物分析

坝体渗漏成因综合分析的方法见图 5.2-3。

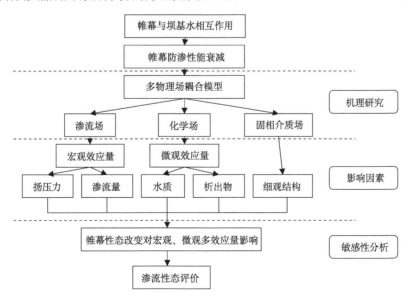

图 5.2-3　坝体渗漏成因综合分析方法

对大坝进行现场检查，当日库水位 108.20m，工程暴露的突出渗漏问题如下：①大坝下游面裂缝有多处明显渗水，左挡水坝段存在横向裂缝局部集中射流，7#、8#坝段下游面渗水情况如图 5.2-4（a）和（b）所示；②廊道内渗漏明显，廊道的迎水面和背水面都有大量析出物，4#～6#坝段廊道内析出物如图 5.2-5 所示。

　　(a) 7#、8#坝段下游面渗漏　　　　(b) 7#坝段下游面局部射水

图 5.2-4　　7#、8#坝段下游面渗漏

(a) 4#、5#坝段分缝处

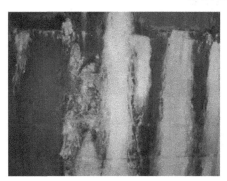

　　(b) 5#坝段廊道上游侧　　　　　　　　(c) 6#坝段廊道下游侧

图 5.2-5　　廊道析出物取样点

1. 析出物分析

据统计,2000~2003 年廊道内析出物 9210kg,2004 年 1 月~2005 年 3 月底,共 15 个月析出物达 8120kg,析出物呈增加趋势。坝基廊道内析出物分布较广泛,不同坝段廊道上下游面和顶部皆有析出。

为分析坝址区析出物特征,对廊道内析出物表观特征进行了调查。根据颜色特征分为 3 类:①黑色或暗褐色,此类析出物分布相对少;②白色局部夹米黄色,此类析出物分布最广泛;③白色但局部呈粉色,且粉色部位多为蓬松、疏散状。2016 年 7 月,在 5#、6#廊道内采集了水样、析出物样,取样位置见图 5.2-5 和表 5.2-2。对样品进行了水质分析、矿物组分分析和无机化学组分测试。

表 5.2-2　廊道内析出物取样分析基本情况一览

析出物取样	取样位置	析出物颜色	现场照片
X1	4#、5#坝段分缝处	黑色	照片 5.2-5(a)
X2	5#坝段廊道上游侧 S_{11}^5 标号处	白色夹黄色	照片 5.2-5(b)
X3	6#坝段廊道下游侧 S_{10}^6 标号处	白色夹粉色	照片 5.2-5(c)

析出物试样 X 射线衍射(X-ray diffraction,XRD)测试图谱见图 5.2-6。可以看出:①试样 X1 的微观形态均为非晶形物质,为典型的库水化学侵蚀形成的析出物,未发现基岩成分;②试样 X2 和 X3 的测试图谱存在明显的衍射峰,含有呈晶形的方解石矿物,库水对混凝土侵蚀较为严重,为坝体渗水将坝体混凝土中的

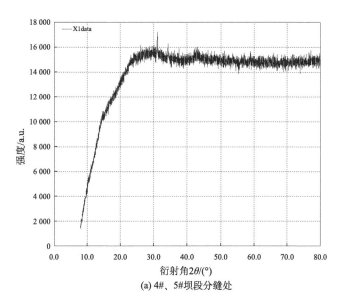

(a) 4#、5#坝段分缝处

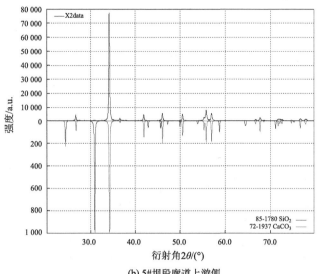

(b) 5#坝段廊道上游侧

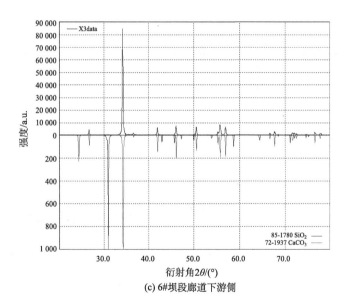

(c) 6#坝段廊道下游侧

图 5.2-6　析出物 XRD 测试图谱

$Ca(OH)_2$ 带出在廊道内壁与空气中的 CO_2 反应生成结晶物质；同时，试样测试图谱中无明显的石英衍射峰，以化学侵蚀为主，不存在侵蚀破坏引起的物理搬运。

　　析出物无机物质分析结果以元素的氧化物表示，其含量以相对含量形式列于表 5.2-3，以了解析出物的物质组成及其含量。由表 5.2-3 可以看出：①试样 X1 中质量分数大于 1%的组分共 7 项，依次为 MnO(45.21%)>LOI(23.68%)>

SiO_2(10.04%)>CaO(7.11%)>Fe_2O_3(4.85%)>Al_2O_3(4.46%)>MgO(1.30%)；②试样 X2 中质量分数大于 1%的组分共 4 项，依次为 CaO(50.09%)>LOI(43.61%)> MgO(3.28%)>SiO_2(1.37%)；③试样 X3 中质量分数大于 1%的组分共 2 项，依次为：CaO(53.32%)>LOI(45.26%)。

表 5.2-3　廊道析出物样的无机组分测试结果(质量分数)　　(单位：%)

析出物取样	LOI	SiO_2	Al_2O_3	CaO	Fe_2O_3	K_2O	SO_3	Na_2O	MgO
X1	23.68	10.04	4.46	7.11	4.85	0.622	0.372	0.097	1.30
X2	43.61	1.37	0.999	50.09	0.11	0.0233	0.177	0.0456	3.28
X3	45.26	0.75	0.17	53.32	0.0095	0.0105	0.119	0.0348	0.0715

析出物取样	TiO_2	MnO	P_2O_5	BaO	ZnO	SrO	Cl	As_2O_3	V_2O_5
X1	0.131	45.21	0.722	0.664	0.388	—	—	—	—
X2	0.0071	0.0259	0.0578	0.0154	0.006	0.137	0.0146	—	—
X3	0.0035	0.0028	0.0795	—	—	0.129	0.0217	0.0126	0.0033

注：表中 LOI 表示烧失量。

由以上可看出，析出物中化学组分较复杂，分析如下：①SiO_2 和 Al_2O_3，由于硅、铝是自然界中绝大多数岩石的主要造岩矿物，其含量常达 70%以上，此类物质在析出物中的含量是一个重要指标；硅、铝类矿物在酸性水中溶解度很低，在碱性水中溶解度才有所增大；若析出物水介质呈酸性，但析出物中的硅、铝组分含量比较高(如大于 25%)，可认为此类析出物已不具备典型的化学潜蚀作用的特征，而具有物理-化学双重潜蚀作用的标志。②Fe_2O_3 和 MnO，析出物中的 Fe_2O_3 和 MnO 主要来源于岩体结构面中的铁、锰质的析出；由于构造应力的作用，这两种物质互为伴生而相对富集于岩体结构面中并多以充填物的胶结物质出现；此类物质或以低价的离子态或以低价的氧化物而进入地下水溶液中并随之迁移；在排水孔口其水环境趋于明显的氧化条件下，即由胶体变成凝胶，并最终以析出物出现；一般呈棕红色的析出物中，Fe_2O_3 含量可达 30%～50%；而黑色析出物中，MnO 为主成分，其含量可达 30%以上；此类物质一般为化学潜蚀作用的产物；但若某部位在渗流作用下，此类物质长期析出，则将导致结构面的"空化扩容"，从而影响到岩体的渗透稳定性。③CaO 和烧失量(LOI)，钙及其氧化物是可溶性物质；除碳酸盐岩层外，此类物质在多数岩石中的含量很低，一般为 1%左右；仅个别特殊岩层(如红层)中的含量可能高一些；而在岩体结构面中可能以次生的方解石脉或薄膜形式出现，以致含量也高一些；另外，大坝基础混凝土以及坝基帷幕体中，水泥是其主要的成分，而水泥中以 CaO 为主，可达 65%左右，水化后可形成 Ca(OH)$_2$ 一类产物；在具有软水(Ca^{2+}+Mg^{2+}<3.0meq/L)、溶出型侵蚀作用

（HCO_3^-<1.07mmol/L）的环境水作用下，可导致上述岩层中以及工程结构中钙质的析出。

　　对检测结果中以上三类六项指标的含量进行统计，分别计算所占比例，结果列于表5.2-4。同时，以三角图（图5.2-7）更直观地显示各类指标的相对关系。

表 5.2-4　不同类型化学成分所占百分比含量　　　　　　　（单位：%）

析出物取样	$SiO_2+Al_2O_3$	Fe_2O_3+MnO	$CaO+LOI$
X1	15.21	52.50	32.29
X2	2.46	0.14	97.40
X3	0.92	0.01	99.06

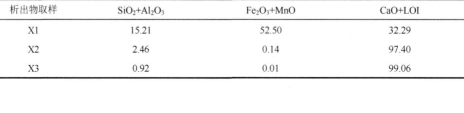

图 5.2-7　析出物化学组成三角图

　　结合表5.2-4和图5.2-7可看出，析出物根据其化学组分可分为以下两种：①黑色析出物，其组分含量以 MnO 和 Fe_2O_3 为主，主要来源于岩体结构面中的铁、锰等胶结物质受坝基水化学侵蚀作用后的析出；②白色析出物，其内夹杂有黄色或粉色，其烧失量相对大，均达到了 40% 以上，化学组分主要为 CaO，含量超过50%，且在其矿物相中出现方解石，此类析出物主要是坝基水对帷幕及库水对坝体混凝土的化学侵蚀作用形成。

2. 水质分析

为开展坝址水质分析研究，2016 年 7 月进行了现场采样工作。采集水样位置主要包括：①上游库水；②下游库水；③位于廊道内 4#、5#坝段分缝处 S1；④位于廊道内 5#坝段 S_{11}^{5} 标号处 S2；⑤位于廊道内 6#坝段下游侧 S_{10}^{6} 标号处 S3。采得水样经高密度聚乙烯瓶密封盛装后进行室内检测，检测指标主要包括 Na^+、K^+、Ca^{2+}、Mg^{2+}、CO_3^{2-}、HCO_3^-、SO_4^{2-}、Cl^-、NO_3^- 等主要阴、阳离子以及 pH。结果列于表 5.2-5。为研究采集水样的水化学类型，绘制 Piper 三线图见图 5.2-8。

表 5.2-5　水样检测结果

序号	取样点	pH	K^+	Na^+	Ca^{2+}	Mg^{2+}	HCO_3^-	CO_3^{2-}	Cl^-	NO_3^-	SO_4^{2-}
1	上游库水	7.78	23.05	21.41	20.88	3.39	64.54	0.00	22.25	16.89	42.78
2	下游库水	7.44	18.56	23.36	32.40	7.46	114.01	0.00	27.39	10.37	43.11
3	S1	7.65	4.46	18.75	34.93	12.71	96.87	0.00	32.55	0.00	59.02
4	S2	9.87	11.92	18.48	51.19	10.43	0.00	73.20	29.12	4.13	58.44
5	S3	9.65	4.10	16.50	55.80	12.27	0.00	77.22	30.21	1.61	56.83

注：表中除 pH 外，其余指标单位皆为 mg/L。

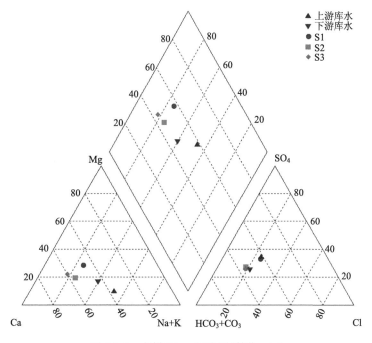

图 5.2-8　水样 Piper 三线图（单位：%）

由表 5.2-5 和图 5.2-8 可以看出：①上、下游库水的水化学组成较为近似，其水化学类型皆为 $HCO_3 \cdot SO_4-Ca \cdot Na$，可以看出，其阳离子主要为 Ca^{2+} 和 Na^+，阴离子主要为 HCO_3^- 和 SO_4^{2-}，其 pH 相对低，呈中性至弱碱性，分别仅为 7.78 和 7.44，而矿化度分别为 182.92mg/L 和 219.65mg/L；②廊道内采集的水样又可分为两种，一种以 S1 为代表，其水化学类型为 $HCO_3 \cdot SO_4-Ca \cdot Mg$，主要阴、阳离子组分与上游库水较为近似，其阳离子中 Mg^{2+} 含量略高，仅次于 Ca^{2+} 含量，且其 pH 也相对较低，仅为 7.65，其矿化度也仅略高于上游库水，为 210.85mg/L；③廊道内采集的 S2 和 S3 其水化学类型较为一致，为 $CO_3 \cdot SO_4-Ca$ 型，不同于上游库水，其阴离子主要为 CO_3^{2-}，而阳离子主要为 Ca^{2+}，其 pH 分别为 9.87 和 9.65，达到了碱性，矿化度较上游库水也有较大增长，达到了 256.92mg/L 和 254.55mg/L。

可看出，部分廊道内采集获得的水样其水化学组成较上游库水有较大改变，为更直观地比较其组分的异同，可通过水化学图示法进行分析，作上游库水以及廊道内 S1、S2 和 S3 的 Stiff 图（图 5.2-9），其中横坐标单位为 meq/L[①]。

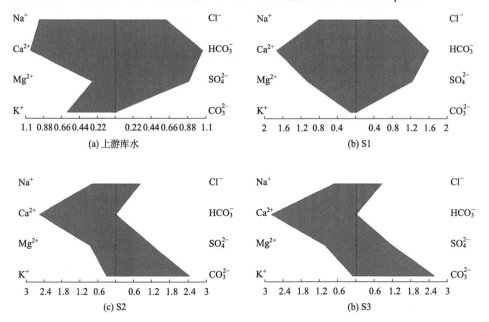

图 5.2-9　石漫滩水样 Stiff 图（横坐标单位：meq/L）

由图 5.2-9 可以看出：①S1 与上游库水阴离子图形状较为一致，而阳离子部分差异也相对较小，仅库水中 Na^+ 和 K^+ 相对较高，而在 S1 中 Mg^{2+} 含量相对高一些，且 S1 的离子浓度较上游库水仅略有增加，但增幅不大；②S2 和 S3 图形形状

---

① 1meq/L=1mg/L×原子价/化学结构式量。

基本一致，且与上游库水差异较大，表明这两处水样的化学组成较其来源的上游库水发生较大改变，阳离子中 Ca^{2+} 浓度达到 2.4meq/L 以上，远大于上游库水中的，而阴离子中 HCO_3^- 也全部转化为了 CO_3^{2-}。

由于在廊道内采集获得的水样附近同时采集了析出物样，析出物的形成与溶液中对应矿物的饱和指数 SI 值有关。因此，计算水溶液中的方解石($CaCO_3$)、白云岩[$CaMg(CO_3)_2$]和石膏($CaSO_4 \cdot 2H_2O$)等矿物的饱和指数 SI 如图 5.2-10 所示。

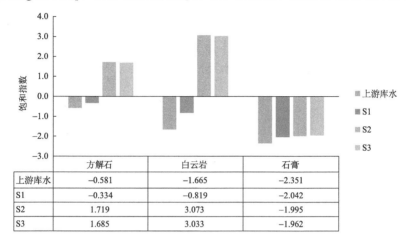

	方解石	白云岩	石膏
上游库水	−0.581	−1.665	−2.351
S1	−0.334	−0.819	−2.042
S2	1.719	3.073	−1.995
S3	1.685	3.033	−1.962

图 5.2-10　水库采集水溶液中部分矿物饱和指数

由图 5.2-10 可以看出：①对于溶液中方解石饱和指数 SI 值，S2 和 S3 水样中其值大于 0，分别达到了 1.719 和 1.685，呈过饱和形态，而在上游库水和 S1 中则小于 0，仅为−0.581 和−0.334，为不饱和；②对于溶液中白云岩饱和指数而言，与方解石较为相似，同样 S2 和 S3 中为过饱和形态，饱和指数 SI 值分别达到了 3.073 和 3.033，而上游库水和 S1 中则不饱和，分别为−1.665 和−0.819；③对于溶液中石膏的饱和指数，4 个水样中的值皆小于 0，按从大到小依次为 S3＞S2＞S1＞上游库水。

3. 析出物和水质综合分析

通过对廊道内水质和析出物检测分析可知，析出物主要可分为两种类型，其中黑色析出物主要成分为 MnO，与坝基水对基岩裂隙面中的铁锰质胶结物质的化学侵蚀作用有关，此类析出物附近的渗漏水与上游库水差别不大，各类离子组分含量以及 pH 无明显变化；另一类析出物主要以白色为主，夹杂有粉色或黄色物质，其化学成分主要为 CaO 和烧失量，并且在其矿物形态中以具有晶形的方解石为主，同时，此类析出物附近的水溶液 pH 相对高，以碱性为主，溶液中 Ca^{2+} 以及 CO_3^{2-} 含量较上游库水明显增大，溶液中方解石和白云岩呈过饱和形态，以库水对坝体混凝土及坝基水对帷幕的化学侵蚀作用为主。

5.2.2.3 渗流安全监测资料及反演分析

1. 渗流安全监测资料分析

大坝渗流安全监测项目有坝基扬压力、坝体和坝基渗漏量等。7#坝段的坝基扬压力监测布置见图5.2-11。监测资料时段为1998年5月～2011年5月。图5.2-12为7#纵向断面上P_7^1（失效）、P_7^2、P_7^3、P_7^4、P_7^5测值过程线。用编号为WL、WR的量水堰分别观测左、右岸坝体渗漏量。大坝渗漏量从1998年5月开始进行监测，分析时段截至2011年5月。图5.2-13为WL、WR实测过程线。坝体渗漏量是判断坝体渗流性态的重要指标，所以重点分析渗漏量。

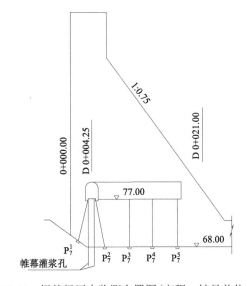

图 5.2-11　坝基扬压力监测布置图（高程、桩号单位：m）

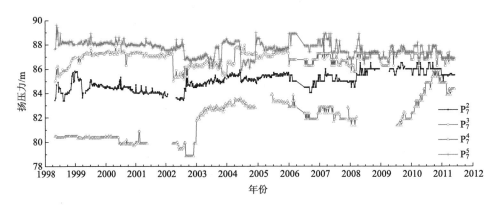

图 5.2-12　坝基扬压力实测过程线

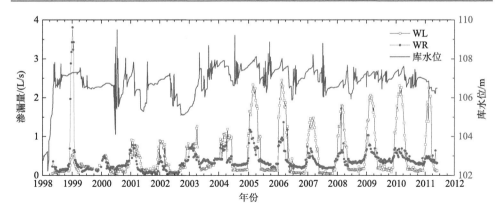

图 5.2-13　坝体渗漏量实测过程线

渗漏量变化规律如下：①库水位变化影响坝体渗漏量，库水位上升渗漏量增大，反之渗漏量减小；②温度变化引起坝体渗漏量变化，温度升高渗漏量减小，反之渗漏量增大；③坝体渗漏量最大值出现在 1999 年 1 月 6 日，其值为 4.33L/s（374.11m³/d），最大年变幅出现在 1999 年，其值为 4.33L/s，均是由灌浆所致，此后较为稳定，但 2004 年后，坝体渗漏量显著增加，恢复至未灌浆前状态，由此判断是由于在温度和水压的作用下，灌浆后的裂缝重新张开。

混凝土裂缝中的渗流方程，表达式如下：

$$Q_1 = \frac{\rho g w^3}{12 \mu \tau} \cdot \frac{1}{m} \cdot J \tag{5.2-1}$$

式中，Q_1 为渗漏量；g 为重力加速度；ρ 为密度；μ 为黏度；w 为裂缝宽度；J 为水力梯度；τ 为迂曲度；m 为粗糙度影响系数。

式（5.2-1）可简化为

$$Q_1 = d_1 w^3 H \tag{5.2-2}$$

式中，d_1 为影响系数，与水动力学黏滞系数及渗漏路径有关；H 为库水水深。

0.1mm 以上宽度的裂缝，在层流状态下渗流满足"立方定律"。对于坝体裂缝、渗流通道而言，裂缝宽度 w、水动力学黏滞系数 v 等受温度影响。碾压层本体的渗漏量影响因子的选择类似于常规混凝土坝,渗漏量与库水水深的 1～3 次方有关；层面是渗漏量的主要部分，可利用裂缝渗流的立方定律来模拟。为此，本体、施工层面的渗漏量表达式分别为

$$Q_2 = \sum_{i=1}^{3} a_i H^i \tag{5.2-3}$$

$$Q_3 = d_2 b^3 H \tag{5.2-4}$$

式中，a_i、d_2 为影响系数，与施工层面的水动力学黏滞系数 v 及渗漏路径大小有

关；b 为层面厚度。

因此，当有坝体温度监测资料、无坝体温度监测资料和坝体呈准稳定温度场变化时，带渗漏通道的 RCC 坝坝体渗漏安全监控模型可分别表示为

$$Q = a_0 + \sum_{i=1}^{3} a_i H^i + \sum_{j=1}^{n} b_j T_j + c_1 \theta + c_2 \ln \theta + (d_1 w^3 + d_2 b^3)H \tag{5.2-5}$$

$$Q = a_0 + \sum_{i=1}^{3} a_i H^i + \sum_{j=1}^{n'} b_j \overline{T}_j + c_1 \theta + c_2 \ln \theta + (d_1 w^3 + d_2 b^3)H \tag{5.2-6}$$

$$Q = a_0 + \sum_{i=1}^{3} a_i H^i + \sum_{j=1}^{2} \left(b_{1j} \sin \frac{2\pi jt}{365} + b_{2j} \cos \frac{2\pi jt}{365} \right) + c_1 \theta + c_2 \ln \theta + (d_1 w^3 + d_2 b^3)H$$

$$\tag{5.2-7}$$

式中，a_0 为常数项；a_i、b_j、b_{1j}、b_{2j}、c_1、c_2、d_1、d_2 为对应各因子的回归系数；$d_1 w^3$、$d_2 b^3$ 综合反映了坝体渗漏通道、施工层面对大坝渗漏量的影响；θ 为始测日累计天数除以 100；T_j 为第 j 支温度计测值；n 为温度计支数；$\overline{T}_j$ 为测日前前期气温平均值；n' 为测日前前期气温平均值选取的时段数。

由坝体温度监测资料可发现，1998 年后坝体温度已基本稳定，主要受气温和水温变化的影响。考虑 1998 年底 1999 年初大坝进行了灌浆处理，选取 2001~2010 年共 10 年的时间序列。采用逐步回归分析法，由式(5.2-5)建立坝体渗漏量统计模型。图 5.2-14 为渗漏量的实测值及拟合值过程线。

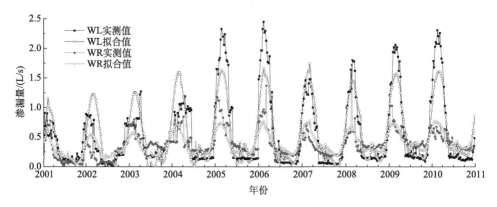

图 5.2-14　坝体总渗漏量拟合过程线

WL、WR 测值统计模型复相关系数分别为 0.90、0.81。为定量分析和评价水压、温度、降雨、时效四个因素对各测点渗漏量的影响，以 2009 年的年变幅为例，表 5.2-6 列出了统计模型分离的各测点年变幅的各分量。例如 WL，水压分量占 22.29%，温度分量占 75.94%，降雨分量占 0%，时效分量占 1.77%。

表 5.2-6　渗漏量回归模型结果（2009 年）

测点	年变幅		水压分量		温度分量		降雨分量		时效分量	
	实测值/(L/s)	拟合值/(L/s)	分量/(L/s)	百分比/%	分量/(L/s)	百分比/%	分量/(L/s)	百分比/%	分量/(L/s)	百分比/%
WL	1.43	1.73	0.39	22.29	1.31	75.94	0	0	0.03	1.77
WR	0.51	0.59	0.18	31.19	0.39	65.33	0	0	0.02	3.47

一般 RCC 坝坝体渗漏量中，水压分量为年变幅的主导因素，约占 60%；温度分量的影响相对小，约为 20%。相比之下，温度分量为该水库坝体渗漏的主导因素，与坝体贯穿性渗漏通道有关。需注意的是，2005 年后在低温和高水位的不利工况耦合下，坝体渗漏量显著增大。而式(5.2-5)～式(5.2-7)并未考虑这一耦合因素，导致拟合结果与实测结果存在偏离。

2. 坝体渗流性态反演分析

由于缺乏各分区材料的渗透参数，因此，根据渗流监测资料(包括坝基扬压力及坝体、坝基渗漏量)进行反演分析，评价坝体渗流性态。

选取典型 7#坝段建立有限元网格，计算范围：x 方向以坝轴线为坐标原点，上游和下游均截取约 1 倍坝高；y 方向以 P_7^1 所在断面排水孔中心线位置为坐标原点，沿坝轴线方向取 1.5m(两相邻排水孔距离中心线处)；z 方向以高程为坐标，考虑防渗帷幕的深度，坝基亦截取 1 倍坝高。根据实际材料，划分为二级配 RCC、三级配 RCC、防渗帷幕、基岩以及层面等分区，廊道按实际尺寸模拟；坝体内部排水孔按等效介质考虑。

反演分析采用可变容差法寻优计算，采用各向同性模型，逐步调整坝体和坝基材料参数，最终得到选定工况下坝体和坝基的位势分布，以及各区的等效渗透系数，并计算扬压力系数、防渗帷幕渗透坡降等渗流要素。为获取准稳定渗流场、消除渗流滞后效应对渗漏的影响，选取库水位较为稳定的时间段为反演分析工况。

反演分析库水位取 107.23m。根据施工档案，施工时二级配 RCC、三级配 RCC 的透水率均值分别为 0.12Lu、0.44Lu，均小于设计要求的 0.5Lu，换算得到的渗透系数分别为 $3×10^{-8}$cm/s、$2×10^{-7}$cm/s。选取各区初始渗透系数(表 5.2-7 组合 1)，得到反演水位下的坝体、坝基及总的渗漏量如表 5.2-8 组合 1 所示。由表 5.2-8 可知，当二级配 RCC、三级配 RCC 及层面的渗透系数分别为 $3×10^{-8}$cm/s、$2×10^{-7}$cm/s、$1.8×10^{-6}$cm/s 时，坝体和坝基总渗漏量误差只有–30.38%，但坝体渗漏量误差较大，达到–86.18%。参考现场检测、压水试验及统计模型分析成果，坝体存在渗漏通道。将裂缝对坝体渗流的影响均化到材料的渗透参数中，将二级配 RCC、三级配 RCC 和层面的渗透系数分别放大 10 倍进行反演，各区等效渗透系数如表 5.2-7 组合 2 所示时,坝体、坝基及总渗漏量如表 5.2-8 组合 2 所示。由表 5.2-8 可知,渗漏量反演计算值和观测值的相对误差在 30%以内。

表 5.2-7　反演的材料渗透系数　　　　　　　　　　(单位:10^{-6}cm/s)

组合	二级配 RCC	三级配 RCC	防渗帷幕	基岩	层面
1	0.03	0.2	15	80	1.8
2	0.3	2	15	80	18

表 5.2-8　渗漏量反演计算值与观测值对比

组合	分区	反演计算值(Q_i)/(L/s)	观测值(Q_m)/(L/s)	误差值(Q_i-Q_m)/(L/s)	$(Q_i-Q_m)/Q_m$
1	坝体	0.21	1.52	-1.31	-86.18%
	坝基	1.99	1.64	0.35	21.34%
	总体	2.20	3.16	-0.96	-30.38%
2	坝体	1.88	1.52	0.36	23.68%
	坝基	1.94	1.64	0.30	18.29%
	总体	3.82	3.16	0.66	20.89%

根据表 5.2-7 的渗透系数反演所得的坝基扬压力测压管水位计算值与观测值(2008 年 12 月 29 日)对比如表 5.2-9 所示。可看出,反演得到的各料区渗透系数能够反映实际渗流性态。一般地,二级配 RCC、三级配 RCC 渗透系数分别为 $10^{-8}\sim 10^{-9}$cm/s、$10^{-7}\sim 10^{-8}$cm/s,反演的二级配 RCC、三级配 RCC 渗透系数较大。说明坝体中的裂缝(特别是贯穿裂缝)为渗漏提供了便捷的传输通道,渗漏量与裂缝的宽度呈三次方关系,混凝土的渗透性随着裂缝的产生和发展而急剧增加。这与现场检测坝表面裂缝、坝体局部混凝土质量较差存在渗流薄弱环节的结论一致,也与统计模型判断裂缝是渗漏增大的成因一致。

表 5.2-9　坝基扬压力反演计算值与观测值对比

测压管	反演计算水位(H_i)/m	观测水位(H_m)/m	$(H_i-H_m)/H_m$
P_7^2	95.46	97.26	-1.85%
P_7^3	79.60	83.24	-4.37%
P_7^3	82.57	84.65	-2.46%
P_7^4	83.87	84.83	-1.13%

3. 坝基渗漏及渗透控制问题

根据初步设计阶段勘察及施工阶段灌浆孔压水试验成果，坝基、坝肩岩体透水性普遍偏大，多属强透水带。由于坝基透水性大，相对隔水层埋藏深，渗流控制考虑到各种因素，设计施工中在坝基中做悬挂防渗帷幕。

坝基扬压力观测资料分析表明，大坝坝基扬压力性态基本正常，扣除测值突变影响后，坝基扬压力测孔水位测值变化平稳，无明显趋势性变化，扬压力系数实测值未超过设计值，坝基帷幕灌浆和排水孔联合防渗效果较好；受下游水位较高影响，坝基扬压力值较大。根据坝基渗流监测资料分析可知，坝基渗漏量变化总体上较为平稳，坝基渗漏量 2002 年后有逐渐增加趋势。

坝址地段主要含水层为基岩裂隙水和第四系松散沉积物孔隙潜水。基岩裂隙水含水层岩性主要为三教堂组中、上部石英砂岩，其下之崔庄组为相对隔水层。两岸地下水略高于河水位，故地下水补给河水，但水力坡度平缓，约 1/130。据复建工程钻探中观测，河床局部地段基岩裂隙水有承压现象。

对 7#、8#坝基影响较大的为 F_{37} 顺河断层，其走向为 NE 22°、倾向 NW、倾角 70°，是平行河床贯通坝体上下游的大断层。垂直断距约 25m。破碎带宽 2~3m，充填断层泥和角砾岩。断层泥厚 10~60cm，为紫红色及黄白色，结构密实。角砾岩附在下盘壁面上，胶结较好。断层上盘裂隙发育，岩体破碎。F_{37} 断层对坝基渗漏有影响。

大坝复建灌浆过程中，7#、8#两坝段屡屡出现大渗透率段。但这类大渗透率的情况在勘察和固结灌浆时均未遇到，它们与上、下段呈突变关系，数值可差成百上千倍，说明地层渗透性极不均一，并受某些大裂隙的控制。

为增强坝基岩体的整体性，提高岩体的弹性模量，复建时对坝基全断面进行了固结灌浆。多数坝段灌浆后能达到设计要求，唯 7#、8#两坝段灌浆结束后，检查孔的渗透系数多数不合格，不少孔内返水，无法进行压水试验。加密孔排距至 1.25m（F_{37} 断层带为 1.0m），重新钻灌，第二次灌完后，经检查才基本符合设计要求。

此外，从复建工程帷幕灌浆资料也可看出，虽然 8#坝段岩体透水性极强，但耗浆量并不很大，两者不相对应，可能是 8#坝段受顺河张性断层 F_{37} 的影响，产生很多细小裂隙，这类细裂隙能通过水流，但通不过水泥颗粒，以致造成渗透系数大，耗浆量不大的状况。

除险加固工程恢复蓄水运行以来，坝基渗流中存在的主要问题是位于 F_{37} 断层带上的 8#坝段，虽经除险加固工程固结灌浆和加深帷幕灌浆处理，目前廊道内实测坝基扬压力偏高、排水孔出水量偏大。分析除险加固工程恢复蓄水以来的坝基扬压力资料发现，该段坝基扬压力测值与库水位和下游水位相关性不明显，初

步推测与 F_{37} 断层及基岩裂隙承压水有关。

5.2.2.4　坝体裂缝成因分析

采用弹性力学有限元法进行计算分析。计算坐标系规定：对于三维有限元模型，x 轴为顺河流向(垂直坝轴线)，指向下游为正；y 轴为垂直向，指向上方为正；z 轴为平行坝轴线，指向右岸为正。根据实际情况，分别建立了溢流坝段(12#坝段)及非溢流坝段(9#坝段)的三维有限元模型。

溢流坝段三维有限元模型，考虑了闸墩对溢流坝段坝体应力的影响，计算模型范围如下：x 方向，以坝轴线为零点，上下游各取约 1.5 倍坝高；y 方向从坝基面(坝基高程为 74.00m)向下取 1.5 倍坝高；z 方向，取一个坝段长 20m。上下游基岩面水平约束，竖直自由，坝基全部约束。非溢流坝段三维有限元模型取沉降量较大的9#坝段，计算分析其应力分布。模型范围及 x、y、z 轴的规定同溢流坝段。与溢流坝段不同的是，9#坝段坝轴线长42m。

溢流坝段和非溢流坝段有限元模型采用八节点六面体单元，计算单元类型选用 SOLID45。溢流坝段三维有限元模型的节点总数为 66 673，单元总数为 59 880；非溢流坝段三维有限元模型的节点总数为 64 302，单元总数为 58 520。溢流坝段、非溢流坝段的分区、三维有限元网格如图 5.2-15 和图 5.2-16 所示。

根据设计和施工资料选取混凝土及基岩的计算参数，见表 5.2-10。

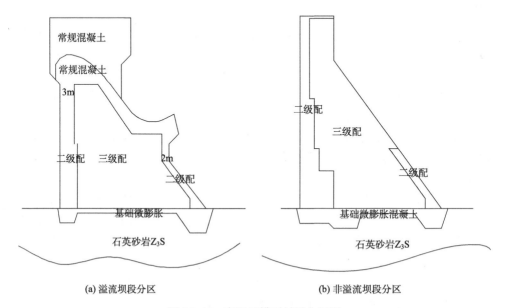

(a) 溢流坝段分区　　　　　　　　　(b) 非溢流坝段分区

图 5.2-15　有限元模型材料分区图

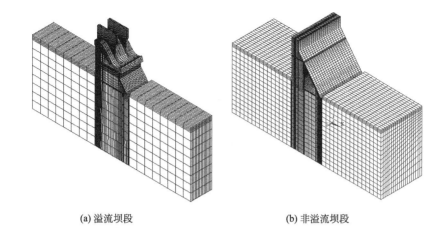

(a) 溢流坝段　　　　　　　　　　　　(b) 非溢流坝段

图 5.2-16　典型坝段三维有限元网格图

表 5.2-10　坝体及坝基材料参数

材料	容重 γ /(kN/m³)	弹性模量 E/GPa	泊松比 v	导热系数 λ /[kJ/(m·d·℃)]	比热容 c /[kJ/(m·℃)]	线膨胀系数 α /(10⁻⁶/℃)
常规混凝土(C25)	24	28	0.167	181	0.94	5.8
二级配混凝土(C20)	23.51	25.5	0.167	184	0.94	5.8
三级配混凝土(C15)	23.6	22	0.167	184	0.94	6.7
石英砂岩(Z3S)	25.4	12.9	0.23	164.88	0.77	7

　　大坝坝块间设横缝。一般地，运行期产生的坝体裂缝与不利气温和荷载变化相关。库水位年变幅一般在 2.0m 范围内，初步推测坝体顺水流向的裂缝应主要由温度应力引起。以多年平均气温边界条件下的坝体稳定温度场为基准温度场，以月平均变化温度场的温度变化增量为温度荷载，分析运行期大坝裂缝的成因。

　　根据工程区气象条件，1～2 月气温最低，7～8 月气温最高。分析"正常蓄水位+1 月温降"（"1 月温降"）和"正常蓄水位+7 月温升"（"7 月温升"）两种工况。"1 月温降"荷载指一年中温度最低的 1～2 月坝体准稳定温度场与基准温度场之差产生的温度荷载；"7 月温升"荷载指一年中温度最高的 7～8 月坝体准稳定温度场与基准温度场之差产生的温度荷载。通过这两种温度荷载工况，可分析坝体在冬季温降和夏季温升作用下可能产生的温度应力，判断坝体是否开裂。

　　坝址区多年平均气温为 15.5℃，上下游水温按不同深度取相应的多年平均水温。考虑日照辐射影响，坝体表面暴露在空气中的部分，温度取为 18℃。根据气温资料，坝址区 1 月平均气温为 1.6℃，坝址区 7 月平均气温为 27.5℃，水温按不同深度取相应的 1 月、7 月平均水温。

　　结果表明：气温和库水温对运行期间混凝土坝的影响仅限于坝体表层。坝体上游面混凝土温度随水温而变化，其他坝体上部及下游面混凝土受外界气温影响，温度变化较为剧烈，混凝土温度梯度较大，变幅也较内部大，坝体内部温度较稳定，变幅不大。在灌浆廊道内常年稳定在 $11.6\sim12.6$℃，与监测资料吻合。

"1月温降"工况下，坝体沿坝轴向的拉应力 σ_z 呈现出如下分布规律：坝体表面沿坝轴向的拉应力 σ_z 随高程的增加逐渐减小，并且拉应力 σ_z 在坝段的中间部位最大，向坝段两端逐渐减小，深度范围为 $1\sim2$m；坝体内部主要承受压应力，大小为 0.25MPa。坝体下游面 σ_z 在接近最低水位 84.80m 高程处出现一个最大拉应力区，最大达到 2.22MPa；随着高程增加拉应力 σ_z 逐渐减小，在高程 110.65m 附近，拉应力 σ_z 减小到 1.16MPa，在坝顶处为 0.81MPa；沿坝轴线方向在坝体下游面 $84.80\sim96.00$m 高程的区域内，拉应力 σ_z 为 1.87MPa，向坝段两端逐渐减小，在坝段两端横缝处 σ_z 为 0.81MPa。坝体上游面 σ_z 在接近正常蓄水位 107.00m 高程处出现一个拉应力区，达 1.16MPa，随高程的增加拉应力 σ_z 逐渐减小；沿坝轴线方向在坝体上游面 $107.00\sim110.65$m 高程区域，拉应力 σ_z 为 1.16MPa，拉应力 σ_z 向坝段两端逐渐减小，在坝段两端横缝处 σ_z 为 0.46MPa。

"7月温升"工况下，坝体下游面出现的沿坝轴向的最大压应力 σ_z 为 1.08MPa，分布在坝体下游面中间高程 $74.00\sim96.00$m 的区域；向坝段两端方向，压应力逐渐减小，两端横缝处压应力为–0.47MPa；坝体上游面沿坝轴线方向的压应力分布规律与下游相同，最大压应力 σ_z 为–0.78MPa，发生在坝体上游面中间高程 $95.00\sim$ 107.00m 的区域，坝段两端横缝处压应力也为–0.47MPa。

综合温度场与温度应力研究结果可知，在"1 月温降"工况下，坝体下游面最大拉应力 σ_z 为 2.22MPa，坝体上游面最大向拉应力 σ_z 为 1.16MPa。C20 混凝土的设计轴心抗拉强度 1.10MPa，温降荷载引起的沿坝轴线方向的拉应力 σ_z 超过规范要求，可能会导致坝体混凝土的开裂。在"7 月温升"工况下，温升荷载引起的沿坝轴向的应力 σ_z 主要为压应力，满足规范要求。9#非溢流坝坝段存在的 2 条贯通性裂缝开裂时间分别为 2002 年 12 月 26 日和 2008 年 2 月 5 日。气温资料表明，在这两个时间段内，坝址区经历寒潮，降温幅度分别达到–6℃和–8℃。温降荷载引起的温度应力是导致大坝产生裂缝的主要原因。

5.2.3 除险加固主要内容与实施情况

5.2.3.1 大坝除险加固措施

水库除险加固工程主要内容如下。

1. 上游面防渗面板

大坝地质剖面见图 5.2-17，坝体典型加固典型断面图见图 5.2-18。

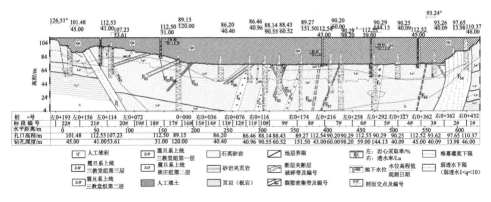

图 5.2-17　大坝地质剖面图

在坝体上游面增加 C25 钢筋混凝土防渗面板，厚 0.5～1.0m，抗渗等级 W6，抗冻等级 F150。防渗面板底部增加一排灌浆帷幕；采用聚氨酯灌浆对坝体裂缝进行处理；采用混凝土保护剂对 88.00m 高程以上坝体下游面进行处理；对于坝体

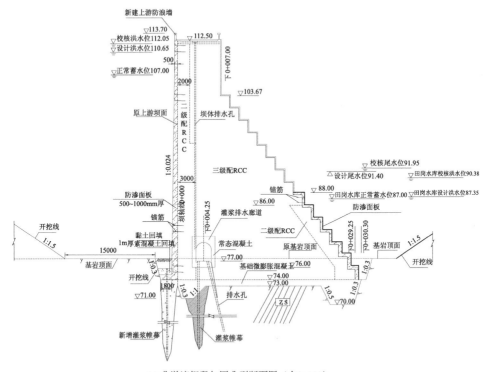

(a) 非溢流坝段加固典型断面图（右0+150）

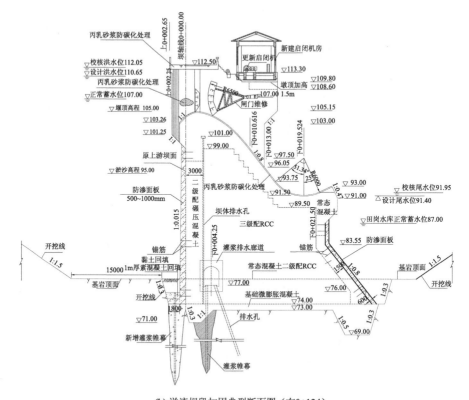

(b) 溢流坝段加固典型断面图（右0+124）

图 5.2-18　坝体加固典型断面图(高程单位：m；尺寸单位：mm)

下游面局部较大的破损或者深度较大的表面损坏,采用 C30 细石混凝土填补;采用 C25 钢筋混凝土防渗面板对 88.00m 高程以下下游坝面进行处理,厚 0.4～0.6m,抗渗等级 W6,抗冻等级 F150,防渗面板和下游面采用锚筋相连。

大坝上游面防渗处理。在坝体上游面增加混凝土防渗面板作为坝体防渗层,考虑到坝体上游面二级配 RCC 已基本失去防渗作用,新增加防渗面板。参考《砌石坝设计规范》(SL 265—2006)的要求,混凝土面板的底部厚度宜为最大水头的 1/60～1/30,顶部厚度不小于 0.3m。最大水头为 39.0m,底部厚度宜为 0.65～1.3m。考虑到最大坝高 40.5m,属中坝,混凝土防渗面板厚度选中间值,取混凝土面板底部厚度为 1.0m。考虑到防浪墙布置和施工方便,取顶部厚度为 0.5m。在上游面增设钢筋混凝土防渗面板,高程 107.00m 以上厚 0.5m,高程 107.00m 以下厚 0.5～1m;其中溢流坝段仅在溢流面以下(高程 99.00m)增设防渗面板。防渗面板采用 C25 钢筋混凝土结构,抗渗等级 W6,抗冻等级 F150。为使面板和坝体结合牢固,在面板和坝体上游面间配置一定数量的锚筋。

趾板位于坝体上游防渗面板底部,建基面主要为震旦系上统三教堂组石英砂岩，岩石坚硬，单抗压强度为 235.4～349.2MPa，经坝基灌浆处理后工程地质分类达到 AIII$_1$～AIII$_2$。坝基岩体多具强透水性，存在趾板线与原帷幕间防渗处理问题。施工中可能存在基坑渗水、边坡稳定问题。防渗面板基础坐落在新鲜岩面上，防渗面板底部设有长 1.8m、厚度 0.8m 的前趾，用以布置帷幕灌浆孔。在防渗面板下部增加一道单排帷幕灌浆。帷幕桩号为左 0+193.00～右 0+452.00，全长 645.0m，帷幕灌浆采用单排帷幕，帷幕轴线在左、右两端向下游延伸与原坝体帷幕相连接。4#、7#、8#、9#、17#、18#坝段孔距 1.5m，其余坝段孔距为 2.0m。灌浆材料为纯水泥浆，水泥标号为 R42.5 号普通硅酸盐水泥。帷幕灌浆施工方法采用自上而下分段灌浆法，分段长度一般为 5m，与防渗面板混凝土接触段长度不大于 2m。灌浆分三序施工，根据帷幕深度分段进行灌注。从上而下分别采用全孔灌浆结束后，应以水灰比为 0.5 的新鲜普通水泥浆液置换孔内稀浆或积水，采用全孔灌浆封孔法封孔。帷幕透水率不大于 5Lu。

帷幕灌浆平行于坝轴线形成单排帷幕，范围为大坝上游左岸桩号 0+000～0+180（17#～22#坝段），右岸桩号 0+000～0+452（1#～16#坝段），长度 632m，孔数 364 个，造孔灌浆分三序进行，孔距分为 1.5m 和 2.0m 两种。大坝下游桩号右 0+132～0+258（7#、8#、9#坝段），长度 126m，造孔灌浆分三序进行，孔数 85 个，孔间距 2m。

2. 坝体裂缝处理

坝体裂缝处理范围包括大坝上游面、下游面、溢流面和坝顶等部位的顺水流向及垂直水流向裂缝。根据裂缝的长度、出现位置、宽度、上下游对应关系、渗水情况等，将裂缝分为浅层裂缝、深层裂缝、贯穿性裂缝。对于长度较短、宽度较小（小于 0.2mm）、表面干燥的表面裂缝和水平裂缝归为浅层裂缝，这类裂缝出现的位置不存在明显的上下游对应关系。对于长度较大、缝宽较大（大于 0.2mm）、渗水明显等特征的裂缝归为深层裂缝。对于上游、下游和坝顶三处裂缝基本连为一体的较大裂缝归为贯穿性裂缝，这类裂缝通常宽度较大，多有较明显的渗水现象存在。对于表面浅层裂缝，采用环氧树脂浆液注射处理；对于深度较大的裂缝或贯穿性裂缝，采用聚氨酯树脂进行灌浆处理。

3. 坝体廊道周边裂缝处理

坝体廊道周边裂缝处理见图 5.2-19。在大坝廊道周边设置灌浆孔进行补强灌浆，孔深 3.0m。灌浆完成后重新恢复坝体排水孔和坝基排水孔。清理廊道内壁以及上、下游排水沟内的析出物；采用 SR 塑性止水材料和 M20 预缩水泥砂浆对廊道内结构缝、伸缩缝进行处理；将混凝土表面凿毛并清理干净，采用聚合物水泥砂浆和水泥基渗透结晶材料对廊道表面进行处理。

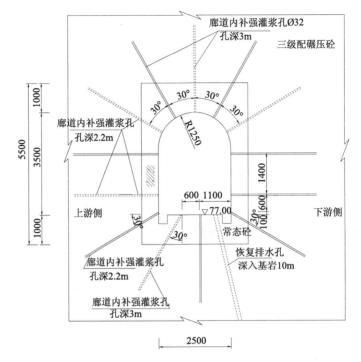

图 5.2-19　廊道补强灌浆断面图（单位：mm）

4. 其他老化病害处理

拆除原防浪墙，在新建混凝土防渗面板顶部新建 C25 混凝土防浪墙。

拆除原有启闭机房，适当抬高闸墩，在泄洪闸闸墩上重建启闭机房；采用丙乳砂浆对闸墩和牛腿进行防碳化处理；采用 C30 细石混凝土对挑流鼻坎的局部破损进行修复，采用丙乳砂浆对溢流面和挑流鼻坎做防碳化处理；对交通桥下表面采用丙乳砂浆进行处理。

增加必要的监测设备，实现自动化监测；管理设施更新改造。

5.2.3.2　除险加固措施实施情况

1. 防渗面板

上、下游防渗面板基础帷幕灌浆分序水泥注入量分别列于表 5.2-11 和表 5.2-12。随着孔序增加水泥单位注入量呈递减趋势，符合一般灌浆规律，但Ⅲ序孔水泥单位注入量仍很大，灌浆效果尚待运行中检验。

表 5.2-11　上游防渗面板基础帷幕灌浆分序水泥注入量统计表

名称	孔序	孔数	混凝土厚度/m	基岩/m	水泥注入量/kg	平均水泥注入量/(kg/m)
右岸	I	64	156.10	2002.25	150320.00	75.08
	II	65	163.10	1935.74	67267.74	34.75
	III	130	319.30	3874.17	84933.27	21.92
左岸	I	27	78.08	516.04	31717.00	61.46
	II	26	74.65	468.23	21264.30	45.41
	III	52	148.88	927.61	31870.49	34.36

表 5.2-12　下游防渗面板基础帷幕灌浆分序水泥注入量统计表

名称	孔序	孔数	混凝土厚度/m	基岩/m	水泥注入量/kg	平均水泥注入量/(kg/m)
7#、8#、9#坝段	I	22	11.0	722.73	118014.00	163.29
	II	21	10.5	665.89	69750.73	104.75
	III	42	21.0	1331.72	98975.24	74.32

每坝段布置 1 个检查孔检查灌浆效果，检查孔分两段进行压水试验，第一段为混凝土与基岩的接触段，第二段为全孔。大坝上游、下游帷幕灌浆压水试验成果汇总于表 5.2-13，压水试验合格率 100%，透水率值不大于设计值(5Lu)，各孔压水试验帷幕透水率，检查孔压水试验 100%合格，灌浆质量合格。

表 5.2-13　大坝上游、下游帷幕灌浆压水试验成果汇总

名称	孔数	检查孔数量	检查孔检测范围值/Lu	设计指标≤5Lu
大坝上游帷幕灌浆	364	22	0.32~4.59	合格
大坝下游 7#、8#、9#坝段	85	5	2.14~3.95	合格

大坝上游固结灌浆 I 序孔与 II 序孔平均水泥注入量列于表 5.2-14。可以看出，I 序孔与 II 序孔每米水泥注入量随孔序增加呈递减趋势，符合一般灌浆规律，但 II 序孔水泥单位注入量仍很大，灌浆效果尚待运行中检验。

表 5.2-14　大坝上游固结灌浆 I 序孔与 II 序孔平均水泥注入量

孔序	孔数	混凝土厚度/m	基岩/m	水泥注入量/kg	平均水泥注入量/(kg/m)
I	67	159.3	213.54	39987.76	187.26
II	62	144.4	207.59	23351.51	112.49

在施工过程中，坝基相对隔水层埋藏较深，且分布无规律，基础防渗采用悬挂式帷幕灌浆。帷幕深度在河床段为 20m；左岸坝段因坝高较低，帷幕深 15m；

断层带内帷幕加深至 30m。帷幕孔为单排，孔距 2m。帷幕灌浆实施过程中，7#、8#两坝段岩石破碎、裂隙密集，且 F_{37} 断层穿过 7#坝段，在固结灌浆和帷幕灌浆过程中，都出现不同程度的涌水，因此，帷幕由一排增加到二排，孔深加深至 30～40m。在设计压力下进行帷幕灌浆冒浆严重，在大坝上游帷幕灌浆段增设固结灌浆；在大坝下游 7#、8#、9#坝段增设帷幕灌浆。

2. 坝体裂缝处理

坝体层间结合面及廊道周围等部位混凝土质量较差，坝体混凝土裂缝严重；坝体防渗性能明显下降。大坝表面裂缝严重，右岸坝段多条贯穿裂缝。坝体渗漏呈逐年增加趋势；下游面多处裂缝及分缝长期渗水，多处射水；廊道渗流明显，且坝体析出物较多，存在安全隐患。在除险加固中采取防渗处理、灌浆补强等措施。对于表面浅层裂缝，采用环氧树脂浆液注射，表面用环氧树脂浆液封闭，形成整体结构。坝体上、下游垂直水流向裂缝、顺水流向的浅层裂缝采用此方法进行处理。对于深度较大的裂缝或贯穿性裂缝，采用聚氨酯树脂进行灌浆处理。溢流坝面裂缝采用环氧树脂灌浆处理。裂缝灌浆结束后通过钻芯(图 5.2-20)和压水试验检查施工质量，检测裂缝浆液灌入和透水情况，裂缝灌浆质量合格。

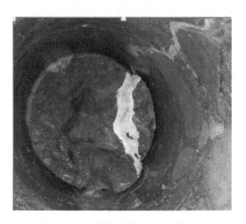

图 5.2-20　裂缝修补效果取样检查

3. 大坝廊道周边裂缝处理

在大坝廊道周边设置灌浆孔进行补强灌浆。灌浆完成后重新恢复坝体排水孔和坝基排水孔。清理廊道内壁以及上、下游排水沟内的析出物；对廊道内结构缝、伸缩缝进行处理；将混凝土表面凿毛并清理干净，采用聚合物水泥砂浆和水泥基渗透结晶材料对廊道表面进行处理。

在廊道内钻孔进行补强灌浆对廊道周边混凝土缺陷进行加固；对坝体和坝基

排水孔进行全面疏通，并对坝基排水孔适当加密。在廊道内布置一定数量灌浆孔，对廊道周围混凝土进行钻孔灌浆，灌浆孔尺寸为 $\phi75$。灌浆孔布置位置包括廊道拱顶、下游边墙，间距为 1.5m，孔深为 3.0m，灌浆材料为 DMFC-800 超细水泥。灌浆完毕后，对坝体和坝基排水孔进行全面疏通。

除险加固工程于 2016 年 9 月 20 日开工建设，2019 年 4 月通过蓄水验收后下闸恢复蓄水运用。

5.2.4　初期运行情况

2019 年为除险加固工程后经历的第一个汛期，全年汛期降雨量与常年平均值相比偏少 40%，汛期 6～9 月流域平均降雨 413.8mm，6 月降雨较多，平均降雨 208.8mm。2019 年整个汛期入库水量 1339 万 m^3，各月入库水量分别如下：6 月 687 万 m^3、7 月 194 万 m^3、8 月 334 万 m^3、9 月 124 万 m^3。汛期共开闸泄水 4 次，泄水量 423 万 m^3。2019 年最高蓄水位为 103.85m。

2020 年为除险加固工程后经历的第二个汛期，7 月降雨较多，平均降雨 399.3mm，水库最高运行水位为 107.39m，超过正常蓄水位 39cm。2020 年较大的一场洪水发生在 7 月 21 日 14 时～7 月 23 日 10 时，流域平均降雨 199.9mm，洪水时段最大(1 小时)降雨量 28.3mm，7 月 22 日 5 时最大洪峰达 890m^3/s。在本次降雨过程中，石漫滩水库拦蓄洪水 5681 万 m^3，7 月 22 日开闸泄水，错峰 14h，下泄流量为 100m^3/s，总泄洪量 1366.74 万 m^3，发挥了显著的防洪作用。

2019 年 4 月恢复蓄水运行以来，最高蓄水位 107.39m，已经历正常蓄水位运行考验，大坝及输泄水建筑物变形和渗流性态正常，工程形象面貌见图 5.2-21。工程初期运行中存在的主要问题是 8#坝段位于 F_{37} 断层带上，经固结灌浆和加深帷幕灌浆处理后，目前廊道内实测坝基扬压力偏高、排水孔出水量偏大。

(a)加固后的大坝下游面　　　　　　　　(b)除险加固后的廊道

图 5.2-21　除险加固后的大坝形象面貌

　　坝基渗透压力主要采用渗压计和测压管监测。共计 41 个渗压计和 58 根测压管。为了监测大坝渗漏情况，在原有量水堰上游布置了 4 支量水堰计。具体如下：①上游面板布置 6 支渗压计；②廊道内布置 35 支渗压计；③对廊道内 58 个测压管进行了疏通，并重新安装了孔口装置和压力表；④在原有 4 个量水堰上游各布置了 1 台量水堰计，共 4 台。

　　渗压计测值序列为 2016 年 3 月 4 日～2020 年 7 月 13 日，上游防渗面板渗压计及 7#、9#坝段观测廊道渗压计过程线分别见图 5.2-22、图 5.2-23 和图 5.2-24。

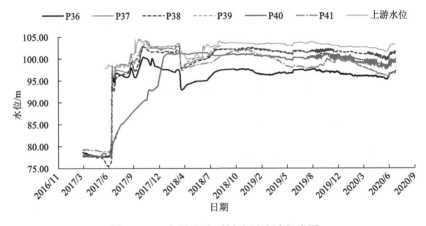

图 5.2-22　上游防渗面板渗压计过程线图

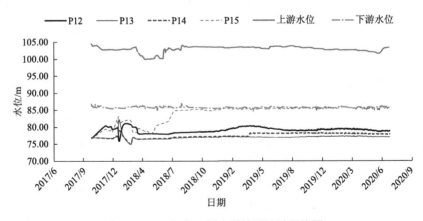

图 5.2-23　7#坝段观测廊道渗压计过程线图

　　渗压变化规律如下：①2017 年 6 月 1 日起库水位开始上涨，2017 年 6 月 20 日后混凝土防渗面板的 6 支渗压计测值逐步升高，但滞后于库水位变化，上游防渗面板和帷幕起到一定防渗效果；②观测廊道内从上游至下游的渗压计测值变化表明，廊道内老帷幕之前，渗压水头最大，符合实际工程情况；③渗压计测值存

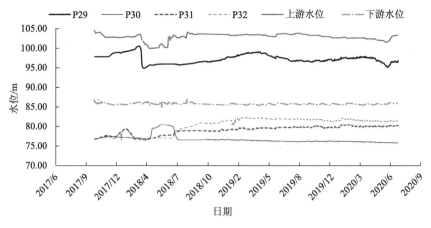

图 5.2-24 9#坝段观测廊道渗压计过程线图

在高于观测廊道底板高程(77.00m)的情况，且与廊道内排水管冒水位置一致。2018 年 2 月大坝下游水抽干，老帷幕后三支渗压计的测值出现下降现象，说明廊道内渗压水头与下游水位存在一定相关性。

4 套量水堰计测值过程线见图 5.2-25。量水堰监测数据稳定且逐渐减小，说明上游面板和防渗帷幕起到的防渗效果明显。

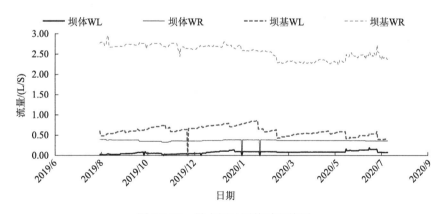

图 5.2-25 量水堰计测值过程线图

5.3 南 江 水 库

5.3.1 工程概述

南江水库位于浙江省东阳市境内，距东阳市县城约 36km，坝址位于湖溪镇岭脚村上游 500m 处，所在河流南江系钱塘江流域金华江上游支流。工程于 1969 年 12 月动工，1971 年竣工，当时水库总库容 7415 万 m³，为中型水库，坝高 41m，水库按 50 年一遇设计，500 年一遇校核。1990 年 9 月加固扩建，1993 年初工程完工，1995 年 10 月竣工，扩建后水库总库容 12 030 万 m³，大坝(含泄水建筑物)按 100 年一遇洪水设计，5000 年一遇洪水校核，水库正常蓄水位为 204.24m，设计洪水位(P=1%)为 206.12m，校核洪水位(P=0.02%)为 208.86m。水库坝址以上集雨面积 210km²，是一座以灌溉、防洪为主，结合供水、发电、养殖等的综合利用大(2)型水库工程。

水库枢纽工程主要有拦河坝、泄洪闸、灌溉、发电引水放空洞，发电厂及电站等建筑物，具体见图 5.3-1。

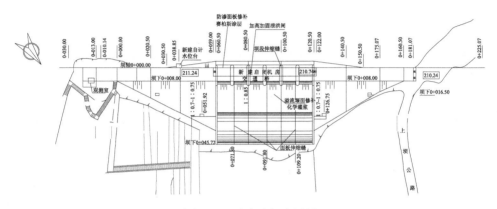

图 5.3-1　水库大坝布置图

拦河坝为细骨料混凝土砌块石重力坝。坝顶高程 211.24m，坝顶宽度 8.0m，最大坝高为 57m。大坝共分为 9 个坝段，坝顶长 202.07m，其中 4#～6#坝段为溢流坝段，其余为非溢流坝段。上游坝面设有 150#混凝土防渗面板。溢流坝段位于河床中部，全长 60m，溢流堰顶曲线采用 WES 型，直线段坡度为 1∶0.85，反弧半径 14m，鼻坎高程 172.12m，挑流消能，挑射角 30°。闸墩和溢流面均采用 150#钢筋混凝土结构。溢流坝段堰顶高程为 200.24m，设 6 孔泄洪闸控制泄洪。

灌溉、发电引水放空洞布置在大坝右岸，由进水口、渐变段、压力隧洞及岔管、支管和出口消力池等组成。进水口采用竖井式，底高程 172.24m。隧洞全长 390m，钢筋混凝土衬砌，衬后洞径 2.9～2.3m。横店引水隧洞布置于大坝左岸，隧洞进水口距大坝 500m，进水口底高程 179.70m，洞径 2.4m，长 9.4km。

5.3.2　主要老化病害与成因分析

5.3.2.1　大坝主要老化病害

1. 大坝

在正常蓄水位下,5#、7#测压管的扬压力系数略超过设计要求(河床段 α=0.25,岸坡段 α=0.35),但在设计和校核洪水位条件下,各测压管的扬压力系数均满足设计要求。防渗面板局部有裂缝,裂缝最宽 2mm,裂缝总长 15.87m。廊道进口右侧的下游坡面渗水,溢流面闸墩底部 194.20m 高程左右局部有明显渗水,廊道伸缩缝在低温季节渗漏增大,两年需要灌注一次沥青[26-33]。

廊道内存在裂缝且伸缩缝和施工缝有漏水现象。2#～3#坝段伸缩缝漏水较严重,其渗漏量可达 2L/min。廊道顶部部分施工缝有少量渗水,且有白色析出物。7#坝段桩号 0+142.5 处施工缝漏水比较严重,渗水量达到 3L/min。7#坝段有纵向裂缝一条,长 4～5m,有少量渗水。

右岸底层廊道进口右侧的大坝下游坡渗水(图 5.3-2),并有明显的乳白色析出物,但未发现明显裂缝。

图 5.3-2　右岸底部廊道进口右侧渗水

对水位 193.00m 以上的防渗面板裂缝进行了检测,具有代表性的 23 条裂缝高程在正常蓄水位 204.24m 以下,总长度为 15.87m。裂缝长度在 0.18～1.49m,宽度在 0.3～2.1mm,深度在 2.5～315.8mm。裂缝最大宽度 2.1mm,最大深度 315.88mm,平均深度 109.0mm,仅少数裂缝深度超过 200mm。

在溢流面闸墩底部 194.24m 高程左右有几处明显渗水。对溢流面裂缝进行了检测，溢流面裂缝较多，且以细小裂缝为主，呈龟裂交错状。溢流面上具有代表性的 15 条裂缝高程在闸墩底部附近、正常蓄水位 204.24m 以下，总长 25.86m，平均深度 115.79mm。裂缝长度在 0.60～8.50m，宽度在 0.3～16.3mm，施工缝处缝隙最大为 16.3mm，深度在 38.9～625.6mm，最深 625.6mm。

2. 其他方面

缺少绕坝渗漏监测设施，内部监测设施大部分已经损坏。

泄洪闸工作桥、交通桥局部混凝土构件的配筋量不能满足规范要求，泄洪闸缝墩局部受拉区的裂缝控制、局部受拉区受拉钢筋截面面积、闸墩支座牛腿配筋不满足规范要求。金属结构构件使用年限已超过 30 年。

5.3.2.2 病害成因分析

坝址区河谷为"U"形，河谷底宽 30～40m，左岸、右岸坡度分别为 50°、40°，河流由西南—东北流经坝址处。坝址区主要地层：①基岩为上侏罗统 d 段（J_3d），浅紫色、紫色流纹岩，具流纹构造，含少量长石斑晶，石质坚硬，块状；②第四系全新统残坡积层（Q_4^{el-dl}），为粉质、砂质黏土夹碎石，厚 0.5～1.0m，分布在左右岸；③第四系全新统冲洪积层（Q_4^{al-pl}），为较松散砂卵砾石层，厚 1～4.5m，分布于河床；④坝体为浆砌块石，根据 ZK03、ZK04 号钻孔揭露砌石大小不等，一般为 12～18cm，最大 25cm，砌石母岩为新鲜流纹岩、砂浆质量较差。

坝基范围内共计 30 条断层，除 F_{26} 和 F_{27} 断层分布在左岸外，其余断层均分布在河床及右岸。断层走向以 N15°～50°E 为主，倾向 NW、SE，倾角 70°～85°，力学性质为压性、压扭性。破碎带宽一般为 0.2～20cm，大多由断层泥及片岩组成。其中 F_{20}、F_{21}、F_{22}、F_{23} 等断层之间为断层破碎带，由断层泥、碎裂岩组成，宽度达 7～14m，至深部破碎带宽度变窄，在高程 152m 处宽 4.2～5.7m，岩性为弱风化。

主要节理有两组，350°～10°NE、NW∠10°～85°和 30°～50°NW∠65°～85°，以剪切节理为主，延伸较长，多属闭合节理，少数节理面有铁锰质渲染。

坝轴线相对隔水层（$q \leqslant 3Lu$）埋深 3～13m，坝基中 F_{20}、F_{21}、F_{22}、F_{23} 等断层之间的破碎带，属较强透水岩石，为坝基的渗漏通道。后期通过加固扩建，对断层、节理等渗漏通道进行清基开挖处理、固结和接触灌浆等手段处理后，坝基的透水率 $q \leqslant 0.2～0.21Lu$。

通过勘探钻孔查明，大坝左岸坡与上坝公路处（平距 38～73m 基岩透水率为 $q=4.15～8.38Lu$、勘探期间地下水位埋深 1.2～5.2m，高程 196.00m 以上存在相对透水层。右坝头在平距 232～249.3m，分布断层 F_{33}，该断层出露端宽约 1.5～2.0m，断层产状 22°，SE∠80°，断层两侧岩石较为破碎，存在渗漏隐患。

坝基开挖至微风化岩石，左右坝头挖至弱风化带下部岩体，对坝基的断层及软弱带均按有关规程规范进行了处理，满足设计要求。建议参数：坝基混凝土/微风化摩擦系数 $f'=1.0\sim1.1$，黏聚力 $c'=1.1\sim1.2$MPa，混凝土/弱风化 $f'=0.9$，$c'=1.0$MPa。变形模量：微风化岩石 $E_0=12$GPa；弱风化岩石 $E_0=6\sim8$GPa。

坝基设置了完整的水泥灌浆防渗帷幕，帷幕深入相对隔水层线以下 3～5m，经检查孔检查，帷幕灌浆质量良好，达到设计要求。左坝头高程 196m 以上存在相对不透水层，右坝头断层 F_{33} 在加固扩建阶段未处理，且在大坝加固扩建后未经高水位考验，存在渗漏隐患。

右岸底层廊道进口右侧的大坝下游坡渗水，并有明显的白色析出物，但未发现明显裂缝。通过勘探期间观测分析，廊道进口右侧的下游坝坡及右侧廊道顶部渗漏量与库水位无关，主要与降雨有关，晴天渗漏量少，雨天渗漏量大，据钻孔水文试验，砂浆砌石与基岩的接触面渗透系数 k 值为 7.6×10^{-3}cm/s，属中等透水，钻孔冲洗液通过坝体浆砌块石从下游坡面流出或喷射，由此判断廊道进口右侧的下游坝坡及右侧廊道顶部渗水来源主要为基岩裂隙水及沿右侧坝体与坝基接触面渗入的地表水，通过中强透水性的浆砌块石渗出。

5.3.3　水库大坝加固改造措施与实施情况

2010 年 1 月 4 日～2011 年 1 月 25 日完成了大坝加固改造主体工程。

5.3.3.1　大坝除险加固措施

1. 上游防渗面板裂缝处理

坝体加固方案，具体见图 5.3-3 和图 5.3-4。

2. 左右岸坝头防渗处理

原大坝防渗帷幕未达到设计要求，渗透压力超过规范要求，在 1990 年大坝扩建中重建了坝基防渗帷幕，在高程 171m 廊道范围内布置两排帷幕，其余均布置一排帷幕，主帷幕伸入相对隔水层（$q\leqslant3$Lu）以下 5m，副帷幕孔深为主帷幕孔深的 1/2。帷幕孔排距 0.5m，孔距为 3m。主、副帷幕孔均向上游倾斜 8° 和 5°。

经压水试验检查，全部试段的单位吸水量 $\omega\leqslant1$Lu，帷幕灌浆质量良好，达到设计要求。但左坝头高程 196.00m 以上存在相对不透水层，需要进行防渗处理。右坝头 F_{33} 在加固扩建阶段未处理，且在大坝加固扩建后未经高水位考验，存在渗漏隐患。

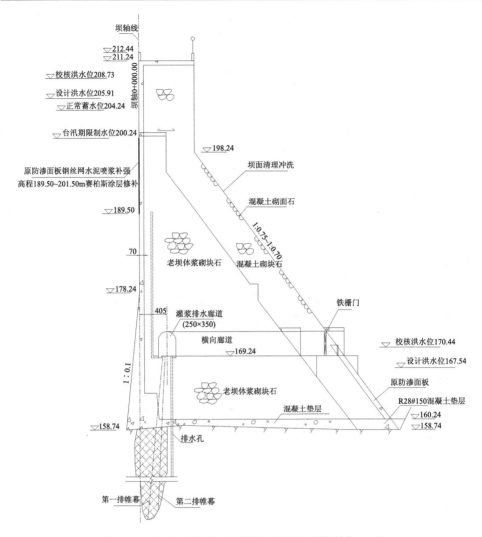

图 5.3-3　大坝加固改造非溢流坝典型断面图(单位：m)

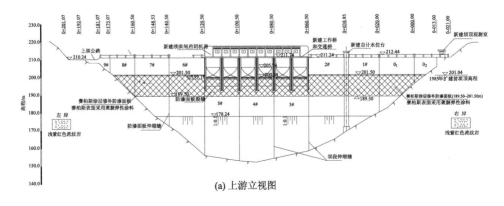

(a) 上游立视图

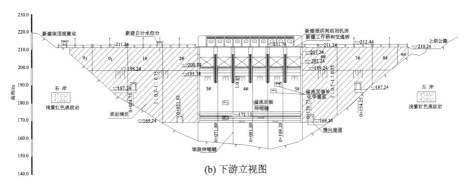

(b) 下游立视图

图 5.3-4　大坝加固改造上、下游面立视图(单位：m)

对左右岸坝头进行帷幕灌浆处理(图 5.3-5)。钻孔灌浆在现坝顶及左右岸肩上进行，灌浆轴线设在轴下 3.30(原主帷幕线)，垂直造孔，按分序逐渐加密，自上而下分段灌浆的方法进行。灌浆孔口随坝头高程而变化，孔底至原主帷幕孔深度控制线。新增帷幕范围左岸 0+011.50～0－021.50 及右岸 0+160.50～0+202.50，帷幕灌浆孔距为 1.5m，孔深伸入相对隔水层($q\leqslant3$Lu)以下 5m。

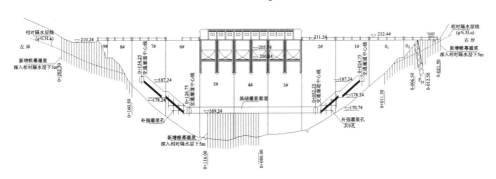

图 5.3-5　除险加固改造新增帷幕灌浆示意图(单位：m)

3. 断层 F_{33} 处理处理

断层 F_{33} 规模不大，采用开挖断层破碎带、用混凝土塞加固，塞深为 1.5 倍断层宽度，坝轴线方向塞宽为 1.5 倍断层宽度，上下游方向塞宽各取 3m，同时在 F_{33} 断层范围内帷幕灌浆孔进行加深处理。

4. 对 5#、7#测压管的处理

5#、7#测压管下游排水不畅是扬压力系数偏高的主要原因，两测孔压力表观测数值高于相邻测孔 4～5m。经综合分析，在 5#、7#测压管上游侧新增一排帷幕灌浆，重新打排水孔并埋设扬压力监测仪器(或测压管)。

5. 廊道存在问题处理

廊道处理措施见图5.3-6。裂缝采用聚氨酯化学灌浆的方法进行处理。施工时先钻孔，再埋灌浆管，然后沿伸缩缝凿宽、深均约2cm的"V"形槽，冲洗干净后用砂浆封牢以防灌浆时外溢，最后按灌浆孔位置由低到高逐孔灌注聚氨酯浆液，最高压力稳定在0.3MPa，并浆30min以上。

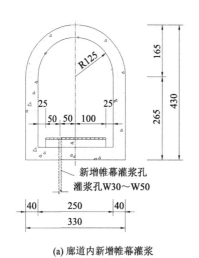

(a) 廊道内新增帷幕灌浆

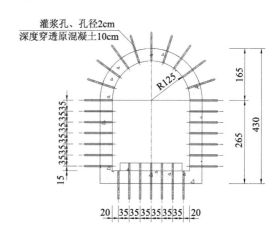

(b) 廊道新增伸缩缝和施工缝处理

图5.3-6 廊道加固改造措施(单位：cm)

对渗水的伸缩缝和施工缝采用聚氨酯化学灌浆的方法进行处理。施工时先钻孔，再埋灌浆管，然后沿伸缩缝凿宽、深均约2cm的"V"形槽，冲洗干净后用砂浆封牢以防灌浆时外溢，最后按灌浆孔位置由低到高逐孔灌注聚氨酯浆液，最高压力稳定在0.3MPa，并浆30min以上。

对廊道内明显漏水点采用电钻钻孔并埋灌浆管引水，其余散渗处进行有机硅防水砂浆涂抹，待砂浆达到一定强度后再进行聚氨酯浆液灌浆。

6. 右岸底部廊道进口右侧渗漏处理

右岸底部廊道进口右侧漏水比较严重，对右岸非溢流坝段稳定产生非常不利影响。通过右岸非溢流坝段稳定计算，安全系数满足规范要求，但裕量不多，坝体混凝土长期溶蚀可能影响大坝安全稳定。因此，在加固改造中对右岸底部廊道进口右侧进行水泥灌浆(图5.3-7)，提高大坝安全性。

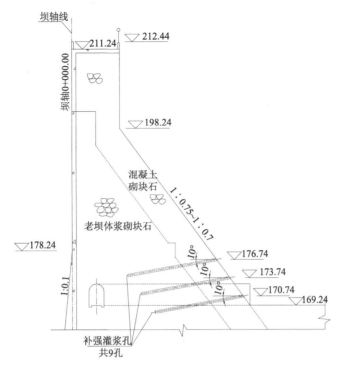

图 5.3-7　坝体补强灌浆(高程单位：m)

7. 增设安全监测设施

大坝原布设 11 支渗压计用以监测坝基渗流场。此次左右岸各增加布置 6 支测压管，共 12 支测压管。廊道布设 2 套量水堰。

5.3.3.2　除险加固措施实施情况

1. 上游防渗面板裂缝处理

上游防渗面板裂缝采用赛柏斯浓缩剂处理。桩号上口 0+004～0+172.9，下口 0+012.2～0+165.3m，高程 189.50～201.50，溢流面高程 200.24m，共完成 1858.8m²。

2. 帷幕灌浆

灌浆内容包括左、右坝肩帷幕灌浆和廊道内帷幕灌浆。帷幕灌浆深度按小于 3Lu 以下 5.0m 控制。灌浆孔采用 300t 型地质钻机、金刚石钻头造孔。共布置 74 个孔，按分序加密的原则分三序进行，左岸造孔 29 孔，廊道造孔 21 孔，右岸造孔 24 个；先导孔为 25#、49#、63#。孔位偏差控制在 0.5% 以内。帷幕灌浆采用自上而下分段灌浆法，自上而下分段进行压水试验。钻孔完成后，对灌浆段进行冲洗，洗孔压力为灌浆压力的80%。冲洗结束后，进行压水试验。压水试验的段长同灌浆段长。压力为该段灌浆压力的80%。帷幕灌浆统计表见5.3-1。灌浆结束14天以后进行钻孔检查，并做压水试验。本次设8个检查孔，检查显示，透水率满足设计要求。具体见表5.3-2和表5.3-3。

表 5.3-1　帷幕灌浆统计表

帷幕灌浆	项目	完成总孔数/个	完成总进尺/m		总水泥注入量/kg	最大耗灰量/(kg/m)	最小耗灰量/(kg/m)	平均耗灰量/(kg/m)	平均透水率/Lu
			基岩	混凝土					
左右坝肩、廊道	I	19	362.0	192.9	22386.4	173.1	10.1	61.8	7.4
	II	19	333.1	178.1	22516.6	231.62	21.4	67.6	6.1
	III	36	561.2	357.0	18439.7	124.8	5.7	32.9	3.9
	合计	74	1256.3	728.0	63342.7	—	—	50.4	5.4
检查孔		8	146.85	77.65	1355.5	36.77	2.86	9.2	0.51

表 5.3-2　帷幕灌浆检查孔试验各项指标汇总表

总孔数/个	检查孔个数/个	检查孔占比/%	最小透水率/Lu	最大透水率/Lu	检查孔平均透水率/Lu	检查孔段数/个	合格段数/个	合格段数的合格率/%	设计透水率/Lu	检查结果
74	8	10.8	0.08	1.64	0.51	34	34	100	≤3	合格

表 5.3-3　帷幕灌浆检查孔成果表

孔号	桩号坝段	试验结果					高程/m	水头/m	正常蓄水位
		段次	孔深/m	段长/m	透水率/Lu	试验压力/MPa			
检1桩号	0+189.75	1	2.0～4.0	2.00	0.43	0.70	208.06～206.06	—	204.24
		2	4.0～9.0	5.00	0.25	0.95	206.06～201.06	3.18	
		3	9.0～14.0	5.00	0.17	1.20	201.06～196.06	8.18	
		4	14.0～19.1	5.10	0.26	1.45	196.06～190.96	13.28	
		5	19.1～24.1	5.00	0.18	1.70	190.96～185.96	18.28	
检2桩号	0+174.75	1	9.5～11.5	2.00	0.50	0.70	200.56～198.56	5.68	204.24
		2	11.5～16.5	5.00	0.36	0.95	198.56～193.56	10.68	
		3	16.5～21.5	5.00	0.62	1.20	193.56～188.56	15.68	
		4	21.5～26.5	5.00	0.36	1.45	188.56～183.56	20.68	
检3桩号	0+161.25	1	24.3～26.3	2.00	0.79	0.70	186.94～184.94	19.3	204.24
		2	26.3～31.3	5.00	0.42	0.95	184.94～179.94	24.3	
		3	31.3～36.3	5.00	0.12	1.20	179.94～174.94	29.3	
		4	36.3～41.3	5.00	0.10	1.45	174.94～169.94	34.3	

续表

孔号	桩号坝段	试验结果					高程/m	水头/m	正常蓄水位
		段次	孔深/m	段长/m	透水率/Lu	试验压力/MPa			
检4桩号	0+112.25	1	16.7～18.7	2.00	0.50	0.70	152.54～150.54	53.7	204.24
		2	18.7～23.7	5.00	0.21	0.95	150.54～145.54	58.7	
		3	23.7～28.7	5.00	0.20	1.20	145.54～140.54	63.7	
		4	28.7～33.7	5.00	0.17	1.45	140.54～135.54	68.7	
		5	33.7～38.7	5.00	0.16	1.70	135.54～130.54	73.7	
检5桩号	0+95.75	1	14.3～16.2	1.90	1.35	0.70	154.94～153.04	21.2	204.24
		2	16.2～21.2	5.00	0.80	0.95	153.04～148.04	26.2	
		3	21.2～26.2	5.00	0.93	1.20	148.04～143.04	31.2	
		4	26.2～31.3	5.00	0.90	1.45	143.04～138.04	36.2	
		5	31.3～36.3	5.00	0.92	1.70	138.04～133.04	41.2	
检6桩号	0+3.25	1	12.1～14.1	2.00	1.64	0.70	199.14～197.14	7.1	204.24
		2	14.1～19	4.90	0.19	0.95	197.14～192.24	12	
		3	19.0～24.0	5.00	0.80	1.20	192.24～187.24	17	
		4	24.0～29.0	5.00	0.66	1.45	187.24～182.24	22	
检7桩号	0-14.75	1	0.8～2.8	2.00	0.36	0.70	210.44～208.44	1	204.24
		2	2.8～7.8	5.00	0.13	0.95	208.44～203.44	2	
		3	7.8～12.8	5.00	0.08	1.20	203.44～198.44	3	
检8桩号	0-19.25	1	0.8～2.8	2.00	1.22	0.70	210.44～208.44	—	204.24
		2	2.8～7.9	5.10	0.96	0.95	208.44～203.34	0.9	
		3	7.9～12.9	5.00	0.48	1.20	203.34～198.34	5.9	
		4	12.9～17.9	5.00	0.28	1.45	198.34～193.34	10.9	

注：试验压力为检查孔压水试验该段的压力；水头为正常蓄水位与检查孔该段高程之差。

3. 防渗补强灌浆

廊道口补强灌浆共布置 17 个孔，孔深 15.0m，孔距 3.0m，灌浆孔与水平夹角 10°，设计灌浆压力取 0.2MPa。补强灌浆完成总进尺 256.7m，灌浆总量 1982.75m³，施工中当吸浆量达 0.4L/min 左右再继续灌浆 30min 结束灌浆。灌浆后经现场检查，无明显渗水情况。

4. 化学灌浆

主要部位为廊道施工缝和裂缝、溢流面裂缝处理，加固改造后的廊道见图 5.3-8。根据水溶聚氨酯进浆特性和施工经验，裂缝宽度在 0.5mm 以上，设置灌浆孔距为 0.5m 左右；裂缝宽度在 0.4～0.5mm，灌浆孔距 0.4m 左右；裂缝宽度在

0.3～0.4mm，灌浆孔距 0.3m 左右；裂缝宽度在 0.3mm 以下，灌浆孔距 0.2m 左右。裂缝越窄，越容易堵塞，灌浆嘴的孔距就应该越小。灌浆嘴设在缝隙明显且较宽的部位。按由下而上的顺序进行灌浆。灌浆过程中，应保持工作压力在 0.1～0.3MPa，当灌到最后一个灌浆嘴时，应适当加大压力进浆。灌浆结束标准以不吸浆为原则，如果吸浆率小于 0.01L/min，应维持至少 10min，可作为结束标准，停止灌浆。

图 5.3-8　加固改造后的廊道

5. 断层 F_{33} 处理

断层 F_{33} 规模不大，采用开挖断层破碎带、浇筑混凝土塞，并进行帷幕灌浆加深处理。

5.3.4　除险加固效果的安全监测资料分析

1. 安全监测设施

大坝布设 11 支渗压计用以监测坝基渗流场情况，采用自动化观测。坝基扬压力监测设施布置见图 5.3-9，其中 P、LYS、J 分别表示坝基扬压力、量水堰、接缝变形监测设施。

大坝左右岸山体各布设 6 根测压管以监测大坝左右岸绕坝渗流，采用人工观测。左右岸绕坝渗流监测设施布置见图 5.3-10。

廊道内布设 2 套量水堰，编号为 LSY1、LSY2，自动化观测。同时，还布置了库水位和降雨量等环境量监测设施。

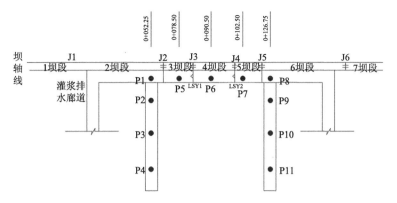

图 5.3-9   坝基扬压力、量水堰、接缝变形监测设施布置图

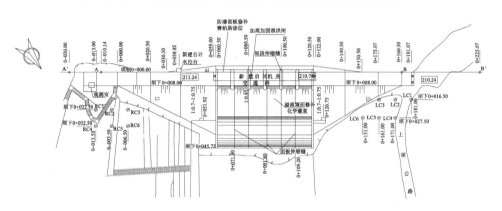

图 5.3-10   左右岸绕坝渗流监测设施布置图

2. 安全监测资料分析

库水位、降雨量过程线见图 5.3-11 和图 5.3-12。

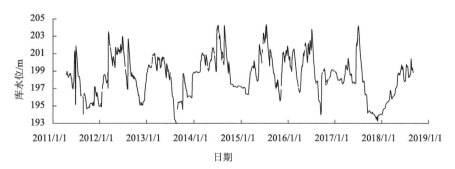

图 5.3-11   库水位过程线

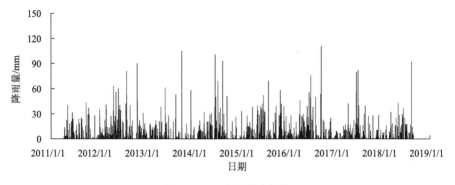

图 5.3-12　降雨量过程线

　　坝基扬压力过程线见图 5.3-13，2018 年的坝基扬压力分布见图 5.3-14。分析如下：①P2～P4、P9～P11 分列于廊道两端的顺河向通道，扬压力主要受温度影响，随温度变化呈明显的周期性变化；P1、P5～P8 位于廊道内，扬压力变幅小于廊道下游侧测点；②扬压力顺河向依次递减，且左、中、右坝段扬压力较一致，符合混凝土重力坝扬压力一般分布规律。

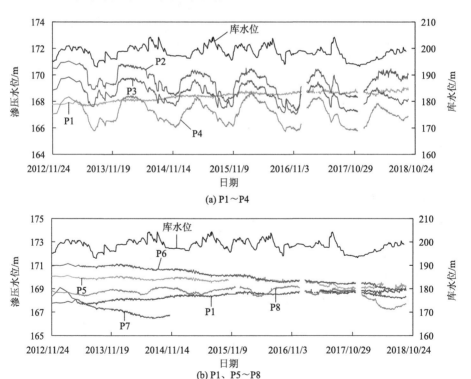

(a) P1～P4

(b) P1、P5～P8

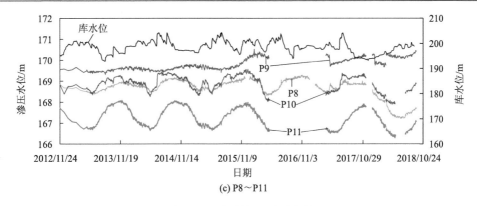

(c) P8～P11

图 5.3-13　坝基扬压力过程线

《混凝土重力坝设计规范》（SL 319—2018）规定：河床坝段坝基扬压力系数 α=0.2～0.3；岸坡坝段 α=0.3～0.4。扬压力系数特征值见表 5.3-4，过程线见图 5.3-15。坝基扬压力系数历史测值在 0.10～0.29，在允许范围内，满足规范要求。

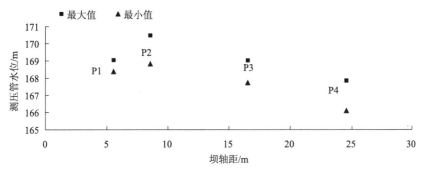

(a) 坝0+053.00断面扬压力横断面分布图

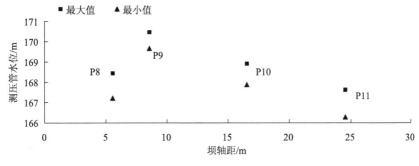

(b) 坝0+126.00断面扬压力横断面分布图

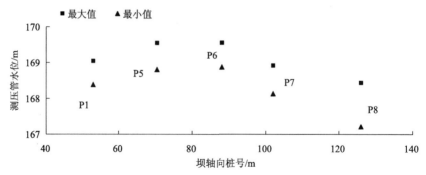

(c) 坝下0+005.55断面扬压力纵断面分布图

图 5.3-14　2018 年坝基扬压力分布图

表 5.3-4　坝基扬压力系数特征值表

编号	位置		历史测值		
	坝轴距	桩号/m	最大值	最小值	变幅
P1	坝下 0+005.55	0+053.0	0.22	0.14	0.07
P2	坝下 0+008.55	0+053.0	0.26	0.15	0.11
P3	坝下 0+016.55	0+053.0	0.21	0.14	0.07
P4	坝下 0+024.55	0+053.0	0.18	0.10	0.08
P5	坝下 0+005.55	0+070.5	0.25	0.18	0.08
P6	坝下 0+005.55	0+088.0	0.29	0.18	0.11
P7	坝下 0+005.55	0+102.0	0.22	0.11	0.11
P8	坝下 0+005.55	0+126.0	0.22	0.16	0.06
P9	坝下 0+008.55	0+126.0	0.26	0.18	0.08
P10	坝下 0+016.55	0+126.0	0.23	0.16	0.07
P11	坝下 0+024.55	0+126.0	0.19	0.12	0.07

　　廊道渗漏量历史最大值介于 1.23～2.02L/s，最小值介于 0.00～0.02L/s，变幅介于 1.23～1.99L/s。由渗漏量过程线(图 5.3-16)可知，渗漏量基本呈年度周期变化，自上一年度 11～12 月起至下一年度 2～3 月，渗漏量逐渐增大并达到波峰峰值；下一年度 2～3 月至 5～6 月，渗漏量逐渐降低并达到波谷谷底，6～11 月为波谷持续期。混凝土浆砌石重力坝坝体渗漏量主要受坝体及基岩裂隙控制，裂隙开合度变化规律与坝体温度直接相关，温度升高，裂隙开度变小，渗漏量减小，温度降低，裂隙开度增大，渗漏量增大。总之渗漏量年度周期变化规律与温度变化规律基本一致，与库水位相关性不明显。

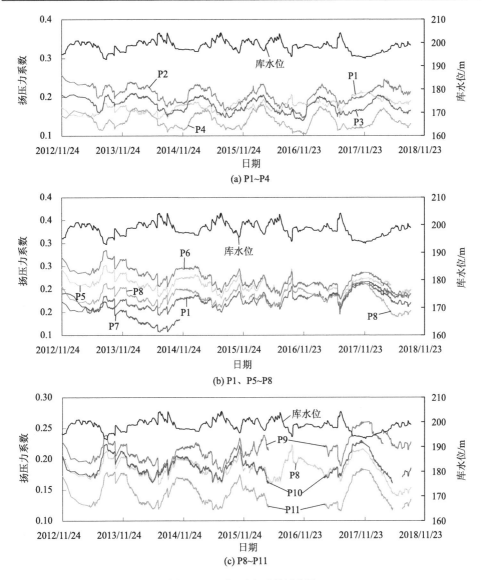

图 5.3-15　扬压力系数过程线

　　绕坝测压管水位过程线见图 5.3-17 和图 5.3-18。分析如下：①左岸 LC1 测点测压管水位高于库水位，LC2～LC6 测点测压管水位低于库水位，各测点测压管水位变幅均较小，主要受降雨及山体潜水影响，与库水位相关性不明显；②右岸RC1 测点测压管水位高于库水位，RC4 测点测压管水位与库水位呈交错状态，其余测点测压管水位低于库水位，各测点测压管水位变幅均较小，主要受降雨及山体潜水影响，与库水位相关性不明显。综上，左右岸发生绕坝渗流可能性较小。

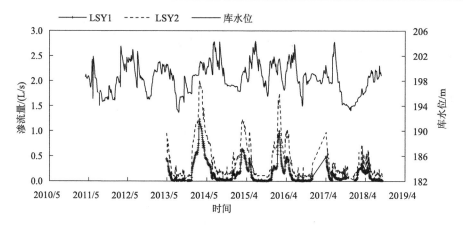

图 5.3-16　渗漏量过程线

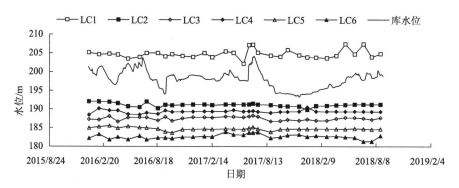

图 5.3-17　左岸绕坝测压管水位过程线

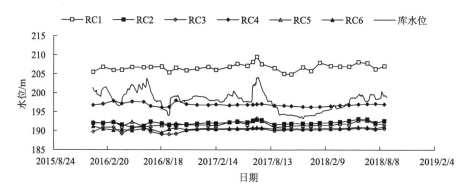

图 5.3-18　右岸绕坝测压管水位过程线

综上，监测资料反映大坝坝基防渗效果较好，绕坝渗流不明显，大坝整体运行状况正常。

参 考 文 献

[1] Bartojay K, Joy W. Long-term properties of Hoover Dam mass concrete[C]// Hoover Dam Anniversary History Symposium, 2010.

[2] Ghrib F, René T. Nonlinear behavior of concrete dams using damage mechanics[J]. Journal of Engineering Mechanics, 1995, 121（4）：513-527.

[3] Rogers J D. Lessons learned from the St. Francis Dam failure[J]. Geo Strata and Geo Institute of ASCE, 2006.

[4] Duffaut P. The traps behind the failure of Malpasset arch dam, France, in 1959[J]. Journal of Rock Mechanics and Geotechnical Engineering, 2013, （5）：5-11.

[5] 胡江, 胡灿辉, 张勇, 等. 浙江省宁海县西溪水库大坝安全监测资料分析及系统鉴定报告[R]. 南京：南京水利科学研究院, 2014.

[6] 史明华, 翁新海, 石海荣, 等. 宁海县西溪水库大坝帷幕检查工程水文地质勘察报告[R]. 杭州：浙江省水利水电勘测设计院, 2014.

[7] 陆欣, 徐德芳, 徐建强, 等. 浙江省宁海县西溪水库大坝基础帷幕补强灌浆加固处理工程设计报告[R]. 浙江省水利水电勘测设计院, 2014.

[8] 潘为中, 朱瑞晨. 西溪水库大坝基础混凝土裂缝成因分析及处理[J]. 大坝与安全, 2008, （3）：66-68.

[9] 吴春鸣. 西溪水库工程碾压混凝土重力坝设计. 庆祝坑口碾压混凝土坝建成20周年暨龙滩200m级碾压混凝土坝技术交流会论文汇编[C]. 中国水力发电工程学会碾压混凝土筑坝专委会, 2006.

[10] Hu J, Ma F. Comprehensive investigation method for sudden increases of uplift pressures beneath gravity dams: Case study[J]. Journal of Performance of Constructed Facilities, 2016, 30（5）：04016023.

[11] Hu J, Ma F, Wu S. Anomaly identification of foundation uplift pressures of gravity dams based on DTW and LOF[J]. Structural Control and Health Monitoring, 2018: e2153.

[12] Hu J. Ma F. Zoned deformation prediction model for sUPer high arch dams using hierarchical clustering and panel data[J]. Engineering Computations, 2020, 37（9）：2999-3021.

[13] 马福恒, 胡江, 盛金保, 等. 河南省石漫滩水库除险加固工程蓄水安全鉴定报告[R]. 南京：南京水利科学研究院, 2018.

[14] 马福恒, 胡江, 盛金保, 等. 河南省石漫滩水库除险加固工程竣工技术鉴定报告[R]. 南京：南京水利科学研究院, 2018.

[15] 张艺, 张桂花, 于军, 等. 河南省石漫滩水库除险加固工程竣工技术鉴定设计自检报告[R]. 郑州：河南省水利勘测设计研究有限公司, 2020.

[16] 于树君, 高敏杰, 杨冬艳, 等. 河南省石漫滩水库除险加固工程竣工技术鉴定施工四标自检报告[R]. 郑州：河南省水利第一工程局, 2020.

[17] Hu J, Ma F, Wu S. Comprehensive investigation of leakage problems for concrete gravity dams

with penetrating cracks based on detection and monitoring data: A case study[J]. Structural Control and Health Monitoring, 2018, 25(4): e2127.

[18] 齐翠阁. 石漫滩水库除险加固工程中的防渗处理措施[J]. 治淮, 2020, (7): 50-52.

[19] 程林, 霍吉祥, 马福恒, 等. 石漫滩水库坝基廊道析出物组成特征与成因分析[J]. 南水北调与水利科技, 2019, 17(4): 149-155.

[20] 高省锋, 袁萧丽, 姜靖超. 浅谈石漫滩水库大坝帷幕灌浆施工技术措施[J]. 治淮, 2018, (8): 40-41.

[21] 袁自立, 马福恒, 焦延涛. 石漫滩碾压混凝土重力坝温度效应分析[J]. 南水北调与水利科技, 2013, 11(5): 61-64.

[22] 袁自立, 马福恒, 李子阳. 石漫滩碾压混凝土重力坝渗流异常成因分析[J]. 水电能源科学, 2013, 31(5): 42-45.

[23] 何心望, 吕仲祥, 马东超, 等. 浅谈石漫滩水库河床坝段基础防渗处理[J]. 河南水利, 2000, (4): 21.

[24] 武永新, 高晓梅. 石漫滩水库重力坝碾压混凝土的设计及施工工艺[J]. 水力发电学报, 1998, (4): 12-21.

[25] 霍吉祥, 胡江, 马福恒. 多因素作用下混凝土坝长效服役监控和提升方法[R]. 南京: 南京水利科学研究院, 2018.

[26] 马福恒, 胡江, 陈生水, 等. 浙江省东阳市南江水库竣工验收技术鉴定报告[R]. 南京: 南京水利科学研究院, 2018.

[27] 陈雯, 陈志扬. 浙江省东阳市南江水库竣工验收技术鉴定设计自检报告[R]. 杭州: 浙江省水利水电勘测设计院, 2016.

[28] 浙江省东阳市南江水库竣工验收技术鉴定大坝加固工程施工管理工作报告[R]. 杭州: 浙江省正邦水电建设有限公司, 2016.

[29] 郑淇文, 高尚, 戴春华, 等. 浙江省东阳市南江水库2018年大坝安全监测资料分析报告[J]. 杭州: 浙江广川工程咨询有限公司, 2018.

[30] 陈雯, 来妙法. 南江水库混凝土坝裂缝检测与处理[J]. 今日科苑, 2014, (2): 116.

[31] 张晓君. 关于南江水库工程加固改造中所存在的问题分析[J]. 中国水运(下半月), 2012, 12(3): 131-132.

[32] 陈磊, 徐怡. 南江水库闸墩碳纤维加固处理设计探讨[J]. 水力发电, 2011, 37(8): 39-41.

[33] 孙从炎, 邱志章, 苏玉杰. 南江水库坝基渗流及扬压力分析[J]. 浙江水利水电专科学校学报, 2007, (2): 18-21.

第6章　病险水库除险加固后溃坝原因分析与对策

近年来病险水库除险加固在取得瞩目成绩的同时，也出现了新疆生产建设兵团八一水库、青海英德尔水库、甘肃小海子水库和内蒙古岗岗水库在除险加固完成后或在加固过程中发生溃坝的不正常现象[1-4]，反映出病险水库除险加固工作中还存在缺陷，须从安全鉴定、鉴定成果核查、初步设计、设计审查、施工质量控制、验收、运行管理等全链条查找原因，以青海英德尔水库和甘肃小海子水库为案例，分析总结经验教训、提出对策，进一步提升加固措施的有效性。

6.1　青海英德尔水库

6.1.1　工程概述

英德尔水库位于青海省都兰县境内英德尔沟口下游 2km 处，距都兰县城 20km，流域面积 100.5km^2，总库容 100 万 m^3。水库兴利水位 3320.91m，死水位 3310.83m，30 年一遇设计洪水位 3320.97m，300 年一遇校核洪水位 3322.01m。水库于 1991 年 6 月开工建设，1995 年 10 月竣工。2002 年 6 月开始除险加固，当年 11 月 15 日完工，2003 年 10 月除险加固工程通过竣工验收。

水库枢纽由主坝、副坝、坝顶溢洪道及放水涵管等建筑物组成(图 6.1-1)，库区采用土工膜防渗。主坝为壤土均质坝，坝顶高程 3322.10m，防浪墙顶高程 3323.00m，最大坝高 20m，坝顶宽 5m，大坝总长 753.5m，其中主坝 352m，左、右副坝分别长 157.5m、244m，坝顶浆砌石防浪墙高 60cm。上游坝坡为 1∶3、1∶2.75，下游坝坡 1∶2.75、1∶2.5，坝脚采用贴坡排水。

溢洪道(图 6.1-2)建于右副坝上，由进口导流翼墙、闸室段、陡坡段、渐变段和泄槽组成，长 317m。进口为 1 孔弧形钢闸门控制的宽顶堰，堰顶高程 3319.40m，净宽 6m，正常泄量 17.1m^3/s，最大泄量 39.4m^3/s。闸室段底板基础为 9 根混凝土井桩，置于坝基砂砾石层上，渐变段、陡坡段和泄槽基础置于坝体和岸坡土基上。

放水管布置在主坝坝下，全长 103m，采用直径 1m 的钢管内衬，外包厚 30cm 的 150#钢筋混凝土，进口设有启闭机塔，塔高 16.4m，启闭塔设检修钢闸门，进口底高程 3310.80m，设计流量 1m^3/s，最大流量 6.59m^3/s。

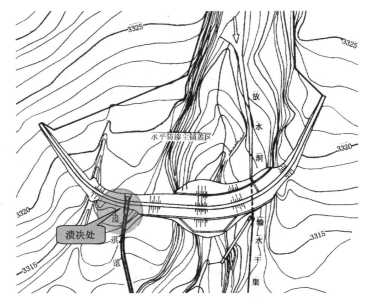

图 6.1-1　英德尔水库枢纽平面布置图(单位：m)

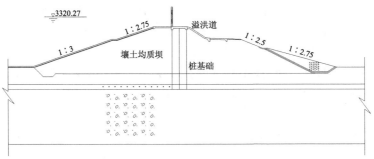

(a) 英德尔水库大坝典型剖面图

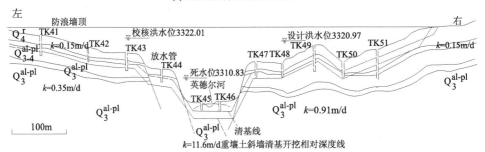

(b) 英德尔水库沿坝轴线地质剖面图(水位高程单位：m)

图 6.1-2　英德尔水库大坝典型断面及沿坝轴线工程地质剖面图

6.1.2　除险加固情况

水库竣工后经过 6 年运行，因洪水冲刷和冻胀等影响，近 80% 的防渗土工膜遭破坏，库区渗漏严重，达不到设计蓄水量，大坝存在严重安全隐患。2000 年 10 月被鉴定为"三类坝"，主要存在如下病险：水库防洪标准低于规范要求，坝坡抗滑稳定性与抗震稳定性、大坝渗流稳定性均不满足规范要求；上游坝坡沉陷，局部隆起和塌陷；上游坝坡受水浪冲刷破坏严重，下游坝坡无护坡、无排水沟，雨水冲刷形成许多深槽，深 5~30cm；大坝主断面坝后底侧 3314.00m 高程以下存在面积为 220m^2 的潮湿区；坝顶防浪墙下沉、断裂倾斜，与溢洪道接触部分出现 5~10cm 裂缝；溢洪道右侧与土坝接触部分出现长 15m、宽 5~10cm 的裂缝，进水口与库区结合部位沉陷 8cm，形成宽 5~10cm、长 6m 的裂缝；溢洪道为倒喇叭状出口，泄洪时进水量大、出口小，洪水漫溢冲刷下游坝基；缺少安全监测设施。

2000 年 12 月完成了除险加固工程初步设计，除险加固主要内容包括：重建水库进水口；重建库区水平防渗设施，防渗膜从库底铺至 3321.00m 高程之上，并做上下垫层及防护层；将大坝由壤土均质坝改为土工膜斜墙坝，使土工膜斜墙与库区土工膜水平防渗铺盖形成全封闭的防渗体系，土工膜由坝踵锚固槽沿上游坝坡铺设，铺至坝顶时埋于防浪墙，上部再做上垫层及干砌石护坡，增设坝顶排水沟，将贴坡排水抬高至 3310.00m。扩建溢洪道，考虑原溢洪道闸室进口底板及边墙与坝体接触部位出现裂缝，将边墙拆除重建，闸室基础由 9 根直径 1m 的钢筋混凝土桩组成，桩基础坐落在砂卵石层上，予以保留继续使用。

除险加固工程初步设计的主要审查意见如下：基本同意设计提出的加固处理技术方案；应查清坝体填筑质量及坝坡渗水原因，采取相应加固措施，恢复库区防渗系统，仍采用土工膜防渗，查清坝前部分土工膜防渗体的破坏情况；进一步复核设计洪水，研究扩建溢洪道的必要性，以及扩建的结构形式，建议采用戴帽加高泄槽边墙或向一侧扩建处理；完善安全监测设施；对大坝安全鉴定存在问题未处理的内容应说明理由。

根据审查意见，设计单位于 2002 年 4 月完成了除险加固工程技施设计，主要内容如下：按照初步设计重建水库进水口及库区水平防渗铺盖；根据 2002 年 2 月 10 日补充地质勘察报告，大坝填筑质量符合设计要求，通过对大坝抗滑稳定及抗震稳定复核，在整个库区重新铺设土工膜至 3321.00m 高程的情况下，取消上游坝坡土工膜斜墙，大坝的抗滑稳定及抗震稳定仍能满足规范要求，不再采用土工膜斜墙防渗方案，对上游坝坡局部干砌石护坡做整修处理，坝顶高程采用初步设计标准，不做加高处理；通过对闸室稳定分析，闸室桩基的抗剪完全满足要求，确定加固方案为自泄槽两侧墙外加悬臂式挡墙（即戴帽加高），对于溢洪道进口翼墙，进口护坡与坝体接触部位出现的裂缝，以及闸室段边墙与坝体接触部位出现的裂缝，均采用将该段填筑料沿边墙局部挖开，底部宽约 1m，边坡 1∶0.3，深 3m，然后根据填筑指标 $\gamma \geqslant 1.78\text{g/cm}^3$ 进行夯实回填壤土处理；增设变形观测点 13 个，地下水位观测断面 1 个。

除险加固工程技施设计的主要批复意见如下：采用钢筋混凝土矩形断面形式加固修建入库陡坡，库区采用土工膜水平铺盖防渗至库岸最高水位以上，形成封闭防渗系统；溢洪道采用戴帽加高处理措施，以满足泄洪，形式为钢筋混凝土悬臂式挡墙；增设安全监测设施。

除险加固工程于 2002 年 6 月开工，2002 年 11 月完工，2003 年 10 月通过竣工验收，验收结论为库区防渗、溢洪道加固、安全监测等分部工程单元工程全部合格，已按技施设计批复的主要内容完成，工程质量评定为合格。

6.1.3　溃坝过程

2005 年春，工程所在地降雪严重，积雪较厚。进入 4 月，气温回升较快，水库进水量较大，2005 年 4 月 6 日关闭南沟引洪闸门，以减少入库水量；4 月 27 日 22 时打开冲砂闸，开始排砂。

2005 年 4 月 27 日 19:43′12.3″，乌兰县、都兰县交界处(北纬 36.8°，东经 98.3°)发生 M_S4.2 级地震；28 日 0:07′又发生 M_S3.8 级地震(北纬 36.8°，东经 98.3°)，震中距离水库 60～70km。4 月 28 日凌晨 3:30 左右，管理人员在巡查水库时发现，溢洪道右侧漏水，立即提起溢洪道闸门放水，同时发现库区溢洪道左侧有漩涡(具体见图 6.1-3 中的 A 和 B)，当时库水位为 3320.07m，比正常蓄水位 3320.91m 低 0.84m。凌晨 4:40 左右，溢洪道北侧逐渐垮塌；凌晨 5:40 左右，溢洪道右侧坝体已冲开约 3m 的缺口；凌晨 6:20 左右，溢洪道被全部冲垮，大坝溃口宽度超过 20m。

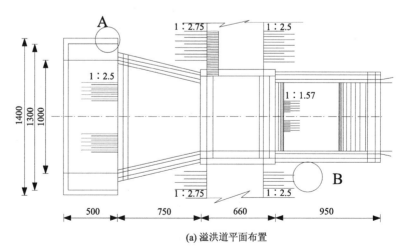

(a) 溢洪道平面布置

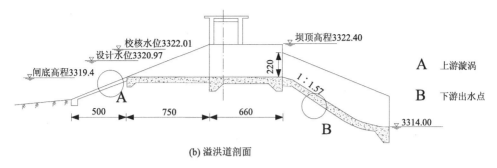

图 6.1-3　英德尔水库溃坝开始出现的漩涡及出水点位置示意图(高程和尺寸单位：m)

溃坝事故发生后，下游村社各人员尽快疏散，未造成人员伤亡和牲畜损亡。

6.1.4　溃坝原因调查分析

1. 溃口调查

原溢洪道被完全冲毁，闸底板基础 9 根混凝土桩倒在冲沟内。溃口宽 51.65m、深 15.0m 左右。库水在冲毁坝体的同时，切割坝基冲洪积粉土、粉细砂及砂砾石层达 10m 左右，在上游坝坡形成高 8～10m 的冲蚀陡坎(图 6.1-4～图 6.1-6)。缺口形成后，溢洪道右岸坝体派生出 1 条张拉裂缝，在下游坝坡距垮塌面 2.3～2.5m，缝宽 1～2cm；上游坝坡距垮塌面 1.3～2.0m，缝宽 2～18cm。溢洪道左岸坝体则派生出 4～5 条张拉裂缝，发育较大的 1 条张拉裂缝，在下游坝坡距垮塌面 2.3m，缝宽 4～26cm；坝顶距垮塌面 3.8m，缝宽 10～15cm；上游坝坡则已垮塌。距垮塌面最远的 1 条张拉裂缝从坝体中部生成，呈斜面向坝体南部延伸，在坝顶处距垮塌面 21～22m。

(a) 自溃口左岸上游向下游看

(b) 自溃口右岸上游向下游看

图 6.1-4　溢洪闸溃决后现状

图 6.1-5　溢洪闸上游残存的防渗土工膜

(a) 溢洪道冲槽右侧地层剖面　　　　　　　(b) 溃坝现场的粉细砂

图 6.1-6　溢洪道冲槽右侧地层剖面

　　垮坝后原溢洪道被完全冲毁，2005 年 5 月对溃坝部位进行了工程地质勘察，溃坝部位的工程地质横剖面图见图 6.1-7。

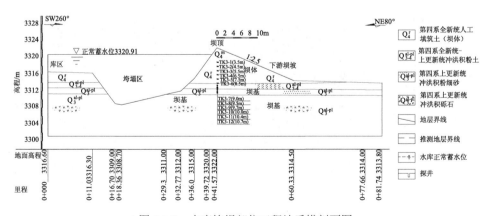

图 6.1-7　水库垮塌部位工程地质横剖面图

2. 工程地质条件复查

溢洪道垮塌后，形成宽 51.65m（后又扩大为 60.0m）、深 15m 左右的冲沟，原溢洪道已被完全冲毁，并已切割至坝基第四系上更新统冲洪积砾石层。根据勘察，大坝垮塌左岸坝体高度为 8.5m 左右，坝基土为第四系全新统—上更新统冲洪积粉土和冲洪积粉砂，结构中密—密实，厚度分别为 1.3m、1.5m，底部为第四系上更新统冲洪积砾石层，夹有粉细砂透镜体或具粉砂夹层，结构中密—密实，厚度在 5m 以上；垮塌右岸坝体高度为 6m 左右，其下为第四系全新统—上更新统冲洪积粉土、粉砂，结构中密—密实，厚度分别为 2.0m、2.4m 左右，底部为第四系上更新统冲洪积砾石，夹粉砂透镜体或具粉砂夹层，结构中密—密实。粉土、粉砂属弱透水层，砾石属强透水层。冲洪积砾石结构中密—密实，坝基稳定；坝基冲洪积粉土层干密度为 1.47～1.66g/cm，平均 1.55g/cm，结构稍密—中密；坝基冲洪积粉砂干密度为 1.60～1.75g/cm，平均 1.65g/cm，结构中密—密实。根据勘察，在原河谷处（0+168.33～0+243.69 段）坝体置于冲洪积砾石层上，而其他地带则置于冲洪积粉土（粉砂）层上。

溢洪道基础属于砂性土，地基容易产生渗透变形。根据《水闸设计规范》（SL 265—2016）规定：当闸基为砂性土时，闸室上游宜采用铺盖和垂直防渗体相结合的布置形式。实际上，该溢洪道基础未进行相应布置。

3. 溃坝原因分析

由于溢洪道建于大坝右副坝上，坝体为均质土坝，可将溢洪道视为建在土质基础上的水闸。现场调查发现，溃坝前溢洪道闸室与坝体接触部位存在裂缝（图 6.1-8 和图 6.1-9）。

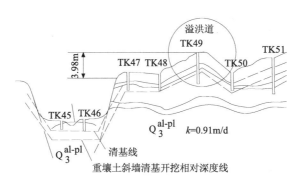

图 6.1-8　溢洪道基础的倒"V"字地形

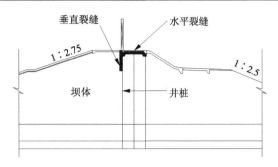

图 6.1-9　溢洪道闸室与坝体接触部位裂缝示意图

　　闸室底板是整个闸室结构的基础，承受水闸上部结构自重及荷载，并传递给地基。同时兼有防渗及防冲的作用，防止地基渗透变形，并保护地基免受水流冲刷。由图 6.1-8 的坝基沿坝轴线的工程地质纵剖面图可看出，溢洪道开挖的坝基呈倒"V"字地形，该位置与溢洪道左右侧的高差近 4m。尽管坡度较小，但从结构受力可以看出，该地形可能使坝体产生垂直坝轴线方向的裂缝。

　　根据土坝基础上溢洪道工程的运用特点，在以水压力为主的水平向荷载作用下，闸室底板与地基土之间应有紧密的接触，以避免形成渗漏通道。因此为了保证闸基的防渗安全，土质地基上的桩基一般采用摩擦型桩（包括摩擦桩和端承摩擦桩），水闸桩基础通常采用摩擦型桩。本工程由于采用端承桩，底板底面以上的作用荷载几乎全部由端承桩承担，直接传递到下卧岩层或坚硬土层上，底板与地基土的接触面上则出现"脱空"现象，从而造成接触冲刷。

　　地震作用下，已经存在的溢洪道与坝体接触带的裂缝或较松散层进一步扩大，并在库水压力作用下形成渗水通道，导致溃坝事件发生。

　　坝体填土的渗透系数在 $9.33×10^{-8}$～$2.00×10^{-5}$cm/s，平均值为 $3.54×10^{-6}$cm/s；粉细砂层的渗透系数在 $3.50×10^{-3}$～$8.50×10^{-3}$cm/s，平均值为 $6.00×10^{-3}$cm/s；砾石的渗透系数在 $1.73×10^{-3}$～$3.64×10^{-2}$cm/s，平均值为 $1.34×10^{-2}$cm/s。此外，根据类似工程经验，取溢洪道混凝土的渗透系数为 $1.00×10^{-10}$cm/s，坝基黄土状土的渗透系数为 $2.00×10^{-5}$cm/s。

　　根据《水闸设计规范》（SL 265—2016），土基上闸基防渗长度应满足：

$$L = C\Delta H \tag{6.1-1}$$

式中，L 为闸基防渗长度(m)；C 为允许渗径系数值，由地质勘察可知，溢洪道部位坝体为低液限粉土，允许的渗径系数为 5.0；H 为上下游的水位差(m)。

　　溢洪道垮塌时库水位 3320.21m，上下游水位差为 17.93m，闸基防渗长度应为 89.65m，实际闸基防渗长度仅为 43.48m，不满足安全运行要求。

　　与此同时，根据《水闸设计规范》（SL 265—2016）规定：当闸基为粉土、粉细砂、轻砂壤土或轻粉质砂壤土时，闸室上游宜采用铺盖和垂直防渗体等相结合的布置形式；当闸基为中壤土、轻壤土或重砂壤土时，闸室上游宜设置钢筋混凝土或黏土铺盖，或土工膜防渗铺盖。实际上，工程未采用上述防渗措施。

取水位为溃坝时的库水位 3320.27m，渗流分析包括以下两种水位组合：溢洪道闸室附近未出现裂缝，库水位 3320.27m＋下游水位 3302.70m 时的渗流场；溢洪道闸室附近出现了裂缝，库水位 3320.27m＋下游水位 3302.70m 时的渗流场。渗流计算得到的渗透坡降及坝体、坝基和总渗流量成果见表 6.1-1。

表 6.1-1　渗流计算关键部位渗流要素统计表

计算工况	出逸点坡降	出逸点高程/m	坝脚出逸段坡降	单宽渗流量/[m³/(d·m)]		
				坝体	坝基	坝体+坝基
工况 1	0.454	3306.50	1.01	6.14×10^{-2}	2.07	2.15
工况 2	0.454	3307.30	1.21	2.05×10^{-1}	2.28	2.48

根据土料颗粒分析统计，土料的细粒含量为

$$P_c = \frac{1}{4(1-n)} \times 100\% \qquad (6.1\text{-}2)$$

式中，P_c 为土的细粒颗粒含量，以质量百分率计；n 为土的孔隙率，取 0.30。

计算得土的细颗粒含量为 35.7%，大于 35%，同时不均匀系数大于 5.0，故其渗透变形破坏为流土型。流土型的临界水力坡降由下式计算：

$$J_{cr} = (G_s - 1)(1-n) \qquad (6.1\text{-}3)$$

式中，J_{cr} 为土的临界渗透坡降；G_s 为土颗粒与水的密度比。

由式(6.1-3)计算得到土料的临界水力坡降为 1.19。由于流土破坏为整体性破坏，对大坝危害较大。

允许的渗透坡降按下式计算：

$$J_{允} = \frac{J_{cr}}{K} \qquad (6.1\text{-}4)$$

取安全系数(取值范围为 1.5～2.0)为 1.5，则可得允许的渗透坡降 $J_{允}$ 为 0.793。从表 6.1-1 中可以看出，当溢洪道闸底板与坝体之间没有裂缝时，坝脚处的渗透坡降 1.01，大于渗透变形允许的渗透坡降 0.793，小于土料的临界渗透坡降 1.190；当溢洪道闸底板与坝体之间出现裂缝后，坝基渗透坡降 1.21，大于渗透变形允许的坡降 0.793 和临界坡降 1.190。因此，坝体与溢洪道接触部位的裂缝是产生结构渗透破坏的主要原因，大坝存在渗透破坏危险。

通过渗流有限元分析可见，闸室底板与坝体间出现裂缝时，水平向渗透坡降为 0.772，出口段渗透坡降为 0.113，渗流性态是不安全的。

4. 分析结论

综上所述，英德尔水库失事是因为溢洪道与坝体接触部位存在脱空与裂缝，而除险加固设计、审查和施工均未加以重视，也未采取有效的防渗措施加以处理，运行中当库水位超过溢洪道闸室底板高程时，脱空与裂缝部位出现接触渗漏，产生接触冲刷，又未及时发现，地震加剧了接触渗漏与接触冲刷的发展，最终导致溢洪道垮塌溃坝。

英德尔水库失事是工程内在质量缺陷引起的。除险加固前，水库最高蓄水位仅 3318.00m，低于溢洪道底板高程 3319.40m，工程内在质量缺陷未完全暴露。地震不是导致英德尔水库大坝溃决的主要原因，只是加速了溢洪道垮塌破坏的进程。如果地震时库水位低于溢洪道底板高程的话，是不会出现溢洪道垮塌溃坝事故的；反之，即使不发生地震，只要库水位超过溢洪道底板高程运行，在管理不到位的情况下，溢洪道垮塌溃坝事故迟早会出现。

6.2　甘肃小海子水库

6.2.1　工程概述

小海子水库位于甘肃省张掖市高台县南华镇小海子村南，距县城约 15km，是一座平原注入式中型水库，总库容 1048.1 万 m^3。水库通过引黑河水调蓄，承担 5 个乡镇 10 万亩农田的灌溉任务。水库分隔为上、中、下三库。中坝始建于1958 年，长 5.5km，形成了目前的中库。1987 年，为解决引水问题，在中库上游兴建了上库。2002 年，在水库除险加固过程中，新建了下坝，形成下库(图 6.2-1)。下坝为均质土坝，坝顶高程 1370.50m，坝体总长 4.836km，坝顶宽 5m，最大坝高 8.67m，正常蓄水位 1368.10m。

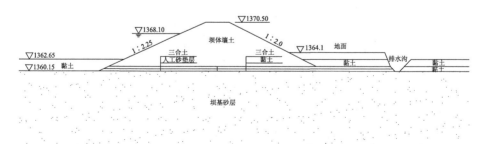

图 6.2-1　小海子水库下坝典型断面示意图(单位：m)

6.2.2　除险加固情况

1998 年 11 月完成了水库大坝安全鉴定工作，后因鉴定成果不满足有关规定，按要求补充工作内容后重新申报。2001 年 7 月的核查结论：水库大坝填筑质量差，坝体和坝基渗漏严重；在 8 度地震下，下游坝坡可能液化，失稳破坏；在 8 级风浪下，大坝安全超高不足。同意该坝为"三类坝"的鉴定意见。建议结合除险加固设计，对上游坝坡在水位骤降时的稳定性、高水位下渗流性态等问题补充分析，加强设计的针对性。

2000 年 6 月，初步设计报告审查批复，同意选用新建部分坝段的设计方案进行除险加固。2002 年 2 月，除险加固工程开工建设；2004 年 10 月基本完工，通过完工验收；到 2007 年 4 月 19 日下坝溃决时，工程尚未进行竣工验收。下库 2005 年试蓄水运行到 2007 年 4 月溃坝时，共蓄水、放水 4 次。

6.2.3　溃坝过程

据村民描述，2007 年 4 月 19 日，天气晴好，中午约 11:45，突然下起了大雨，观察发现有碗口粗的水柱自坝下排水沟中射出，水柱高 3～4m，2min 后，水柱变为大股水流。村民随即开始撤离，途中看到宽约 2m 的坝段下沉了 1m 左右，出流暂停，但相隔短时间后，大坝即冲成了缺口。下坝决口后，中坝处于高水位运行，出现了 2 处集中渗漏，采取了封堵措施，但渗漏未得到有效控制，险情十分严重。4 月 20 日晚，采取了加大泄量降低库水位和及时转移群众等措施，确保了中坝安全。

6.2.4　溃坝原因调查分析

1. 溃口调查

决口时下库、中库和上库蓄水位分别为 1368.45m、1369.50m 和 1369.64m，均超过了正常蓄水位 1368.10m。溃口位于下坝中间部位，宽约 41.5m，桩号 2+681.0～2+722.5。溃口处坝高约 8.1m。据管理单位估算，决口时最大流量约 90m³/s。专业测量单位对溃口部位地形及溃口纵、横断面尺寸进行了测量。溃口宽约 41.6m，冲坑长约 89m，最深处约 4.6m。溃坝段溃口地形及溃口纵、横断面如图 6.2-2 和图 6.2-3 所示。

2. 地质勘察

根据地质勘察资料，下坝坝址处地表层下部有厚约 3m 的砖红色或土黄色黏土层，之下为粉细砂层。黏土层沿坝轴线自西向东逐渐由完整地层演变为黏土层与砂层的互层结构，设计将此层作为下坝坝基天然铺盖。事故发生后，对溃口段进行了补充地质勘察，坝轴线上游天然黏土层较薄，下游排水沟处黏土层缺失。

(a)溃坝段桩号2+681~2+722.5

(b)在下游从左岸向右岸看

图6.2-2　小海子水库溃坝现场图

2007年5月1~3日对冲坑积水进行了抽水检查：当水位降至1360.50m以下时，在41.5m宽的溃口冲坑上游侧边缘处发现4个水平方向的漏水通道：其中1#位于桩号2+699.1，高程1361.10m；2#位于桩号2+719.1，高程1360.22m；3#位于桩号2+701.5，高程1360.50m；4#位于桩号2+705.4，高程1360.50m。这4个通道的总漏水量约13L/s，通道最大直径30cm左右。此断面的地面高程1364.655m（通道低于地面高程3.5m），坝基高程1363.199m（通道低于坝基2.099m）。坝基结合槽高程1362.479m（通道低于槽底1.379m），从断面上的直观观察看，这些渗漏通道在黏土层底部接近粉细砂层的部位。

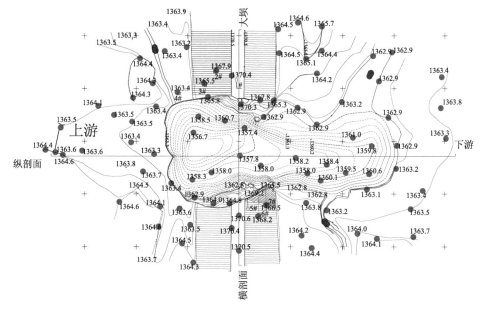

(a) 下坝溃口地形平面图

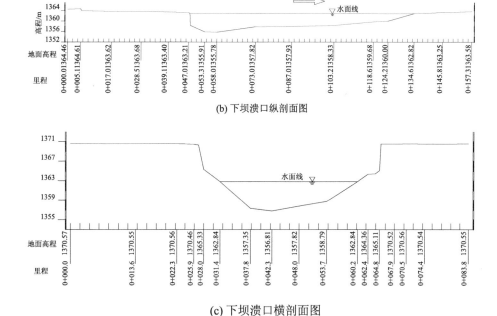

(b) 下坝溃口纵剖面图

(c) 下坝溃口横剖面图

图 6.2-3　小海子水库下坝溃口图(单位：m)

溃口冲坑抽水观察发现，东侧断面泄水渠(已回填段)已切穿黏土隔水层，经实测沟底高程为 1360.50m；四处渗漏出口高程在 1360.50～1361.10m，位于粉细砂层和黏土隔水层的接触面上。这证明了由坝后首先发生管涌破坏并逐步向上游发展，最终导致坝基渗透破坏而溃坝。可判断这 4 处渗漏出口的高程均在原设计、施工所做的基础处理面高程之下，是勘探上未发现、设计上未估计到的天然渗漏隐患，与其下粉细砂的渗透破坏有密切关系。

3. 渗流安全复核

在溃坝残留段坝体不同部位取试样进行试验，得出 3 组渗透系数，取其中较大一组，即垂直向渗透系数 $k_y=5.01\times10^{-6}$cm/s,水平向渗透系数 $k_x=7.25\times10^{-6}$cm/s；坝前黏土铺盖渗透系数得出 1 组渗透系数，垂直向渗透系数 $k_y=9.65\times10^{-5}$cm/s,水平向渗透系数 $k_x=4.05\times10^{-4}$cm/s，人工三合土、坝下黏土层、下游黏土层的渗透系数按该组渗透系数计；坝下坝基内粉细砂渗透系数取为 3.5×10^{-3}cm/s，坝基人工砂砾石垫层的渗透系数与坝下坝基粉细砂层相同。计算结果见表 6.2-1。

表 6.2-1 小海子水库下坝溃决坝段渗流计算成果表

工况	计算条件	库水位/m	下游水位/m	坝基水平渗透坡降	排水沟底垂直坡降	下游坡渗出点高度/m	单宽渗流量/(m/d)	备 注
1	坝前铺盖完好，坝后排水沟未被挖穿	1368.45	1360.65	0.107	0.700	1.093	2.575	排水沟底部黏土厚度按 0.55m 计
2	坝前铺盖完好，坝后排水沟被挖穿	1368.10	1360.10	0.103	0.153	0.361	2.557	—
		1368.45	1360.10	0.107	0.158	0.364	2.658	
3	坝前铺盖被破坏，坝后排水沟未被挖穿	1368.10	1360.65	0.121	1.000	1.086	3.272	排水沟底部黏土厚度按 0.55m 计
		1368.45	1360.65	0.127	1.000	1.093	3.427	
4	坝前铺盖被破坏，坝后排水沟被挖穿	1368.10	1360.10	0.116	0.198	0.438	2.968	—
		1368.45	1360.10	0.122	0.205	0.920	3.095	

坝基粉细砂允许坡降按 0.1 计(此为原设计控制值)；坝后黏土覆盖层垂直允许坡降按经验取为 1.00。根据以上分析可得出以下内容。

工况 1 为坝前铺盖完好、坝后排水沟未被挖穿情况，当库水位为 1368.45m 时，下游坡渗出点高度为 1.093m；坝基水平渗透坡降 0.107，稍大于粉细砂的允许坡降；坝后排水沟底部砂层覆盖黏土层厚度按 0.55m 计，则该黏土层内垂直出逸坡降为 0.7，小于坝后出逸段黏性土允许坡降 1.0。可知，尽管坝基粉细砂层的水平渗透坡降稍大于其允许值，但由于坝后排水沟底部黏土层内垂直向上渗透坡降小于 1.0，即无渗流出口，故大坝渗流性态能够满足安全要求。由此也可推知，在该工况下，当库水位为 1368.10m 时，坝基渗透稳定性更为安全。

工况 2 为坝前铺盖完好、坝后排水沟被挖穿的情况，库水位分别为 1368.10m、1368.45m 时，下游坡渗出点均在坝脚以上 0.36m 附近；坝基水平渗透坡降分别为 0.103、0.107，稍大于粉细砂的允许渗透坡降；坝后排水沟底部砂层内垂直向上渗透坡降分别为 0.153、0.158，大于粉细砂的允许坡降。综合考虑，由于坝后排水沟底部砂层垂直向上渗透坡降大于粉细砂的允许坡降，即下游出口渗透稳定性不满足安全要求，加之坝基砂层内水平渗透坡降又大于砂的允许坡降，故该工况下，坝基渗透稳定性不能满足安全要求。该结论与溃坝前曾在坝后排水沟内发现喷水涌砂现象吻合。对比库水位为 1368.10m 和 1368.45m 时的计算结果可知，库水位在该两值范围内变化时，大坝渗流性态变化不大。

工况 3 为坝前铺盖被破坏、坝后排水沟未被挖穿的情况，下游坡渗出点在下游坝脚以上 1.1m 附近；坝基水平渗透坡降为 0.121~0.127，大于粉细砂的允许坡降；坝后排水沟底部砂层覆盖黏土层厚度按 0.55m 计，则该黏土层内垂直向上渗透坡降为 1.000。综合考虑，在该工况下，即坝前铺盖被破坏、坝后排水沟底部砂层表面覆盖 0.55m 厚的黏土层时，排水沟底的渗透稳定性可能已处于临界状态。对比库水位为 1368.10m 和 1368.45m 时的计算结果可知，库水位在该两值范围内变化时，大坝渗流性态变化不大。

工况 4 为坝前铺盖被破坏、坝后排水沟被挖穿的情况，下游坡渗出点在下游坝脚以上 1.0m 附近；坝基水平渗透坡降为 0.12 左右，大于允许渗透坡降；坝后排水沟底部砂层内垂直向上出逸坡降在库水位为 1368.10m、1368.45m 时分别为 0.198、0.205，已超过粉细砂的允许坡降，即排水沟底部砂层垂直向上的渗透稳定性不满足安全要求。该结论与溃坝前曾在坝后排水沟内发现喷水涌砂现象吻合。对比库水位为 1368.10m 和 1368.45m 时的计算结果可知，库水位在该两值范围内变化时，大坝渗流性态变化不大。

由以上可知，当库水位分别为 1368.10m、1368.45m 时：①当坝前铺盖完好、坝后排水沟未被挖穿时，大坝渗流性态能够满足安全要求；②当坝前铺盖完好、坝后排水沟被挖穿时，坝基渗透稳定性不能满足安全要求；③当坝前铺盖被破坏、坝后排水沟未被挖穿时，排水沟底部黏土覆盖层厚度按 0.55m 计，则该黏土层承受的顶托渗透坡降已处于其临界状态，若该部位黏土层更厚，则坝基渗透稳定性满足安全要求的可能性更大，若黏土层更薄，则坝基渗透稳定性不满足安全要求的可能性更大；④当坝前铺盖被破坏、坝后排水沟被挖穿时，坝后排水沟底部砂层垂直向上出逸坡降大于粉细砂的允许坡降，坝基渗透稳定性不满足安全要求；⑤当库水位在 1368.10m 与 1368.45m 之间变动时，对工况 2、工况 3、工况 4 条件下的大坝渗流性态影响不大。

综合认为，坝基只有在坝前铺盖完好、坝后排水沟底黏土层完好的工况下是相对稳定的；当坝前铺盖被破坏、坝后排水沟底黏土层完好时，坝基处于安全临界状态；当坝后排水沟底黏土层被破坏时，无论坝前铺盖是否完好，坝基的渗流稳定均处于不安全状态。

小海子水库溃坝事故属非自然因素造成的渗透破坏，其根源是坝后排水沟底部的黏土层被破坏、坝前自然铺盖中存在的缺陷处理不当，致使坝基不能满足渗流稳定要求。渗透破坏从坝后排水沟破坏处开始，逐渐向上游发展，坝基被淘空，坝前坝后形成了渗漏通道，导致坝体沉降、坍塌，终至决口溃坝。

4. 成因分析结论

通过地质勘察、测绘、试验和土方检测等工作，对事故原因进行了综合分析，认为：小海子水库溃坝之前，未发生地震和暴雨等自然灾害，事故由非自然因素造成的坝基渗透破坏所致。其根源是坝后排水沟底部的黏土层缺失、对坝前天然铺盖中存在的缺陷处理不当，致使坝基不能满足渗流稳定要求。渗透破坏先从坝后排水沟下粉细砂层渗透变形开始，逐渐向上游发展，坝基被淘空，形成上下游贯穿的渗漏通道，导致坝体沉降、坍塌，最终酿成决口垮坝。

造成坝基渗透破坏的原因是多方面的。坝后排水沟底部黏土层缺失、坝前铺盖中的缺陷处理不当，是事故的直接原因；水库运行管理巡查不到位，对大坝运行中出现的渗流异常情况未能及时发现，错失了抢险时机；水库高水位运行增加了渗流稳定的不利因素。

6.3　溃坝主要原因与对策

6.3.1　设计和审查方面原因

1. 英德尔水库

英德尔水库除险加固设计未响应大坝安全鉴定结论，设计方案及其变更缺乏充分论证与科学依据，存在严重缺陷。审查未对除险加固设计方案中存在的明显缺陷提出意见与建议。具体分析如下。

除险加固前，溢洪道混凝土结构与坝体接触部位已开裂，出现裂缝。大坝安全鉴定阶段也指出，溢洪道边墙和底板与坝体填土之间存在裂缝，有接触渗流隐患。但设计未对此严重影响大坝安全的隐患予以足够重视。尽管除险加固初步设计采取了拆除溢洪道边墙重建的方案，但未对闸室底板与基础之间的脱空提出处理措施。技施设计根据审查意见，为节省资金，保留了溢洪道原闸室结构，采取钢筋混凝土悬臂式挡墙戴帽加高处理，对于溢洪道进口翼墙、进口护坡与坝体接触部位以及闸室段边墙与坝体接触部位出现的裂缝，仅提出了沿边墙局部挖开，底部宽约 1m，边坡 1∶0.3，深 3m，根据大坝填筑指标 $\gamma \geqslant 1.78\text{g/cm}^3$ 回填壤土夯实处理的措施；对闸室底板与基础之间的脱空仍未提出任何处理措施，未能从根本上解决接触面裂缝与脱空可能导致的接触渗流隐患。

溢洪道为刚性建筑物，建在均质土坝上，闸室底板基础采用 9 根混凝土井桩置于坝基砂砾石层上，坝体与溢洪道闸室之间极易因不均匀沉降而产生裂缝。原设计未在结构上采取必要防渗措施，底板及侧墙都是直接与坝体接触。因此，由于该水库在除险加固前未经历过超过溢洪道底板高程以上水位考验，即使运行中溢洪道底板、侧墙部位未出现脱空与裂缝，按照规范要求，除险加固设计也应在保留溢洪道原闸室结构的情况下，补充进行防渗加固设计，以确保渗流安全。

此外，溢洪道基础存在粉细砂层，为易液化土层，且坝址区地震基本烈度为 7 度，但除险加固设计未考虑地震液化问题，未做任何地震液化分析，也未做任何抗液化处理设计。

对于修建于土基上的刚性建筑物，运行中接触面已出现裂缝，安全鉴定也指出存在接触渗流隐患，但除险加固时未做防渗加固设计；同时，基础存在可液化土层，不做抗震加固设计，反映对工程安全隐患认识不到位，从而难以针对性地提出科学合理的加固处理方案，也是英德尔水库大坝失事的主要原因。

除险加固初步设计提出的拆除溢洪道边墙重建方案，由于未对闸室底板与基础之间的脱空提出处理措施，不是合适与完善的加固方案。但即使对该存在缺陷的方案，设计审查也未予以认可，而是提出了"进一步复核设计洪水后，研究扩建溢洪道的必要性，以及扩建的结构形式，建议采用戴帽加高泄槽边墙或向一侧扩建处理"的建议，对溢洪道边墙和底板与坝体填土之间存在裂缝与脱空如何处理则未提出意见与建议。反映出设计审查未认识到溢洪道在运行中已经暴露的接触面裂缝与脱空可能引起的接触渗流对大坝安全的危害，从而建议了一个更加不合理的溢洪道加固方案，导致设计单位在技施设计中提出了自泄槽两侧墙外加悬臂式挡墙(即戴帽加高)的溢洪道加固方案，对溢洪道存在的接触渗流隐患仍未彻底地进行加固处理设计。技施设计批复则同意"溢洪道采用戴帽加高处理措施，以满足泄洪，形式为钢筋混凝土悬臂式挡墙"，对其防渗加固设计缺陷仍"视而不见"。同时，设计审查也未对溢洪道抗震加固设计提出任何意见与建议。

2. 小海子水库

小海子水库设计地质勘察工作不满足规范要求，对坝后排水沟未提出处理措施，坝前铺盖设计不当。具体分析如下。

地质勘察工作不满足规范要求。除险加固初步设计阶段，在全长 10.06km 的坝线上仅布设了 7 个钻孔，其中在 4.836km 长的新坝线上仅布设了 3 个钻孔，地质勘察精度不够，不能全面掌握坝下黏土层的分布、产状、厚度与性状等基本情况；对沿坝轴线两侧一定范围内的沟、坑、井、民居等可能危及天然铺盖安全的地质缺陷未能查明。野外地质勘察工作量远不能满足《中小型水利水电工程地质勘察规范》(SL 55—2005)要求。在技施设计阶段，将长约 2km 的坝线(包括溃坝段在内)向库区方向内移了 50～80m。坝线改移后，未对新坝线补充进行勘探工作。

对坝后排水沟未提出处理措施。沿坝轴线方向距下游坝脚 10m 左右设有一条排水沟。调查发现，造成溃坝事故的渗漏通道出水点即位于该排水沟中。调查期间的补充勘测结果表明，决口处坝后排水沟底黏土层缺失。根据分析计算结果，只有在坝前铺盖完好、坝后排水沟底黏土层完好的工况下，坝基渗流才是相对稳定的；当坝前铺盖被破坏、坝后排水沟底黏土层完好时，坝基渗流处于临界安全状态；当坝后排水沟底黏土层缺失或遭破坏时，无论坝前铺盖是否完好，坝基渗流均处于不安全状态。但设计单位在未完全查明排水沟底部地质条件的情况下，未进行必要渗透稳定分析计算，也未按规范要求对坝后排水沟提出反滤保护措施。

坝前铺盖设计不当。由于前期地质勘察深度不够，设计单位未能对大坝天然铺盖的缺陷提出处理措施。施工中发现冲沟、沙槽、阴沟等地质缺陷后，设计单位未根据水位、透水层厚度等因素进行铺盖设计，仅在施工中提出了设计变更通知单，要求在缺陷部位采取不小于大坝底宽 1/3 的黏土铺盖措施，但仍不满足规范要求。坝基开挖时，将部分开挖料堆放于坝轴线上游，形成约 5m 宽的施工平台，该施工平台以下未进行清基，天然黏土层的完整性情况不明，但设计单位在设计变更中要求"坝前施工平台不再清除"。

6.3.2　施工和竣工验收方面原因

1. 英德尔水库

对设计提出的英德尔水库溢洪道侧墙裂缝部位垂直向下开挖 3m、回填壤土夯实处理的方案，实际施工中仅在裂缝部位垂直向下开挖 1m，然后回填土料夯实。

2. 小海子水库

小海子水库除险加固工程建设中，项目法人改动坝轴线，未履行报批程序；坝后排水沟处理不当；坝前铺盖处理由无专业资质的队伍施工；未按设计布设安全监测设施。

改动坝轴线，未履行报批程序。建设过程中，长约 2km 的下坝坝轴线(包括溃坝段在内)向库区方向内移了 50～80m，属重大设计变更。但项目法人未履行相应报批程序，也未责成设计单位补充勘探，导致影响坝基渗流稳定的坝后排水沟和坝前铺盖未得到有效处理。

坝后排水沟处理不当。2004 年完成的《小海子水库环坝阴沟清淤处理设计报告》中，未对排水沟清淤处理提出明确的质量控制和铺设反滤保护的要求；清淤工程由当地群众完成，无相应的施工资料。

坝前铺盖处理指定无专业资质的队伍施工。查阅施工资料发现，溃口处附近坝前天然铺盖中的沟槽处理，由项目法人指定无专业资质的队伍施工，也无监理单位监理，未进行有效的质量控制。查阅检测资料发现，上述沟槽土料回填处理过程中，2m 厚土料仅碾压了两次，碾压层平均厚度达 1m，碾压质量很难达到设计要求。上述行为直接影响坝前天然铺盖的防渗功能，为坝基渗流稳定留下隐患。

未按设计布设安全监测设施。技施设计报告要求布设 5 根测压管，以监测大坝渗流性态，但实际仅布设 2 根测压管，不能对大坝进行有效监测。

6.3.3　运行管理方面原因

1. 英德尔水库

事故发生前，英德尔水库处在历史高水位运行，管理人员应加强坝面巡视检查，重点观察溢洪道与坝体接触面的裂缝及渗流情况，以及下游渗漏出口附近有无渗流出溢。实际上，接触渗漏导致溢洪道的垮塌不是在短时间完成的。如果及时发现下游渗漏现象，并立即采取反滤保护、降低库水位等应急处置措施，进而分析原因和采取必要的加固措施，是能够避免溃坝事故的。

2. 小海子水库

小海子水库溃坝前巡查部位仅为坝顶、坡面，未认真检查下游坝坡有无散浸或集中渗漏现象，坝趾有无流土管涌迹象等。据附近村民向调查组反映，水库自 2005 年蓄水后，坝后一直存在渗水现象，在溃口附近的坝后排水沟能看见小股渗水。决口前一个月左右，坝后排水沟的渗流量越来越大，水质也由清变浑，事故征兆明显，但巡查人员一直未发现，错失了消除险情的最佳时机。

6.3.4　其他原因

小海子水库溃坝前抬高库水位运行，增加了渗流稳定的不利因素。确定小海子水库运行水位为"上库水位 1369.60m、下库水位 1368.60m"，分别比设计正常蓄水位 1368.10m 高出了 1.50m 和 0.50m。事故发生后，对水库蓄水位进行了测量，溃决当天，上库、中库和下库水位分别为 1369.64m、1369.50m 和 1368.45m，分别比设计正常蓄水位高 1.54m、1.40m 和 0.35m。水库长期超正常蓄水位运行，增加了大坝安全的不利因素。

6.3.5　提升病险水库除险加固效果的对策

1. 加强前期工作

部分水库管理体制不健全，基本资料缺失或存在较大偏差，这就要求加强水库原始资料的收集和整理，并对基本资料进行分析论证，确认其准确性和可靠性。

加强基本资料的收集和分析论证。水库大坝绝大多数修建于 20 世纪 50～70 年代，限于当时的历史条件，很多水库尤其是小型水库为"三无工程"或"三边工程"，勘测、设计、施工资料极其匮乏。同时，运行管理资料也大多未得到系统整理、存档和积累，特别对运行中出现的工程安全问题及历次维修加固情况记录不清。通过走访和现场检查尽量收集与大坝安全有关的管理资料，对缺失和不足的资料，通过补充地质勘察、安全检测等途径和手段查清补齐。

加强地质勘察工作。地质勘察是水库安全评价和除险加固设计的重要依据。①加大地质勘察工作投入，延长地质勘察工作周期，全面准确了解区域地质以及库区近岸岸坡稳定等情况，确保地质勘察成果符合工程实际且具有足够的精度；②合理布置工程地质勘察点，全面准确地了解水库大坝各建筑物结构的物理参数；③对于运用较少的水工建筑物，也要进行全面的地质勘察工作。

加强水库工程任务的论证。在病险水库除险加固设计中，不仅要对水库现状险情进行论述，对防洪标准进行复核，而且应结合区域和流域规划，重新分析论证和选择水库正常蓄水位和汛限水位。

2. 提高加固设计质量

提高设计方案科学性。全面了解水库病险情况，在深入研究水库运行调度等情况下对设计、施工方案可行性和合理性进行比选论证，推广新技术、新材料，尤其是综合治理技术，具体如下：①设计和施工方案需要充分考虑水库所在地对水库加固中供水及灌溉的依赖性，再进行设计方案可行性和合理性比选论证，使水库加固、施工方案兼顾功能需求，减少施工中不必要的设计变更；②充分考虑水库防洪、大坝渗漏等险情解除之后水库大坝结构安全问题；③充分考虑施工条件及方案对大坝结构安全的影响，必要时对大坝结构安全进行复核；④考虑与金属结构相关的建筑物情况，特别是与金属结构相关的水下建筑物加固及金属结构更换安装的条件；⑤安全监测设施设计方案要结合病险水库运行管理现状，使安全监测设施和水库管理运行实际情况相适应。

3. 加强除险加固后蓄水期的安全监测

大坝在建成后的初期和老龄化后，最容易出现问题。根据国际大坝委员会的统计资料，在蓄水后几年内发生失事的大坝几乎占总失事大坝数的 60%。国际水力学研究协会在 1983 年统计的 14 700 座大坝中，有 1105 座失事破坏，其中，蓄水前 5 年内失事与 5 年后失事之比为 1.27∶1。Malpasset 拱坝蓄水渗流造成坝基岩体非均匀大变形，导致坝体突然溃决；Vajont 拱坝蓄水引发库岸滑坡，库水翻坝而过，导致水库失效。Malpasset 和 Vajont 拱坝由蓄水到发生事故分别只经过了 5 年和 3 年。在我国的垮坝统计中也有类似的结论。为此，有必要加强除险加固后蓄水期巡视检查和安全监测。

参 考 文 献

[1] 盛金保, 刘嘉炘, 张士辰, 等. 病险水库除险加固项目溃坝机理调查分析[J]. 岩土工程学报, 2008, (11): 1620-1625.

[2] 盛金保, 刘嘉炘, 向衍, 等. 病险水库除险加固项目溃坝机理调查分析[R]. 南京: 南京水利科学研究院, 2008.

[3] 蔡跃波, 盛金保, 杨正华. 吸取事故教训 确保病险水库除险加固工作成效[J]. 中国水利, 2011, (6): 69-71.

[4] 矫勇. 矫勇在全国病险水库除险加固工作会议上的讲话[J]. 中国水能及电气化, 2008, (10): 7-13.

第7章 病险水库大坝除险加固效果评价模型

病险水库大坝除险加固目的是提高病险水库大坝的渗流、结构与金属结构和机电设备安全，以及防洪、抗震能力，改善水库的整体使用效能、延长使用年限。当前除险加固工程中对方案的选择主要是通过经济技术比选，缺乏科学合理的决策过程。实际上，除险加固方案的优选是一个典型的多准则决策问题，它与病险类型、病险程度、除险加固可靠度、投资、施工难易度、可持续发展等多种因素有关，单一考虑经济技术条件具有一定的片面性[1-3]。本章重点介绍水库大坝除险加固方案合理性和效果评价的内容；考虑到当前除险加固方案的投入缺乏定量的论证，为确定最优除险加固方案，减少主观因素影响，把方案优化的定性分析转变为定量分析，构建基于生命质量指数的除险加固方案定量评价模型；总结除险加固经验，提高除险加固方案的合理性和科学性，提出除险加固后评价方法，以指导后续病险水库除险加固。

7.1 水库大坝除险加固方案合理性和效果评价

在确定除险加固方案时需结合技术条件、病险状况、改善目标及功能需求的特殊性，对除险加固必要性和可行性作出判断，分析比较各种可行的除险加固方案的技术经济效果，尽可能采用先进的技术、材料和设备，以及切实可行的技术方案。对病险水库大坝采用的除险加固方案、实施情况进行分析，评价加固方案是否满足技术可行性、经济合理性、方案适用性等预期要求。

7.1.1 除险加固方案合理性评价

除险加固方案合理性评价包括使用的除险加固技术、除险加固施工两大评价要素。其中，除险加固技术又包括加固技术的先进性、适用性、经济性、安全性；除险加固施工包括施工设备和施工工艺等。

1. 除险加固方案合理性

对照除险加固的预期水平，用实际达到水平进行对比，调查分析除险加固方案的先进性、适用性、经济性、安全性。

1)加固方案的先进性

从设计规范、工程标准、施工工艺、工程质量等方面分析项目所采用的除险加固方案可以达到的水平。

2) 加固方案的适用性

从施工技术难度、技术水平、技术使用条件、技术掌握程度分析所采用技术的适用性，特别是除险加固技术对不同病险水库大坝条件的适用性。

除险加固工程方案比选时应充分认识技术方案的适用条件。例如，土石坝防渗加固可以采用混凝土截渗墙、高压喷射灌浆、劈裂灌浆、土工膜铺设等技术，其中，混凝土截渗墙适用于除粉细砂以外的各种地层、深度可达上百米且可在水库不放空时施工，但要求施工场地开阔；高压喷射灌浆适用于土层粒径在 10cm 以内的地层，目前最大深度已达 80m，对地下障碍物多和施工场地高差大等情况都具有良好的适应能力，但对施工队伍素质要求高，对环境有一定污染，孔深时质量难以控制和检查；深层搅拌方法只能用于粉细砂以下颗粒，施工速度快且造价低，但是搅拌深度一般在 30m 以内。

3) 加固方案经济性

根据主要经济技术指标，考虑工程投资、维修养护成本等，分析所采用的加固技术是否在费用较小的情况下取得相对大的除险加固效果。

4) 加固方案的安全性

除险加固前进行方案比选时，应综合比较分析不同加固技术的安全性；在除险加固后评价时，应回顾整个除险加固过程，综合评判加固技术的安全性。

2. 施工质量评价

除险加固施工质量主要包括施工设备和施工工艺等。施工设备的选型的标准和水平、设备的工作性能可靠程度等，均有可能影响除险加固效果。施工工艺流程、施工组织设计的好坏对除险加固效果也有一定的影响。

7.1.2　除险加固效果评价

除险加固后，水库原有各项功能恢复及提升。影响病险水库除险加固效果的因素很多，应依据除险加固目标，重点分析除险加固所产生的影响，从而评价除险加固效果。全面完整的除险加固效果评价可从以下 7 个方面考虑。

1. 除险加固工程质量评价

复查坝基和岸坡、坝体等的加固处理的施工质量是否符合规范要求。坝基和岸坡加固处理包括坝基渗漏处理、防渗体基础及岸坡开挖、坝基及岸坡特殊地质问题如软弱层、岩溶、涌泉等的加固处理质量。坝体工程加固质量包括坝顶加高、防渗体加固处理，上下游坝坡及反滤排水体等的加固处理质量。

2. 防洪能力提升评价

提高病险水库蓄水与泄流能力是除险加固工作的重点之一。在除险加固工作中，按照防洪标准校核各种工况的洪水位，恢复原有正常蓄水能力、提高防洪库容。复核加固改造后的溢洪道、泄洪闸，增大各种泄洪建筑物的泄流能力。

3. 渗流安全性态改善评价

坝基渗漏、绕坝渗漏、散浸、流土、管涌等渗流问题是土石坝的常见病险，严重影响大坝安全。可从以下 3 个方面分析病险水库加固后渗流安全状况：①通过安全检测资料、安全监测数据和计算分析，对比除险加固后浸润线的位置变化情况，判断除险加固后渗流性态；②校核除险加固后渗透坡降是否小于规范要求，并通过安全监测数据，对比除险加固前后渗透坡降的变化情况，判断除险加固渗流性态；③对比分析除险加固前后渗流量的相对变化、渗漏水的水质和挟出物含量及其与库水相比的变化情况，判断除险加固渗流性态。

4. 结构安全状况改善评价

结构安全主要包括应力、变形及稳定分析。对于土石坝，重点是变形及稳定分析；对于混凝土坝及泄水、输水建筑物，重点是强度及稳定分析。

除险加固后复核抗滑稳定安全系数，抗滑稳定安全系数应不小于规范规定的值。对大坝应力进行计算分析，复核是否满足规范要求，并与除险加固前的特殊部位进行比较，分析安全状况。可通过变形安全监测资料从以下几个方面判断结构安全状况：大坝总体变形性状及坝体沉降是否稳定；新建的防渗体是否产生危及大坝安全的裂缝。

5. 抗震安全提升评价

抗震安全能力提升包括坝体和附属建筑物抗震能力的提升。附属建筑物包括输、泄水建筑物，是病险水库的组成部分，也应进行必要的抗震加固，以提高水库整体抗震安全能力。我国目前很多水库抗震标准低。地震液化严重影响土石坝安全，对土石坝造成了严重的破坏，按新的地震烈度区划图确定工程区基本烈度并按水工抗震规范复核，复核除险加固后水库抗震安全能否满足规范要求。

6. 金属结构安全康复评价

金属结构和机电设备老化，超过使用年限、锈蚀严重、止水失效，运转非常困难，严重影响水库安全。复核金属结构的强度、刚度及稳定性能否满足规范要求，排除各种安全隐患；分析金属结构质量和机电设备恢复程度。

7. 水库运行管理能力提升评价

水库运行管理影响因素应包括水库运行环境、维修环境和安全监测等方面。水库运行环境包括管理人员的方便性、安全性，设备的可靠性，工作场所的舒适性。维修环境是指除险加固后维修养护的方便程度、维修空间、场所是否足够、拆卸吊装方案是否更简便易行且安全可靠。对大坝和附属建筑物，以及水库安全所必需的相关设备(包括安全监测仪器设备)，在尽量保留原有监测设备的基础上，应按要求新增监测设备并使其处于安全完整的工作状态。

7.2　水库大坝除险加固效果评价模型

病险水库除险加固标准与经济条件、工程等级以及失事后对下游危害的大小等因素有关。一般地，除险加固标准高，投资大，失事风险低；除险加固标准低，投资小，失事风险高。除险加固标准确定的准则是力求合理解决安全与经济的矛盾，即在公众可接受的风险水平上寻求结构安全和经济的最优平衡点。目前，病险水库除险加固标准的确定参照国家标准[4-8]。

生命质量指数(life quality index，LQI)是一个复合的社会指数，从社会效应的角度来优化风险，表示当前经济水平条件下，公众愿意为控制风险而支付的费用(societal willingness to pay，SWTP)，用来评估项目的实施效果。LQI 在环境污染控制、工程风险控制等方面有着广泛的应用。溃坝生命损失是当前大坝风险管理研究的一个关键技术问题，主要可以分为两部分，即溃坝洪水研究和溃坝生命损失预测。国内外对于溃口洪水计算的研究已经较为深入，并提出了不少计算分析方法并开发出了多款分析模型。针对溃坝生命损失预测研究，国外学者在分析已有溃坝资料的基础上，提出了多种估算方法。

病险水库除险加固一方面可以提高下游人口的防洪安全，另一方面可以带来经济效益。将 LQI 和风险理论引入到病险水库除险加固决策过程中。在现有溃坝数据的基础上，提出简单快速的溃坝生命损失估算公式；融合 LQI 理论和风险理论，结合水利建设项目评估的有无对比的效益计算原则，提出基于 LQI 的病险水库除险加固效应评价模型。以某均质病险土坝为例，验证方法的有效性。

7.2.1　基于 LQI 的最优工程风险

LQI 可以表示为

$$L = G^q E \qquad (7.2\text{-}1)$$

式中，G 为人均国内生产总值(real gross domestic product /person /year, RGDP)；

E 为当地人民出生时的期望寿命(life expectancy, LE)；q 为生命总时间中从事经济活动与闲暇时间的比，即有 $q=w/(1-w)$，w 为从事经济活动的时间。

影响 LQI 主要为 RGDP 和 LE 两个因素，对于重大民生工程比如水库而言，新建或实施除险加固都将影响到 RGDP 和 LE。对于前者的影响主要体现在工程的投资和效益上；对于后者的影响则体现在水库的修建或改造，提高了防洪标准，降低了洪水风险率。基于经济净现值法的基本原理，工程的实施应当使 dL 为正，由式(7.2-1)得 LQI 的微小变化通过下式来表示：

$$\frac{\mathrm{d}L}{L} = q\frac{\mathrm{d}G}{G} + \frac{\mathrm{d}E}{E} \geqslant 0 \qquad (7.2\text{-}2)$$

式中，dG 为实施工程的成本(负)或工程的效益增量(正)；dE 为工程保护区域内的居民由于风险的降低而延长的预期寿命。

设 dL/L=0，可以得到为某项工程的人均社会愿意支付 SWTP：

$$-\mathrm{d}G = \frac{G}{q}\frac{\mathrm{d}E}{E} \ [\text{元}/(\text{人·a})] \qquad (7.2\text{-}3)$$

假定工程的受益人群为 N，SWTP 的总和(即不改变生命质量)为

$$C = (-\mathrm{d}G) \times N = \frac{NG}{q}\frac{\mathrm{d}E}{E} \ (\text{元/a}) \qquad (7.2\text{-}4)$$

除险加固提高了病险水库的可靠度，降低了溃坝风险，可以减少工程影响范围内的死亡率，即风险对寿命期望值的影响可以通过死亡率的改变来表示，根据经验公式：

$$\frac{\mathrm{d}E}{E} \approx -C_{F\delta}\frac{\mathrm{d}M}{M} \qquad (7.2\text{-}5)$$

式中，M 为自然死亡率；$C_{F\delta}$ 为系数，表示能活到某年龄 a 的期望个数 $l(a)$ 的一个度量，$C_{F\delta}$=0 表示所有人都在同一个年龄死亡，$C_{F\delta}$=0.5 时，$l(a)$ 是一个线性递减函数，$C_{F\delta}$=1 时，所有年龄的死亡率是常数 μ，即 $l(a)$=exp$(-\mu_a)$。

图 7.2-1 表示了基于 LQI 的风险评价方法。简单举例说明，若病险水库的溃坝风险人口为 10 000 人，假设溃坝概率为 6.8×10^{-4}，校核洪水位条件下渗透变形破坏溃坝死亡人口数为 50 人，则与理想安全状态下的死亡风险率变化为 3.4×10^{-6} =$50\times6.8\times10^{-4}/10\ 000$(人/a)。根据《中国统计年鉴 2010》，2009 年人口自然死亡率 M 为 7.08‰，人均国内生产总值 G 为 25 575 元。结合现有法律，我国 w=1/6，$C_{F\delta}$=0.19，由式 $q=w/(1-w)$ 得 q=0.2，从而：

$$\frac{\mathrm{d}E}{E} \approx -C_{F\delta}\frac{\mathrm{d}M}{M} = 0.19\times\frac{3.4\times10^{-6}}{0.007\ 08} = 3.1\times10^{-4} \qquad (7.2\text{-}6)$$

进而由式(7.2-6)可知人均社会愿意支付 SWTP：

$$-\mathrm{d}G = \frac{G}{q}\frac{\mathrm{d}E}{E} = \frac{25\,575}{0.2}\times 3.1\times 10^{-4} = 39.64\,[\text{元}/(\text{人}\cdot\mathrm{a})] \tag{7.2-7}$$

这就意味着为使大坝达到理想安全的 SWTP 的总和为 39.64 万元。

图 7.2-1　基于 LQI 的风险评价方法

全寿命成本分析(life-cycle cost analysis，LCCA)是新建工程或在役工程除险加固的重要决策工具。LCCA 考虑了包括荷载、抗力、极限状态、失效模式、费用和失事后果等多种不确定性因素。假设新建工程或在役工程，服役期(或剩余服役期)为 T，受到 R 个主要荷载和 M 个主要失效模式，工程的全寿命费用 $C(T,x)$ 可以表示为服役寿命 T 和设计参数(如设计荷载、设计抗力、最低可靠度):

$$\begin{aligned}
E\big[C(T,x)\big] &= C_0(x) + \int_0^T C_\mathrm{m}(x)\exp(-rt)\mathrm{d}t \\
&\quad + E\left\{ \sum_{i=1}^{N(T)}\sum_{j=1}^{k}\Big[C_{1j}\exp(-rt_i) + C_{2j}\exp(-r't_i)\Big]p_{ij}(x) \right\}
\end{aligned} \tag{7.2-8}$$

式中，i 表示事故发生次数; j 表示极限状态的个数; $C_0(x)$ 表示新建工程的费用; r 表示年折现率; $r'=r-r_g$ 为净折现率，r_g 为 RGDP 年增长率; C_m 表示年均维护费用; t_i 表示第 i 次事故发生的时间; p_{ij} 表示 t_i 第 i 次事故发生时第 j 个极限状态发生的概率; C_{1j} 表示第 j 个极限状态的失效损失; C_{2j} 表示表示工程对受益人群生命质量的影响效应。

C_2(C_{2j} 中的 j 表示第 j 个极限状态)可以表示为

$$C_2 = -n\cdot\mathrm{d}L \tag{7.2-9}$$

式中，n 为工程失效影响人数; $\mathrm{d}L$ 为大型民生工程失效对生命质量指数的影响。

由式(7.2-2)和式(7.2-9)可得

$$C_2 = -n\cdot\mathrm{d}L = nL\left[\left(\frac{-\mathrm{d}E}{E}\right) + q\left(\frac{-\mathrm{d}G}{G}\right)\right] \tag{7.2-10}$$

假设工程的年失效概率为 p，最低可靠度指标为 β，则全寿命最优模型是以下参数的函数:设计使用寿命 T，年折现率 r，净折现率 r'，生命质量指数 L，工程失效影响人数，工程失效的死亡人数和经济损失，以及各费用和失效损失的相对重要性。假设在正常使用条件下，$C_\mathrm{m}=0$。

7.2.2 溃坝生命损失预测

溃坝生命损失估算十分复杂，涉及众多影响因素，其中最主要的因素有风险人口、溃坝洪水的严重程度、警报时间及公众对溃坝事件严重性的理解程度等。生命损失估算的主要方法包括：Dekay & McClelland 法、Graham 法、RESCDAM 法(简化 Graham 法)、Assaf 法、Utah 州立大学法。国内学者在对比分析的基础上，认为应用以上几种方法估算生命损失，结果与现有溃坝死亡人数有较大差别，并不适合我国溃坝生命损失的估算。

在溃坝生命损失的众多影响因素中，洪水特征如水深和流速是决定溃坝生命损失的决定性因素。而洪水特征又与坝型、库容、下泄流量及下游地形地貌等有关。常用洪水深度和流速的乘积来定量表示洪水的严重性：

$$S = d \times v = \frac{Q_{df} - Q_{2.33}}{W_{df}} \tag{7.2-11}$$

式中，S 为洪水的严重程度(m^2/s)；d、v 分别为洪水深度(m)和流速(m/s)；Q_{df} 为计算断面的溃坝洪峰流量(m^3/s)；$Q_{2.33}$ 为计算断面的多年平均流量(m^3/s)；W_{df} 为计算断面的宽度。

图 7.2-2 表示了我国现有溃坝资料中没有预警情况下的溃坝洪水严重程度和风险人口死亡率之间的关系，由图可以看出，风险人口死亡率和溃坝洪水严重程度呈较好的对数关系(R^2=0.68)：

$$f = 0.0852\ln S - 0.0845 = 0.0852\ln(dv) - 0.0845 \tag{7.2-12}$$

式中，f 表示风险人口死亡率。

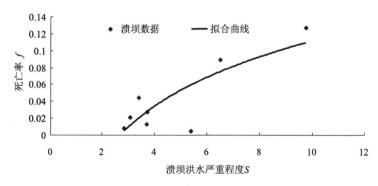

图 7.2-2 风险人口死亡率和溃坝洪水严重程度关系

图 7.2-2 表示的规律与已有研究成果相符，采用式(7.2-12)估算溃坝生命损失。此外，洪水特征还包括洪水历时和携带物等。

一般先采用经验公式或软件计算获得溃口参数；进一步通过洪水演进分析得

到溃坝峰值流量和最大水面宽度获得 S 值。

溃坝生命损失表示为

$$R = \text{PAR} \cdot f \tag{7.2-13}$$

式中，PAR 表示风险人口数；R 表示死亡人数的估计数。

依据洪水特征分析，将溃坝洪水灾害区进行分区。①溃口区：靠近坝址的高流速区，房屋倒塌，人们站立不稳，死亡率高；②水位迅速上升区：水位上升较快、水流速度下降区；③保留区：洪水条件缓慢变化的较安全区。水位迅速上升区对人员的伤亡主要是通过水深影响，但由于水流速度下降故一般影响不大，保留区的伤亡则与该灾害区健康不良人员所占比重有关，这两个区域都不予考虑。简单地将洪水严重程度 $S=dv$ 作为分区的依据，对溃口区的定义则为洪水严重性较大的区域，由式(7.2-12)可得当 $dv=2.7$ 时，约为 5.06×10^{-6}，这意味着 1 000 000 人次的风险人口生命损失为 5 人，死亡率相对低，将溃坝洪水严重程度 $S=dv=2.7$ 作为临界值进行考虑。

溃坝生命损失率(死亡率)的求取分以下三步：①溃坝洪水特征值分析；②风险人口估计；③推测风险人口死亡率。

7.2.3 风险的定量分析方法

结构的安全性态可用状态函数来表示：

$$Z = R - L \tag{7.2-14}$$

式中，R 表示抗力；L 表示荷载。

当荷载组合 R 和 L 使得 $L \leqslant 0$，结构失效。采用 Monte Carlo 法计算结构的失效概率：

$$P_{\text{failure}} = \frac{N(Z(r_1, r_2, \cdots, r_n) \leqslant 0)}{N} \tag{7.2-15}$$

式中，$r_1, r_2, \cdots, r_n$ 表示与结构几何尺寸、材料性能、荷载效应等有关的基本随机变量。

大坝可能含有多种失效模式，如对于土石坝而言，洪水漫顶、滑坡失稳和渗透变形是土石坝的主要失效模式。在求取每种失效模式的失效概率的基础上，分析各失效模式之间的相关性和串并联组合关系，可最终得到大坝体系的风险率。

产生渗流变形(管涌或流土)的原因是渗透坡降超过了土体的临界坡降，即

$$P = P(J > i_k) = \int_{i_k}^{\infty} f(J) \mathrm{d}J \tag{7.2-16}$$

式中，J 表示渗透坡降；i_k 表示土体的临界坡降；$f(J)$ 表示渗透水力坡降的概率密度分布函数。

$f(J)$ 与土质、坝体结构和洪水位有关系，可采用离散化数值积分的方法求解：

$$P = P(J > i_k) = \int_{H_1}^{H_2} \int_{i_k}^{\infty} f(J|H) f(H) \mathrm{d}J \mathrm{d}H = F_J(\bar{H}_i) \int_{H_1}^{H_2} f(H) \mathrm{d}H = \sum_{i=1}^{N} F_J(\bar{H}_i) \Delta F_H(\bar{H}_i)$$

$$(7.2\text{-}17)$$

式中，$F_J(\bar{H}_i) = \int_{i_k}^{\infty} f(J|\bar{H}_i) \mathrm{d}J$ 为给定 $\bar{H}_i$ 时渗透坡降 J 大于土体的临界坡降 i_k 的概率；N 为洪水位频率曲线计算段数；$\Delta F_H(\bar{H}_i)$ 为洪水位频率曲线第 i 段区间概率；H_1、H_2 为计算洪水位频率时的有效计算水位。

影响土坝渗透破坏的因素很多，如作用水头、降雨、土的物理力学特性指标、坝基与坝身的土层分布和结构尺寸、施工质量等。

7.2.4　基于 LQI 的病险水库除险加固效应评价模型

《水利建设项目经济评价规范》(SL 72—2013)规定，水利项目应从社会整体角度，分析计算项目的费用和效益，考察项目对国民经济所做的净贡献，从而评价项目的合理性。改、扩建水利建设项目遵循一般新建水利项目经济评价的原则和方法，采用有无该项目的增量费用和增量效益。项目的设计标准和工程规模应通过几种可能方案全面分析对比，比较的方法则主要包括经济内部收益法、经济净现值法、经济净年值法、经济效益费用比法或年费用法。

建立了如图 7.2-3 所示的基于 LQI 的病险水库除险加固效应评价模型。模型由 3 个部分组成，第①部分为风险定量分析，第②部分为溃坝生命损失估算，第③部分是基于 LQI 的除险加固效应评价。

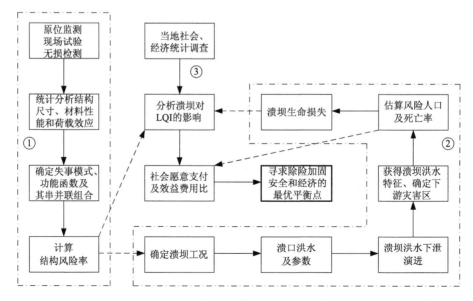

图 7.2-3　基于 LQI 的病险水库除险加固效应评价模型

(1)风险定量分析。基于监测资料、现场试验和检测成果，统计分析荷载和抗力等基本随机变量，初步确定大坝可能失事模式，建立失事模式的极限状态方程，分析确定大坝的主要失事模式，采用 Monte Carlo 法计算结构的失效概率。

(2)溃坝生命损失估算。根据风险分析，确定溃坝工况，计算溃口洪水，采用商用软件或经验公式分析溃坝洪水下泄演进过程，获得各河段断面的水深和流速等溃坝洪水特征，确定溃坝洪水灾害区，估算风险人口，应用提出的生命损失估算公式计算风险人口的死亡率，估算得出溃坝生命损失。

(3)基于 LQI 的除险加固效应评价。调查统计工程当地经济、社会发展水平，确定与 LQI 有关的基本社会、经济参数，如人均寿命 LE、人均国内生产总值 RGDP、从事经济活动的时间 w 等；根据风险分析和溃坝生命损失估算，计算风险对寿命期望值的影响，确定人均社会愿意支付 SWTP 及其总和；结合全寿命分析理论，在除险加固社会愿意支付的约束下，寻求安全和经济的最优平衡点。

7.2.5　算例分析

以某水库为例进行分析研究，水库防洪保护人口约 20 万人，是一座以防洪、灌溉为主，兼有供水、渔业、旅游服务业等综合性多功能的大(2)型水库，水库下游河道狭窄，不利于泄洪，且有多条高速公路、铁路穿过。水库枢纽工程为均质土坝，防洪标准按 100 年一遇洪水设计，设计洪水位 14.77m，库容 8893 万 m³；2000 年一遇洪水校核，校核洪水位 16.37m，相应库容 1.15 亿 m³。坝坝顶长 400m，顶宽 6.50m，顶高程 17.2m；坝顶防浪墙顶高程 18.3m；坝底高程 0.0m。

由于受主客观条件限制及历史原因制约，水库建设标准低、质量差、配套不全、工程遗留问题较多。坝基中有一层中粗砂分布，中等透水。在 13.2m 以上坝体土层中混入了大量风化岩石体，即碎石、岩屑、砂粒，压实性较差，漏水较显著。下游坡脚排水沟大范围破坏、坍塌，部分排水体失效。

风化岩石体和排水体失效影响了坝体的渗透稳定性。基于渗透破坏失事功能函数、渗流有限元和 Monte Carlo 随机抽样的计算原理，对给定洪水位下大坝渗透破坏失事概率函数进行了抽样模拟，结合洪水位区间概率，计算得到大坝的渗透破坏风险率。将坝体分两部分考虑，坝顶到 13.2m 为一部分；13.2m 到坝基为一部分；坝基分三层考虑；从上到下分别为砂壤土、中砂和砂壤土，大坝典型断面的二维有限元模型网格剖分如图 7.2-4 所示。坝体土质物理力学参数统计特性表如表 7.2-1 所示。假定库水位基本服从正态分布，由水位统计资料得到其均值为 12.0，求取不同水位下的最大水力坡降 J 的特征值，列于表 7.2-2。根据洪水位频率曲线，求取洪水位频率曲线区间概率 $\Delta F_H(\bar{H}_i)$；采用 Monte Carlo 法求取不同洪水位下渗透破坏的风险率 $F_I(\bar{H}_i)$，计算结果列于表 7.2-2。计算得到坝体的渗透失稳风险率为 3.55×10^{-3}(对应的可靠度指标为 2.69)。采用同样方法求得当坝体为均质土壤且变异系数较小时的渗透风险率为 $1.83×10^{-3}$（对应的可靠度指标为 2.92）。水库建设质量较差和长期运行材料老化变异引起水库的渗透稳定问题较为严重，应进行除险加固。

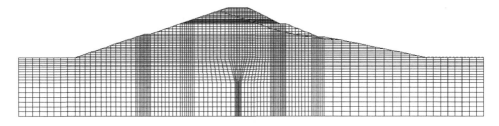

图 7.2-4　大坝典型断面的二维有限元模型网格

表 7.2-1　坝体土体物理力学参数统计特性表

参数	平均值	标准差	变异系数	分布类型
黏聚力 c	$19kg/m^2$	$9.5\ kg/m^2$	0.5	极值 I 型
摩擦系数 $\tan\varphi$	0.3639	0.073	0.2	对数正态
库水位 H	12.0m	1.46 m	0.12	正态分布
上层渗透系数 k	$6.32×10^{-4}cm/s$	$2.21×10^{-4}cm/s$	0.35	正态分布
下层渗透系数 k	$4.675×10^{-5}cm/s$	$1.216×10^{-5}cm/s$	0.26	正态分布

表 7.2-2　加固前后坝体渗透失稳风险率

H_i	区间洪水概率 $\Delta F_H(\bar{H}_i)$	加固前			加固后		
		J	$F_J(\bar{H}_i)$	Δp	J	$F_J(\bar{H}_i)$	Δp
16.37		0.73			0.62		
14.6	1.2995	0.86	0.0195	0.000253	0.41	0.007	0.000091
13.6	11.7	0.6	0.0147	0.00172	0.3	0.0016	0.000187
12.6	21	0.39	0.0029	0.00061	0.28	$2.0×10^{-4}$	0.000042
11.6	22	0.36	0.0023	0.00051	0.25	$1.4×10^{-5}$	$3.08×10^{-6}$
10.6	25	0.34	0.0015	0.000375	0.2	$1×10^{-5}$	$2.5×10^{-6}$
9.6	11	0.32	0.0006	0.00007	0.2	$1×10^{-5}$	$1.1×10^{-6}$
8.6	7.96	0.3	$2.2×10^{-4}$	$0.18×10^{-4}$	0.18	$1×10^{-5}$	$7.96×10^{-7}$
7.6	0.039	0.27	$1×10^{-5}$	$3.9×10^{-9}$	0.16	$1×10^{-5}$	$3.9×10^{-9}$
				$3.55×10^{-3}$			$3.27×10^{-4}$

注：H_i 的单位为 m；$\Delta F_H(\bar{H}_i)$ 的单位为%；$\Delta p = \Delta F_H(\bar{H}_i)\cdot F_J(\bar{H}_i)$。

　　针对大坝存在的病害，对大坝实施除险加固，除险加固的主要内容包括坝顶部分灌浆加固降低渗透系数，同时，新建坝后排水棱体及排水沟，加固后的大坝典型断面的二维有限元模型网格剖分如图 7.2-5 所示。经过除险加固后的坝体 13.2m 以上部分渗透系数同其他部分相同，且渗透系数变异性较小，失稳风险率的计算结果同样列于表 7.2-2，计算得到的渗透风险率为 $3.27×10^{-4}$（对应的可靠度指标为 3.4）。

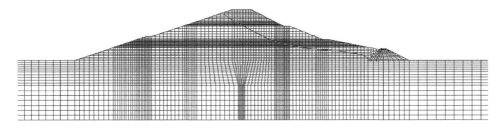

图 7.2-5　加固后的大坝典型断面的二维有限元模型网格剖分

由洪水演进分析计算得到的分段洪水特征如表 7.2-3 中所列。将分段下游洪灾区的洪水特征参数代入到式(7.2-12)中，求得溃坝生命损失为 2393 人。

表 7.2-3　溃坝洪水各河段洪水特征和风险人口死亡率

河段/km	dv	PAR	m	R	河段/km	dv	PAR	m	R
0～0.345	37.85	632	0.225	142	2.160～4.260	10.54	9065	0.1	907
0.345～1.025	31.3	2944	0.17	500	4.260～6.760	6.12	9758	0.0177	173
1.025～2.160	12.17	4996	0.128	639	6.760～8.800	2.85	6746	0.0047	32

注：dv 表示洪水严重性(m^2/s)；PAR 表示风险人口；m 表示死亡率；R 表示死亡人口。

如前所述，《水利建设项目经济评价规范》(SL 72—2013)规定，水利项目(包括改、扩建)应从社会整体角度，采用有无该项目的增量费用和增量效益，考察项目对国民经济所做的净贡献，从而评价项目的合理性。考虑除险加固、自然衰变两种情况，以便对除险加固经济效益进行分析评价，除险加固概算为 $5.1×10^6$ 元，除险加固的经济效益费用比列于表 7.2-4。

表 7.2-4　除险加固的经济效益费用比

项目		方案 I	方案 II
延长的预期寿命	失效概率/a	$3.55×10^{-3}$	$3.27×10^{-4}$
	失效生命损失	2393	2393
	期望生命损失/a	8.5	0.78
	期望生命损失/人	$4.25×10^{-5}$	$3.9×10^{-6}$
	dE		$3.86×10^{-5}$
	dE/E		$1.63×10^{-3}$

续表

项目		方案 I	方案 II
加固投资	概算/元	0	5 000 000
	dG/元		25
	dG/G		-4.4×10^{-4}
效益费用比	dL/L		$1.54\times10^{-3}>0$

根据统计,工程当地的人口自然死亡率 M 为 6.99‰,人均国内生产总值 G 为 56 861 元,人均寿命 E 为 76.84 岁。假设工程当地人口寿命分布概率密度与全国的相同,由式(7.2-5)可得

$$\frac{\mathrm{d}E}{E} \approx -C_{F\delta}\frac{\mathrm{d}M}{M} = \frac{0.19\times2393\times(3.55\times10^{-3}-3.27\times10^{-4})}{0.00699\times128419} = 1.63\times10^{-3} \quad (7.2\text{-}18)$$

根据净效益法,由式(7.2-4)可知合理投资的极限(即 SWTP)为

$$C = \frac{NG}{q}\frac{\mathrm{d}E}{E} = 200\,000\times\frac{56\,861}{0.2}\times1.63\times10^{-3} = 9.27\times10^{7} \text{(元)} \quad (7.2\text{-}19)$$

由表 7.2-4 可知,该坝除险加固概算的基于 LQI 的经济效益费用比大于 0,除险加固效应为正,提高了工程当地的生命质量。由 SWTP 总和可知,除险加固概算远小于合理投资极限,除险加固投资合理可行。

7.3 水库大坝除险加固效果后评价

项目后评价通过对项目实施过程、结果及其影响进行调查研究和全面系统回顾,与项目决策时确定的目标以及技术、经济、环境、社会指标进行对比,找出差别和变化,分析原因、总结经验、吸取教训和得到启示,提出对策建议,通过信息反馈,改善投资管理和决策,达到提高投资效益的目的。

病险水库除险加固后达到设计的技术指标及能力,在技术上是成功的。水库经济、环境、社会效益目标的实现,包括项目对国民经济、环境生态、社会发展所产生的宏观或长远的影响,则效益上是成功的。目前病险水库除险加固效果后评价工作还较少,使得除险加固项目采用技术的合理性和水库除险加固的效果等无法得到准确评价。为加强和改进除险加固项目的管理,不断总结经验与教训,提高决策水平和投资效益。进行项目后评价时,除险加固内容应已全部完成并通过竣工验收,且经过 1～2 年的正常运行。

除险加固项目后评价的内容应包括过程评价、经济评价、社会环境影响及水土保持评价、目标与可持续性评价及综合评价等方面。这里重点介绍过程评价、目标与可持续性评价、综合评价[9-15]。

7.3.1　过程评价

除险加固项目过程评价对项目的前期工作、项目实施、运行管理、蓄水安全鉴定、竣工验收等全过程进行系统分析和评价，总结各阶段存在的问题并提出建议。

1. 前期工作评价

前期工作评价主要包括安全鉴定、初步设计和项目批复等评价。

根据大坝安全评价报告、安全鉴定报告书及核查意见，总结分析加固前大坝的主要病险问题及其原因，安全鉴定核查意见中的建议。初步设计后评价主要依据初步设计报告，对初步设计中除险加固设计内容与大坝安全鉴定中提出的病险问题的一致性及偏差、除险加固设计是否具有针对性，以及加固设计方案比较和优选的合理性等进行评价。评价批复的内容与安全鉴定报告提出的除险加固要求的一致性及偏差。

2. 除险加固实施评价

除险加固实施评价主要对项目实施过程中的项目管理、施工质量、蓄水安全鉴定及竣工验收等方面进行评价。

分析除险加固实施过程中的重大设计变更，采用的新技术、新工艺、新材料、新设备情况，评价其对施工质量的影响。对照批复的初步设计内容及蓄水安全鉴定结果，对项目的施工质量进行评价。分析阶段验收、专项验收、竣工验收情况及主要结论，评价验收工作及有关遗留问题的处理情况。

3. 加固后运行管理评价

评价除险加固后工程各项功能的恢复和提升效果，加固后运行管理体制的建立及运行情况，工程的安全运行、维修养护制度及维修养护经费落实、档案管理、人力资源状况等方面的情况。并对运行管理中发现的问题提出改进措施和建议。

7.3.2　目标与可持续性评价

除险加固项目目标及可持续性评价包括工程安全性态评价、目标的实现程度评价、项目可持续性评价等。

除险加固工程安全性态评价的重点是检查工程设计、施工是否存在影响工程安全的因素，以及除险加固实施期间发现的影响工程安全问题是否得到妥善解决，并提出工程安全评价意见。除险加固项目目标评价，是在对项目全过程回顾和总结的基础上，根据项目最终达到的实际效果，从工程建成、技术建成、经济建成等方面分析项目的实施结果和作用，分析项目目标实现程度，评价与原定目标的偏离程度。除险加固项目可持续性评价，是在当前社会经济条件下，对除险加固项目在后评价时点之后的可持续发展能力进行预测评价。

1. 工程安全性态评价

除险加固项目工程安全性态评价包括对设计依据和标准、工程施工质量、工程地质条件及处理、工程事故处理、安全监测实施等方面进行分析评价。

对除险加固项目的设计依据和标准是否符合国家有关国家和行业技术标准（包括工程建设标准强制性条文）进行分析评价。对除险加固项目土建工程施工和金属结构制造、安装、调试是否符合国家有关技术标准；工程施工质量是否满足有关技术标准进行分析评价。对除险加固项目关键部位、出现过质量事故的部位以及有必要检查的其他部位要进行重点检查，包括抽查工程原始资料和施工、设备制造验收签证。对土建工程、金属结构及启闭设备的缺陷和质量事故的处理情况进行分析评价。对工程地质条件、基础处理、滑坡及处理、抗震措施是否存在不利于建筑物的隐患进行分析评价。对工程安全监测设施、监测资料是否完善，整编分析成果是否符合要求进行分析评价。

2. 项目目标评价

除险加固项目目标评价包括适宜性评价和实现程度评价。

除险加固项目的适宜性评价包括项目目标是否符合社会经济发展目标、流域和区域的总体规划的要求，项目目标的确定是否合理、准确，宏观和微观目标的明确程度等。

除险加固项目目标的实现程度，包括对工程目标、技术目标、经济目标、影响目标等方面进行评价，具体如下：①工程目标评价，包括对工程建设规模、工程质量、设备设施的运行状态等是否达到批复的要求进行评价；②技术目标评价，包括对项目技术水平、设施和设备的主要技术指标、实际形成能力等是否达到决策目标进行评价；③经济目标评价，包括对经济分析及财务分析主要指标、运行成本、投资效益等是否达到决策目标进行评价；④影响目标评价，包括对项目实现的社会经济影响、项目对水资源综合利用和生态环境的影响以及对相关利益群体的影响等是否达到决策目标进行评价。

3. 项目可持续性评价

除险加固项目可持续性评价主要包括对影响项目可持续性运行的内部因素和外部条件两方面进行分析和评价。

对影响项目可持续性运行的内部因素进行评价，包括对除险加固项目的技术水平、财务状况、组织人员、运行管理等进行分析评价：①技术水平评价，包括对除险加固项目的工程和设备的质量和性能的分析评价；②财务状况评价，包括对项目财务平衡、运营资金筹措的分析评价；③组织人员评价，包括对水库管理机构和人员配备的分析评价；④运行管理评价，包括对水库运行过程中维修养护、管理措施和监测检查的分析评价。

对影响项目可持续性运行的外部条件进行评价，包括对除险加固项目的规划、政策、服务功能、生态环境、社会需求及社会风险等方面进行分析和评价：①规划分析评价，包括对水库所在流域和区域的总体水利规划以及其他相关专业规划对项目影响的分析评价；②政策分析评价，包括对项目运行政策规范性、长期性和实施情况的分析评价；③服务功能分析评价，包括对水库的防洪、除涝、灌溉、水力发电、引(供)水等方面需求的分析评价；④生态环境分析评价，包括对水库所在地的生态环境的分析评价；⑤社会需求及社会风险分析评价，包括对水库当地群众的参与程度、满意度及社会稳定风险的分析评价；⑥技术进步分析评价，包括对社会技术进步是否能为水库的长期运行提供进一步的技术支持，以及对水库效益的影响。

分析实现项目可持续发展的条件。根据内部因素和外部条件对可持续性发展的影响，提出项目持续发挥投资效益的分析评价结论，并根据需要提出项目应采取的措施。

7.3.3　综合评价

除险加固效果综合评价应建立评价指标体系，在建设单位自评价，过程评价，经济后评价，社会、环境影响及水土保持评价，目标及可持续性评价的基础上，采用综合评价方法，得出客观的结论。

1. 评价指标

从除险加固方案、功能恢复提升程度、工程施工以及除险加固效益等方面，建立水库除险加固效果评价指标体系。以土石坝为例，除险加固方案、功能恢复提升程度评价的评价指标体系分别见图 7.3-1 和图 7.3-2。

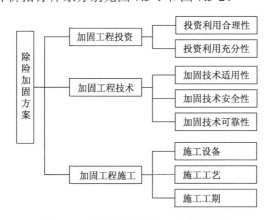

图 7.3-1　除险加固方案评价指标体系

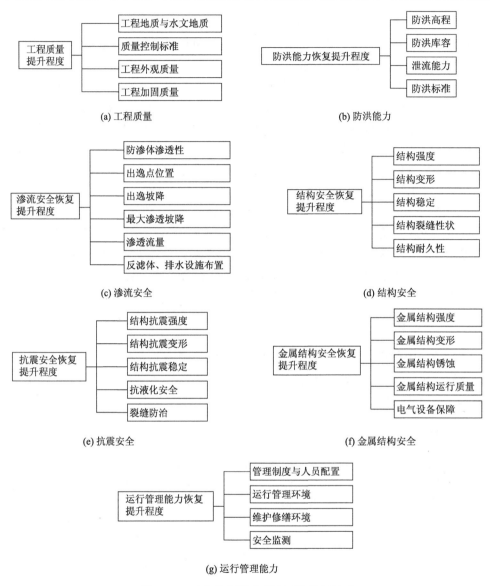

图 7.3-2　功能恢复提升程度评价指标体系

采取不同的方法和手段对各指标的特性进行调查分析。指标的调查方法主要有资料分析、现场检测、现场观察、试验研究和数值模拟等。

2. 评价方法

在分类评价与分项评价的基础上，进行除险加固效果的总体评价。

分别对水库大坝的稳定、变形、渗流等分类项目的状况进行单项评价，在此基础上，依据各单项评价结果计算得到分类指标的评价分值。在分类指标计算基础上，对除险加固合理性、功能指标康复程度、治理效应这三项的总体状况进行评价，分别计算这三项的分项指标分值。综合评价水库除险加固效果。

　　水库除险加固效果等级划分为五级，即完全成功、基本成功、部分成功、不成功和失败等。根据水库除险加固综合评价结果，判断水库除险加固的效果等级。除险加固效果评价的技术路线和等级划分分别见图 7.3-3 和表 7.3-1。

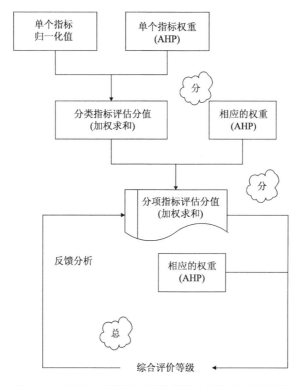

图 7.3-3　病险水库除险加固效果综合评价技术路线图

表 7.3-1　大坝除险加固效果等级划分

效果等级	评价数	含义
完全成功	0.9~1.0	除险加固各目标都已全面实现或超过；相对成本而言，项目取得了巨大的效益和影响
基本成功	0.8~0.89	除险加固的大部分目标已经实现；相对成本而言，项目达到了预期的效益和影响。大部分病险部位通过加固改造，基本上能发挥原有的工程效益
部分成功	0.7~0.79	除险加固实现了原定的部分目标，相对成本而言，项目只取得了一定的效益和影响。但加固标准不高、科研深度不够、加固不彻底，给工程安全运用带来隐患
不成功	0.6~0.69	病险水库除险加固实现的目标非常有限，相对成本而言，项目几乎没有产生什么效益和影响
失败	<0.6	病险水库除险加固的目标是不现实的，无法实现，相对成本而言，项目不得不终止。必须经过深入探讨总结，吸取教训，重新制定病险加固方案，实施加固

病险水库除险加固效果综合评价包括指标归一化、权重确定、指数归并、效果等级划分及计算等程序及方法等步骤。

为了对不同的具体指标进行比较，需要对各项指标进行归一化处理。对于越大越有利的指标，归一化计算式为

$$x'_{ij} = \frac{x_{ij} - \min\{x_{ij}\}}{\max\{x_{ij}\} - \min\{x_{ij}\}} \qquad (7.3\text{-}1)$$

对于越小越有利的指标，归一化计算式为

$$x'_{ij} = \frac{\max\{x_{ij}\} - x_{ij}}{\max\{x_{ij}\} - \min\{x_{ij}\}} \qquad (7.3\text{-}2)$$

式中，x'_{ij} 为归一化后指标数据；x_{ij} 为原始指标数据。

大坝警情诊断中指标权重的确定采用层次分析法较为合适。采用专家赋值，由专家比较两两指标之间的重要性，根据给定标度(如 $1\sim9$ 标度)构造判断矩阵，然后计算判断矩阵的最大特征根及其对应的特征向量，特征向量归一化后即为权重向量。

指数体系各层合并是通过下层指标归一化数值与各项指标的权重，进行对应的上层指标的评估分值计算。一般采用加权求和及制约因子两种方法。在从底层到上一层的指数合并时，采用加权求和方法。在最终进行计算时，采用制约因子法，对分项指标取其制约性因子(即分值最低的因子)的效果程度，作为除险加固效果的评估值，以体现大坝除险加固效果评价系统的"短板效应"。

参 考 文 献

[1] 盛金保, 刘嘉炘, 张士辰, 等. 病险水库除险加固项目溃坝机理调查分析[J]. 岩土工程学报, 2008, (11): 1620-1625.

[2] 臧少慧, 张明占, 刘仲秋, 等. 我国水库除险加固研究进展[J]. 山东农业大学学报(自然科学版), 2019, 50(6): 1097-1103.

[3] 吴焕新. 病险水库除险加固治理效果综合评价体系研究[D]. 济南: 山东大学, 2009.

[4] Pandey D, Nathwani J S. Canada wide standard for particulate matter and ozone: Cost-benefit analysis using a life quality index [J]. Risk Analysis, 2003, 23(1): 55-67.

[5] Nathwani J S, Lind N C, Pandey M D. The LQI standard of practice: optimizing engineered safety with the life quality index[J], Structure and Infrastructure Engineering, 2008, 4(5): 327-334.

[6] Maes M A, Pandey M D, Nathwani J S. Harmonizing structural safety levels with life-quality objectives[J]. Canadian Journal of Civil Engineering, 2003, 30(3): 500-510.

[7] 胡江, 苏怀智. 基于生命质量指数的病险水库除险加固效应评价方法[J]. 水利学报, 2012, (7): 852-859.

[8]　Su H, Hu J, Yang M, et al. Assessment and prediction for service life of water resources and hydropower engineering[J]. Natural Hazards, 2015, 75(3): 3005-3019.

[9]　王国栋, 马福恒, 沈振中, 等. DB41, 病险水库除险加固项目后评价技术规程[S]. 郑州: 黄河水利出版社, 2017.

[10]　王宁, 沈振中, 徐力群, 等. 基于模拟退火层次分析法的病险水库除险加固效果评价[J]. 水电能源科学, 2013, 31(9): 65-67.

[11]　沈振中, 甘磊, 徐力群, 等. 病险水库除险加固效果的量化评价模型[J]. 水利水电科技进展, 2018, 38(5): 10-14, 80.

[12]　张计. 土石坝安全与除险加固效果量化评价体系研究[D]. 武汉: 长江科学院, 2011.

[13]　杨杰, 江德军, 郑成成, 等. 病险水库除险加固方案决策研究[J]. 西北农林科技大学学报(自然科学版), 2014, 42(11): 213-219.

[14]　王少伟, 苏怀智, 付启民. 病险水利工程除险加固效果评价研究进展[J]. 水利水电科技进展, 2018, 38(6): 77-85.

[15]　黄显峰, 黄雪晴, 方国华, 等. 基于 GA-AHP 和物元分析法的水库除险加固效益评价[J]. 水电能源科学, 2016, 34(10): 141-145.